理系
数学 I・A／II・B＋C
（ベクトル）

最重要問題
100

東進ハイスクール・東進衛星予備校 講師

寺田 英智
TERADA Eichi

東進ブックス

はしがき PREFACE

　本書は,「入試でよく出題されるテーマから厳選された問題にとり組み, 詳細な解説により問題を理解し, 実力を養成する」という, シンプルなコンセプトを追求した問題集です. 受験生にとって本当に必要な「最重要問題」だけを,「生徒目線」で十分に詳しく解説しています. ただ, 大学入試に頻出する問題を厳選とはいっても, 個人の主観的な経験や断片的な問題分析では, 客観的な正しい選定であるとはいえません. 本書の問題選定に際しては, 理数系の専門スタッフを招集し, 大規模な大学入試問題の分析・集計を行いました.

　まず, 数学Ⅰ・A, Ⅱ・B, Ⅲ・Cの各単元ごとに, 問題の項目・手法等で分類した「テーマ」を計270個設定(例:「2次関数の最大・最小」「曲線の通過領域」など), 全国の主要な国公立大105校・私立大100校(右表参照)の最新入試問題を各5〜10年分, 合計15,356問を収集し, 文系／理系に分けて, 各問をテーマ別に分類・集計しました. 本書では, この分析結果を踏まえ, 理系学部で「よく出題されている問題」と「応用の利く問題」を厳選. 出題回数の多いテーマ, または単体での出題数は多くなくとも他分野との融合が多いテーマの典型問題を「最重要問題」として100問収録しました.

　また, 本書では「受験生に寄り添った, 十分な解説」にも強くこだわりました. 解説編の「着眼」「解答」は, できるだけ自然で, 受験本番でも受験生の皆さんが思いつきやすい, 使いやすい方針を優先して作成しています.「詳説」においては, 別解はもちろんのこと, やや発展的な見方・考え方から, 受験生が陥りやすい思い込み, 誤りなどまで, 詳細に解説しています.

　本書を利用することで, 上位私大(明青立法中・関関同立レベル)に合格する力が十分身につくと同時に, あらゆる難関大(早慶・旧七帝大・上位国公立大レベル)の入試問題に臨むための, 確固たる実力が完成します. 第一志望校合格という大願成就のために本書が十分に活用されれば, これ以上の喜びはありません.

　最後になりましたが, 本書を出版するにあたり, 東進ブックスの皆様には企画段階から完成まで大変なご尽力を賜りました. また, 堀博之先生, 村田弘樹先生には本書の内容に関して適切なご助言を頂戴しました. 他にも多くの方々のご助力を頂き, 完成に至りました. ここに御礼申し上げます.

2023年12月

寺田英智

【入試分析大学一覧】

国公立大学

No.	大学名	文系	理系	合計
1	東京大	28問	35問	63問
2	京都大	28問	27問	55問
3	北海道大	14問	38問	52問
4	東北大	24問	27問	51問
5	名古屋大	17問	18問	35問
6	大阪大	18問	27問	45問
7	九州大	24問	24問	48問
8	東京医歯大	0問	25問	25問
9	東京工業大	0問	29問	29問
10	東京農工大	0問	27問	27問
11	一橋大	30問	0問	30問
12	筑波大	9問	26問	35問
13	お茶の水女子大	15問	29問	44問
14	東京都立大	27問	32問	59問
15	大阪公立大	48問	63問	111問
16	横浜国立大	15問	15問	30問
17	横浜市立大	0問	44問	44問
18	千葉大	25問	44問	69問
19	埼玉大	24問	26問	50問
20	信州大	14問	53問	67問
21	金沢大	18問	25問	43問
22	神戸大	18問	25問	41問
23	岡山大	24問	20問	44問
24	広島大	0問	44問	44問
25	熊本大	12問	48問	60問
26	名古屋市立大	28問	32問	60問
27	名古屋工業大	15問	8問	23問
28	京都府立大	0問	37問	37問
29	兵庫県立大	42問	50問	92問
30	防衛医科大	0問	56問	56問
－	その他大学	1038問	1425問	2463問
	合計	1555問	2379問	3934問

私立大学

No.	大学名	文系	理系	合計
1	早稲田大	226問	31問	257問
2	慶應義塾大	174問	250問	424問
3	上智大	58問	49問	107問
4	東京理科大	48問	235問	283問
5	国際基督教大	21問	0問	21問
6	明治大	120問	217問	337問
7	青山学院大	345問	123問	468問
8	立教大	254問	76問	330問
9	法政大	146問	92問	238問
10	中央大	146問	23問	169問
11	学習院大	148問	47問	195問
12	関西学院大	292問	85問	377問
13	関西大	150問	118問	268問
14	同志社大	70問	42問	112問
15	立命館大	65問	85問	150問
16	北里大	0問	401問	401問
17	國學院大	127問	0問	127問
18	武蔵大	107問	9問	116問
19	成蹊大	62問	3問	65問
20	成城大	30問	0問	30問
21	京都女子大	55問	0問	55問
22	日本大	228問	363問	591問
23	東洋大	31問	46問	77問
24	駒澤大	235問	86問	321問
25	専修大	66問	0問	66問
26	京都産業大	55問	54問	109問
27	近畿大	66問	138問	204問
28	甲南大	64問	32問	96問
29	龍谷大	21問	67問	88問
30	私立医科大群	0問	418問	418問
－	その他大学	2110問	2812問	4922問
	合計	5520問	5902問	11422問

※主要な国公立大105校・私立大100校の入試問題を各5〜10年分（2022〜2012年度），「大問単位」で計15,356問を分類・集計した．「私立医科大群」は，自治医科大，埼玉医科大，東京慈恵会医科大，聖マリアンナ医科大，東京医科大，日本医科大，愛知医科大，大阪医科大，関西医科大，金沢医科大，川崎医科大などの合算．

本書の構成 STRUCTURE

❶**問題**…最初に，大学入試に最も頻出する（かつ応用の利く）典型的な問題が掲載
されています．問題は基本的に単元ごとに章立てされていますが，実際
の大学入試問題を使用しているため，いくつかの単元を横断した問題も
あります．各問題には次のように3段階の「頻出度」が明示されています．
〈頻出度：★★★ ＝最頻出　★★☆ ＝頻出　★☆☆ ＝標準〉
※学習における利便性を重視して，問題（全100問）だけを収録した別冊
【問題編】も巻末に付属しています（とり外し可）．

❷**着眼**…着想の出発点や，問題を解くうえでの前提となる知識などに関する確認
です．受験生が思いつきやすい，自然な発想を重視しています．

❸**解答**…入試本番を想定した解答例です．皆さんが解答を読んだ際に理解しやす
いよう，「行間を埋めた」答案になっています．本番の答案はもう少し簡
素でもよい部分はあるでしょう．

❹**詳説**…実践的な「別解」や，「解答」で理解不十分になりやすい部分，つまずきや
すい部分などの説明がされています．

〈**表記上の注意点**〉

　本書の「解答」「詳説」では，多くの受験生が無理なく読めるよう，記号などの扱い方を次のよう
に定めています．

- 記号∩，∪，∈などは必要に応じて用いる．ただし，「実数全体の集合」を表す$\mathbb{R}$などは用い
ない．「実数xについて」などと言葉で説明する．
- 記号⇒，⟸，⇔などは必要に応じて用いる．
- 記号¬，∧，∨などは用いず，「pかつq」などと言葉で説明する．
- 記号∃，∀を用いず，「どのような実数xでも」などと言葉で説明する．
- 連立方程式などの処理において，教科書等で一般的に認められた記法を用いる．

　　具体的には，p, qは「pまたはq」，$\begin{cases} p \\ q \end{cases}$ は「pかつq」の意味で用いる．

- ベクトルは，必要に応じて成分を縦に並べて表す．例えば，$\vec{p} = (a,\ b,\ c)$ を $\vec{p} = \begin{pmatrix} a \\ b \\ c \end{pmatrix}$
と表すことがある．

　本書での使用を避けた記号を答案で用いることは，何ら否定されることではありません．例え
ば，自分で答案を作るときに

$$\exists x \in \mathbb{R} : x^2 - 2ax + 1 \leqq 0 \quad \Leftrightarrow \quad a^2 - 1 \geqq 0$$
$$\Leftrightarrow \quad a \leqq -1 \vee 1 \leqq a$$

などと表しても，全く問題ありません．このように表記したい人は，すでに論理記号の扱いには
十分慣れていると思いますので，適宜，解答を読みかえてください．ただし，無理に記号を用い
ようとして，問題を正しく理解することからかえって遠ざかることもあります．論理記号を用い
るのは，ある程度理解している（考察できる）ことをより精度高く議論・記述するため，あるいは
簡潔明瞭に表現するためであることを忘れてはなりません．常に，「自分の理解に穴がないか？」
「納得して先に進めているか？」を意識して問題に向き合うことが大切です．

1
▶入試本番を想定して，一題ずつ丁寧に問題にとり組む．

　本書は，「教科書の章末問題程度までは，ある程度解ける学力がある」ことを前提にした，上位私大・難関大の入試本番に向けたステップで利用してほしい問題集です．今の自分の力で，どのテーマの問題は解けるのか，どこまで説明できるのか，理解していない部分を判断するため，まずは自分の力で問題に真剣に向き合うことが大切です．できないことは，次にできるようになればよいのです．自分に足りないことを見つめ直し，実力の向上を目指しましょう．

2
▶「着眼」「解答」「詳説」と照らし合わせ，答案を検討する．

　問題にとり組んだら，解説の「着眼」「解答」「詳説」をしっかりと読み，考え，自分の解答と照らし合わせましょう．何ができないのか，何に気づけば解答まで至れたのか，一題一題，時間をかけて検討しましょう．これは，答えが合っていたとしても必ず行ってほしいプロセスです．値が一致することはもちろん大切ですが，それが必ずしも問題に対する「解答」になっていることを意味するとは限りませんし，ましてやその問題への理解が十分であることを意味するものではありません．量をこなすよりも「一題から多くの学びを得る」ことを目指しましょう．

3
▶再度問題にとり組み，自力で解けるか，より良い解答が可能かを吟味する．

　上記1・2を終えたら，解答・詳説を十二分に理解できている問題を除き，再度，その問題にとり組み，完全な答案を作成してみましょう．じっくりとり組みたい人は1つの問題を解いた直後でよいでしょうし，テンポよく解き進められる人は章ごとにこの作業を行ってもよいでしょう．解答・詳説を理解したつもりでも，実際には「目で追っただけ」のことが往々にしてあります．改めて解き直すことで，自分の頭が整理され，理解不十分な箇所を洗い出すことにもつながります．

　「はしがき」でも述べたように，本書の問題をすべて自力で解けるようになれば，上位の私大・国公立大で合格点を獲得できる十分な実戦力が身につくと同時に，あらゆる難関大に通じる土台（ハイレベルへの基礎力）が完成します．むやみに多くの問題集にとり組む必要はありません．まずはこの1冊の内容を余すことなくマスターし，その後，各志望校の過去問演習に進みましょう．

【訂正のお知らせはコチラ】 ▶ ▶ ▶ ▶

本書の内容に万が一誤りがございました場合は，弊社HP（東進WEB書店）の本書ページにて随時公表いたします．恐れ入りますが，こちらで適宜ご確認ください．

目次 CONTENTS

数と式，関数，方程式と不等式

---

1. 値の計算 〈頻出度 ★★★〉

1　$\dfrac{x+y}{5}=\dfrac{y+z}{3}=\dfrac{z+x}{7}\neq 0$ のとき，$\dfrac{x^2-4y^2}{xy+2y^2+xz+2yz}$ の値を求めよ．

（西南学院大）

2　$f(x)=x^3-2x^2-3x+5$ について $f(2-\sqrt{3}\,)$ の値を求めよ．（関西学院大）

3　実数 x が $x^3+\dfrac{1}{x^3}=52$ を満たすとき，$x^4+\dfrac{1}{x^4}$ の値を求めよ．

（早稲田大）

着眼 VIEWPOINT

　さまざまな求値計算です．**式をうまく読みかえ，計算量を減らす工夫を行う**ことが大切です．

1　そのまま文字を消していくと大変です．まずは与えられた式を整理し，比の値を k とすれば，$x+y+z$ の値が k で表せます．

2　$2-\sqrt{3}$ が $x^2-4x+1=0$ の解の1つであることを利用します．

3　$x^3+\dfrac{1}{x^3}=52$ から x を求めるのは面倒です．与えられた条件，値を求める式のいずれも $x^n+\dfrac{1}{x^n}$ の形であることから，$x+\dfrac{1}{x}=t$ を経由しよう，と考えたいところです．

解答 ANSWER

1　（与式）$=\dfrac{(x-2y)(x+2y)}{(y+z)(x+2y)}=\dfrac{x-2y}{y+z}$

である．ここで，$\dfrac{x+y}{5}=\dfrac{y+z}{3}=\dfrac{z+x}{7}=k$ とおく．このとき

$$x+y=5k\quad\cdots\cdots ①,\quad y+z=3k\quad\cdots\cdots ②,\quad z+x=7k\quad\cdots\cdots ③$$

①，②，③の辺々の和をとり

$$2(x+y+z)=(5+3+7)k\quad\therefore\quad x+y+z=\dfrac{15}{2}k\quad\cdots\cdots ④$$

②と④，③と④，①と④の辺々の差をそれぞれとり

$$x = \frac{9}{2}k, \quad y = \frac{k}{2}, \quad z = \frac{5}{2}k \quad \cdots\cdots\text{⑤}$$

⑤において，$\dfrac{k}{2} = K$ とおき換えれば，

$x = 9K, \quad y = K, \quad z = 5K$ となる．ゆえに，

$$\frac{x-2y}{y+z} = \frac{(9-2)K}{(1+5)K}$$

$$= \frac{\mathbf{7}}{\mathbf{6}} \quad \cdots\cdots\text{答}$$

$\dfrac{k}{2} = K$ のおき換えは計算で分数が出てくるのを避けるため．（そのまま代入してもよい．）

$\boxed{2}$　$x = 2 - \sqrt{3}$ のとき，$x - 2 = -\sqrt{3}$ の辺々を2乗して

$$(x-2)^2 = (-\sqrt{3})^2 \quad \therefore \quad x^2 - 4x + 1 = 0 \quad \cdots\cdots\text{①}$$

つまり，①は $2 - \sqrt{3}$ を解にもつ．

整式 $f(x)$ を $x^2 - 4x + 1$ で割ると，

$$f(x) = x^3 - 2x^2 - 3x + 5$$

$$= (x^2 - 4x + 1)(x + 2) + 4x + 3$$

$$\begin{array}{r}
x + 2 \\
x^2-4x+1 \overline{)x^3 - 2x^2 - 3x + 5} \\
\underline{x^3 - 4x^2 + x} \\
2x^2 - 4x + 5 \\
\underline{2x^2 - 8x + 2} \\
4x + 3
\end{array}$$

①に注意して，求める値は

$$f(2 - \sqrt{3}) = 0 \cdot (2 - \sqrt{3} + 2) + 4(2 - \sqrt{3}) + 3$$

$$= \mathbf{11 - 4\sqrt{3}} \quad \cdots\cdots\text{答}$$

$\boxed{3}$　$x^3 + \dfrac{1}{x^3} = \left(x + \dfrac{1}{x}\right)^3 - 3 \cdot x \cdot \dfrac{1}{x}\left(x + \dfrac{1}{x}\right)$

ここで，$x + \dfrac{1}{x} = t$ とおくと，$x^3 + \dfrac{1}{x^3} = 52$ より，

$$t^3 - 3t = 52 \quad \therefore \quad (t - 4)(t^2 + 4t + 13) = 0$$

ここで，$t^2 + 4t + 13 = (t + 2)^2 + 9 > 0$ なので，$t = 4$，つまり $x + \dfrac{1}{x} = 4$ である．

$x + \dfrac{1}{x} = 4$ の両辺を2乗して，

$$x^2 + 2 \cdot x \cdot \frac{1}{x} + \frac{1}{x^2} = 4^2 \quad \therefore \quad x^2 + \frac{1}{x^2} = 14$$

この式の両辺を再び2乗して，

$$\left(x^2 + \frac{1}{x^2}\right)^2 = 14^2$$

$$x^4 + 2 \cdot x^2 \cdot \frac{1}{x^2} + \frac{1}{x^4} = 14^2 \quad \therefore \quad x^4 + \frac{1}{x^4} = \mathbf{194} \quad \cdots\cdots\text{答}$$

2. 解と係数の関係①

〈頻出度 ★★★〉

3次方程式 $x^3+2x^2+3x+4=0$ の3つの解を α, β, γ とするとき，次の問いに答えよ．

(1) $\alpha^2+\beta^2+\gamma^2$ の値 S を求めよ．

(2) $\alpha^2\beta^2+\beta^2\gamma^2+\gamma^2\alpha^2$ の値 T を求めよ．

(3) 3次方程式 $x^3+px^2+qx+r=0$ が $\alpha^2+\beta^2$, $\beta^2+\gamma^2$, $\gamma^2+\alpha^2$ を解にもつように定数 p, q, r の値を定めよ．

(成蹊大)

着眼 VIEWPOINT

3次方程式の解と係数の関係を用いる，典型的な問題です．

3次方程式の解と係数の関係

$a \neq 0$ とする．x の3次方程式 $ax^3+bx^2+cx+d=0$ の3つの解を α, β, γ とすると

$$\alpha+\beta+\gamma=-\frac{b}{a}, \quad \alpha\beta+\beta\gamma+\gamma\alpha=\frac{c}{a}, \quad \alpha\beta\gamma=-\frac{d}{a} \quad \cdots\cdots(*)$$

$x^3+2x^2+3x+4=0$ の3つの解を求めようとしても，うまくいきません．3つの解が α, β, γ であることから，この式は $(x-\alpha)(x-\beta)(x-\gamma)=0$，と表されます．整理して

$$x^3-(\alpha+\beta+\gamma)x^2+(\alpha\beta+\beta\gamma+\gamma\alpha)x-\alpha\beta\gamma=0$$

であることより，与式と比較して

$$\alpha+\beta+\gamma=-2, \quad \alpha\beta+\beta\gamma+\gamma\alpha=3, \quad \alpha\beta\gamma=-4$$

が得られます（$(*)$と同じことです）．このように，解と係数の関係は容易に導けます．また，(3)は見かけ上の文字をその都度減らさないと，以降の計算でつまずきかねません．

解答 ANSWER

(1) 解と係数の関係より，次が成り立つ．

$$\alpha+\beta+\gamma=-2, \quad \alpha\beta+\beta\gamma+\gamma\alpha=3, \quad \alpha\beta\gamma=-4 \quad \cdots\cdots①$$

したがって，

$$S=\alpha^2+\beta^2+\gamma^2$$

$$= (\alpha+\beta+\gamma)^2-2(\alpha\beta+\beta\gamma+\gamma\alpha)$$
$$= (-2)^2-2\cdot 3$$
$$= -2 \quad\cdots\cdots 答$$

(2)
$$T = \alpha^2\beta^2+\beta^2\gamma^2+\gamma^2\alpha^2$$
$$= (\alpha\beta+\beta\gamma+\gamma\alpha)^2-2\alpha\beta\gamma(\alpha+\beta+\gamma)$$
$$= 3^2-2\cdot(-4)\cdot(-2)$$
$$= -7 \quad\cdots\cdots 答$$

(3) x の 3 次方程式 $x^3+px^2+qx+r=0$ の 3 つの解が $\alpha^2+\beta^2$, $\beta^2+\gamma^2$, $\gamma^2+\alpha^2$ であることから，解と係数の関係より，

$$(\alpha^2+\beta^2)+(\beta^2+\gamma^2)+(\gamma^2+\alpha^2)=-p$$
$$(\alpha^2+\beta^2)(\beta^2+\gamma^2)+(\beta^2+\gamma^2)(\gamma^2+\alpha^2)+(\gamma^2+\alpha^2)(\alpha^2+\beta^2)=q$$
$$(\alpha^2+\beta^2)(\beta^2+\gamma^2)(\gamma^2+\alpha^2)=-r$$

が成り立つ.

したがって，(1)，(2)，つまり

$$(S=)\alpha^2+\beta^2+\gamma^2=-2 \quad\cdots\cdots②$$
$$(T=)\alpha^2\beta^2+\beta^2\gamma^2+\gamma^2\alpha^2=-7 \quad\cdots\cdots③$$

とすれば，①～③より，

$$p = -2(\alpha^2+\beta^2+\gamma^2)=-2S=4 \quad\cdots\cdots答$$
$$q = (-2-\gamma^2)(-2-\alpha^2)+(-2-\alpha^2)(-2-\beta^2)+(-2-\beta^2)(-2-\gamma^2)$$
$$= (\alpha^2\beta^2+\beta^2\gamma^2+\gamma^2\alpha^2)+4(\alpha^2+\beta^2+\gamma^2)+12$$
$$= T+4S+12=-3 \quad\cdots\cdots答$$
$$r = -(-2-\alpha^2)(-2-\beta^2)(-2-\gamma^2)$$
$$= (\alpha^2+2)(\beta^2+2)(\gamma^2+2)$$
$$= \alpha^2\beta^2\gamma^2+2(\alpha^2\beta^2+\beta^2\gamma^2+\gamma^2\alpha^2)+4(\alpha^2+\beta^2+\gamma^2)+8$$
$$= (\alpha\beta\gamma)^2+2T+4S+8$$
$$= (-4)^2+2\cdot(-7)+4\cdot(-2)+8=2 \quad\cdots\cdots答$$

3. 解と係数の関係②

〈頻出度 ★★★〉

$a+b+c=2$, $ab+bc+ca=3$, $abc=2$ のとき，

(1) $a^2+b^2+c^2$ および $a^3+b^3+c^3$ の値を求めよ．

(2) $a^5+b^5+c^5$ の値を求めよ．

(名古屋市立大 改題)

着眼 VIEWPOINT

こちらも問題 **2** と同様に解と係数の関係を利用します．ただし，「3 次方程式から係数の関係式をとり出す」のではなく，「文字同士の関係式から，それらの値を解とする 3 次方程式を考える」問題です．

解答 ANSWER

(1)
$$a^2+b^2+c^2=(a+b+c)^2-2(ab+bc+ca)$$
$$=2^2-2\cdot3=\boldsymbol{-2} \quad\cdots\cdots\boxed{答}$$

また，$a^3+b^3+c^3-3abc=(a+b+c)\{a^2+b^2+c^2-(ab+bc+ca)\}$ より，
$$a^3+b^3+c^3=(a+b+c)\{a^2+b^2+c^2-(ab+bc+ca)\}+3abc$$
$$=2\cdot(-2-3)+3\cdot2=\boldsymbol{-4} \quad\cdots\cdots\boxed{答}$$

(2) 解と係数の関係より，a,b,c は
$$x^3-2x^2+3x-2=0 \quad\cdots\cdots①$$

の 3 解である．ここで，$n=1$，2，3，$\cdots$ に対して，$s_n=a^n+b^n+c^n$ とおく．
①の両辺に x^n を掛けて，
$$x^{n+3}-2x^{n+2}+3x^{n+1}-2x^n=0$$

$x=a,b,c$ に対してこれが成り立つから，
$$a^{n+3}-2a^{n+2}+3a^{n+1}-2a^n=0 \quad\cdots\cdots②$$
$$b^{n+3}-2b^{n+2}+3b^{n+1}-2b^n=0 \quad\cdots\cdots③$$
$$c^{n+3}-2c^{n+2}+3c^{n+1}-2c^n=0 \quad\cdots\cdots④$$

②，③，④の辺々の和をとり，
$$s_{n+3}-2s_{n+2}+3s_{n+1}-2s_n=0$$
$$\therefore\quad s_{n+3}=2s_{n+2}-3s_{n+1}+2s_n \quad(n=1,\ 2,\ 3,\ \cdots) \quad\cdots\cdots⑤$$

$s_1=2$ であり，また，(1)より $s_2=-2$，$s_3=-4$ である．したがって，⑤で $n=1$，2 とすれば，
$$s_4=2s_3-3s_2+2s_1=-8+6+4=2$$
$$s_5=2s_4-3s_3+2s_2=4+12-4=\boldsymbol{12} \quad\cdots\cdots\boxed{答}$$

詳説 EXPLANATION

▶(1)の $a^3+b^3+c^3$ の計算では，乗法公式

$$x^3+y^3+z^3-3xyz = (x+y+z)(x^2+y^2+z^2-xy-yz-zx)$$

を利用していますが，実は，(2)と同様に考えればこの式は不要です．a, b, c は
①の 3 解なので，①に $x=a, b, c$ を代入し，辺々の和をとることで

$$s_3-2s_2+3s_1-2\cdot3 = 0$$

$$\therefore \quad s_3 = 2s_2-3s_1+6 = 2\cdot(-2)-3\cdot2+6 = -4$$

とすればよいでしょう．

4. 展開式の係数

〈頻出度 ★★☆〉

式の展開に関する次の問いに答えよ.

(1) $(1+x+y)^6$ の展開式における x^2y^3 の項の係数を求めよ.

(2) $(1+x+xy)^8$ の展開式における x^5y^3 の項の係数を求めよ.

(3) $(1+x+xy+xy^2)^{10}$ の展開式における x^8y^{13} の項の係数を求めよ.

(新潟大)

着眼 VIEWPOINT

いわゆる「多項展開」と呼ばれる問題です. 下手に公式に当てはめようとすると混乱します. 例えば, $(p+q+r)^6$ を展開するとき

$$(p+q+r)^6 = \underbrace{(p+q+r)}_{①} \cdot \underbrace{(p+q+r)}_{②} \cdots\cdots \underbrace{(p+q+r)}_{⑥}$$

と, 「6つの $(p+q+r)$」が並んでいると考え, それぞれの（ ）から p, q, r のいずれかを選択して積をとる, と考えれば, 順列の問題に帰着されます. これは, 2項でも3項でも同じことです.

解答 ANSWER

(1) $(1+x+y)^6 = \underbrace{(1+x+y)}_{①}\underbrace{(1+x+y)}_{②} \cdots\cdots \underbrace{(1+x+y)}_{⑥}$

を展開したとき, x^2y^3 の係数は, 重複を許して1, x, y を合計6個並べるときに, 1, x, y をそれぞれ1個, 2個, 3個ずつ並べる場合の数と同じである.

求める係数は $\dfrac{6!}{1!2!3!} = \mathbf{60}$ ……**答**

(2) $(1+x+xy)^8 = \underbrace{(1+x+xy)}_{①}\underbrace{(1+x+xy)}_{②} \cdots\cdots \underbrace{(1+x+xy)}_{⑧}$

を展開したとき, x^5y^3 の係数は, 重複を許して1, x, xy を合計8個並べるときに, 1, x, xy をそれぞれ3個, 2個, 3個ずつ並べる場合の数と同じである.

求める係数は $\dfrac{8!}{3!2!3!} = \mathbf{560}$ ……**答**

y^3 に着目すると, "xy" は3個必要, とわかる. これで x も3個は用意できるので, 5−3＝2より, "x" を2個, と判断できる.

(3) $(1+x+xy+xy^2)^{10} = \underbrace{(1+x+xy+xy^2)}_{①} \cdots\cdots \underbrace{(1+x+xy+xy^2)}_{⑩}$

を展開することを考える. 重複を許して1, x, xy, xy^2 を合計10個並べるとき

に，完成した文字列が「x が 8 個，y が 13 個」となるような並べ方を考える．y に着目すると，合計で y を 13 個とするためには

$$(xy \text{の個数}, \ xy^2 \text{の個数}) = (1, \ 6), \ (3, \ 5), \ (5, \ 4), \ \cdots\cdots, \ (13, \ 0)$$

が考えられるが，$(5, \ 4)$ 以降の組は，「x が合計 8 個」の条件を満たさない．したがって，求める係数は，$1, \ x, \ xy, \ xy^2$ をそれぞれ「2 個，1 個，1 個，6 個」または「2 個，0 個，3 個，5 個」並べる場合の数の和と同じであるから，

$$\frac{10!}{2!\,1!\,1!\,6!} + \frac{10!}{2!\,0!\,3!\,5!} = 2520 + 2520 = \mathbf{5040} \quad \cdots\cdots \blacksquare$$

詳説 EXPLANATION

▶(3)は，次のように展開する式を $(1+X)^{10}$ とみて，2 段階に分けて考えてもよいでしょう．

別解

$$(1+x+xy+xy^2)^{10} = \{1 + x(1+y+y^2)\}^{10}$$
$$= \sum_{k=0}^{10} {}_{10}\mathrm{C}_k \{x(1+y+y^2)\}^k$$

ここで，${}_{10}\mathrm{C}_k \{x(1+y+y^2)\}^k$ で $x^8 y^{13}$ の項になるのは，x の指数に着目すれば $k=8$ のときに限られる．このとき，$(1+y+y^2)^8$ の一般項を考えると，

$$\frac{8!}{p!\,q!\,r!} 1^p y^q (y^2)^r = \frac{8!}{p!\,q!\,r!} y^{q+2r}$$

と表される．ただし，p, q, r は 0 以上 8 以下の整数　かつ　$p+q+r=8$ を満たす．この条件のもとで $q+2r=13$ となる組 (p, q, r) は，$(1, \ 1, \ 6)$，$(0, \ 3, \ 5)$ に限られる．このとき，

$$\frac{8!}{1!\,1!\,6!} + \frac{8!}{0!\,3!\,5!} = 56 + 56 = 112$$

したがって，求める係数は，　${}_{10}\mathrm{C}_8 \times 112 = \mathbf{5040}$ 　$\cdots\cdots \blacksquare$

5. 2次関数の最大・最小①

〈頻出度 ★★☆〉

a を実数とする．2次関数 $f(x) = x^2 - 2a^2x + a^4 - 1 \ (a \leqq x \leqq a+1)$ の最小値 $m(a)$ を a で表せ．

（福岡教育大）

着眼 VIEWPOINT

基本的な「軸の位置に着目して，2次関数の最小値を調べる」問題です．座標平面上で，a の増加に伴って軸が常に右に（左に）動く，というわけではない点が，ややイメージを難しくしているかもしれません．右に動くか，左に動くか，という点に拘らずに，**軸と区間の端の位置関係だけに着目して不等式を立てましょう**．

解答 ANSWER

$$f(x) = x^2 - 2a^2x + a^4 - 1 = (x - a^2)^2 - 1$$

$f(x)$ のグラフの軸 $x = a^2$ と区間 $a \leqq x \leqq a+1$ の位置関係について，次の(i)〜(iii)が考えられる．

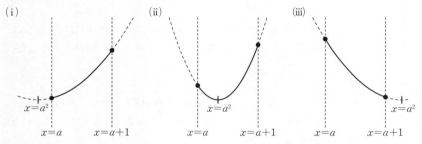

ここで，図(ii)となる a の範囲は，

$$a \leqq a^2 \leqq a+1 \iff \begin{cases} a \leqq a^2 \\ a^2 \leqq a+1 \end{cases}$$

$$\iff \begin{cases} a(a-1) \geqq 0 \\ a^2 - a - 1 \leqq 0 \end{cases}$$

$$\iff \frac{1-\sqrt{5}}{2} \leqq a \leqq 0, \ 1 \leqq a \leqq \frac{1+\sqrt{5}}{2} \quad \cdots\cdots①$$

である．以下，(i)〜(iii)に場合分けする．

(i) $a^2 \leqq a$ のとき $(0 \leqq a \leqq 1)$

$$m(a) = f(a)$$
$$= a^4 - 2a^3 + a^2 - 1$$

◀ 場合分けの"境界"である $a = 0, \ 1$ などは，両側（この場合は(i)と(ii)）に入れておいて問題ない．

(ii) ①のとき

$$m(a) = f(a^2) = -1$$

(iii) $a+1 \leqq a^2$ のとき $\left(a \leqq \dfrac{1-\sqrt{5}}{2}, \ \dfrac{1+\sqrt{5}}{2} \leqq a \right)$

$$
\begin{aligned}
m(a) &= f(a+1) \\
&= (a+1-a^2)^2 - 1 \\
&= a^4 - 2a^3 - a^2 + 2a
\end{aligned}
$$

以上，(i)～(iii)から，

$$
m(a) = \begin{cases}
a^4 - 2a^3 + a^2 - 1 & (0 \leqq a \leqq 1 \text{ のとき}) \\[2mm]
-1 & \left(\dfrac{1-\sqrt{5}}{2} \leqq a \leqq 0, \ 1 \leqq a \leqq \dfrac{1+\sqrt{5}}{2} \text{ のとき} \right) \\[2mm]
a^4 - 2a^3 - a^2 + 2a & \left(a \leqq \dfrac{1-\sqrt{5}}{2}, \ \dfrac{1+\sqrt{5}}{2} \leqq a \text{ のとき} \right)
\end{cases}
$$

……答

詳説 EXPLANATION

▶軸が $a < x < a+1$ に「含まれていない」ときであれば，関数 $f(x)$ は区間内で常に増加，または常に減少のいずれかです．これを踏まえれば，最小値は「$f(a)$ と $f(a+1)$ のうち小さい方（一致していればその値）」なので，両者を直接比較してもよいでしょう．実際，

$$
\begin{aligned}
f(a) - f(a+1) &= (a^4 - 2a^3 + a^2 - 1) - (a^4 - 2a^3 - a^2 + 2a) \\
&= 2a^2 - 2a - 1
\end{aligned}
$$

であり，$2a^2 - 2a - 1$ は $a = \dfrac{1 \pm \sqrt{3}}{2}$ で符号を変え，

$$a \leqq \dfrac{1-\sqrt{3}}{2}, \ \dfrac{1+\sqrt{3}}{2} \leqq a \text{ のとき，} \ f(a) \geqq f(a+1)$$

$$\dfrac{1-\sqrt{3}}{2} \leqq a \leqq \dfrac{1+\sqrt{3}}{2} \text{ のとき，} \ f(a) \leqq f(a+1)$$

となります．

$$\dfrac{1-\sqrt{5}}{2} < \dfrac{1-\sqrt{3}}{2} < 0 < 1 < \dfrac{1+\sqrt{3}}{2} < \dfrac{1+\sqrt{5}}{2}$$

ですから，「解答」と相違ありません．

6. 2次関数の最大・最小②

〈頻出度 ★★☆〉

t を実数とする．関数 $f(x) = (2-x)|x+1|$ に対して，$t \leq x \leq t+1$ における $f(x)$ の最大値を M とする．

(1) $y = f(x)$ のグラフの概形をかけ．

(2) M を求めよ．

（芝浦工業大 改題）

着眼 VIEWPOINT

絶対値つきの 2 次関数の最大値を求めます．$y = (2-x)(x+1)$ のグラフのどの部分を x 軸に関して折り返すかに注意しなくてはなりません．(2)では「区間の両端での値が一致する」ときのパラメタの値を，等式条件から求めます．

解答 ANSWER

(1) $x+1$ の正負で場合分けすると

$$f(x) = \begin{cases} (x-2)(x+1) & (x \leq -1 \text{ のとき}) \\ -(x-2)(x+1) & (x \geq -1 \text{ のとき}) \end{cases}$$

したがって，$y = f(x)$ のグラフは右図の実線部分である．

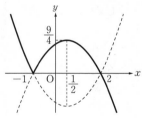

◀ $(2-x)|x+1|$ は $x=2$，-1 で 0 となり，$x=2$ で符号を正から負に変えるので，$y = f(x)$ の概形はすぐ読みとれる．

(2)

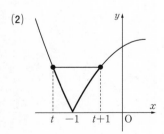

$f(t) = f(t+1)$ かつ $t < -1 < t+1$

が成り立つのは，左図のときである．これを満たす t は，

$$(t-2)(t+1) = (1-t)(t+2)$$ かつ $$-2 < t < -1$$
$$\Leftrightarrow t = \pm\sqrt{2}$$ かつ $-2 < t < -1$
$$\Leftrightarrow t = -\sqrt{2}$$

したがって，最大値をとる x 座標の位置で場合分けすると，次のようになる．

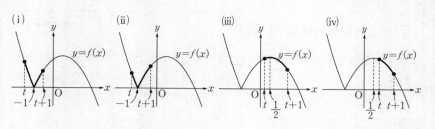

(i) $t \leqq -\sqrt{2}$ のとき

$$M = f(t) = (t-2)(t+1) = t^2 - t - 2$$

(ii) $t \geqq -\sqrt{2}$ かつ $t+1 \leqq \dfrac{1}{2}$ のとき $\left(-\sqrt{2} \leqq t \leqq -\dfrac{1}{2} \right)$

$$M = f(t+1) = -(t+1-2)(t+1+1) = -t^2 - t + 2$$

(iii) $t \leqq \dfrac{1}{2} \leqq t+1$ のとき $\left(-\dfrac{1}{2} \leqq t \leqq \dfrac{1}{2} \right)$

$$M = f\left(\dfrac{1}{2} \right) = \dfrac{9}{4}$$

(iv) $\dfrac{1}{2} \leqq t$ のとき

$$M = f(t) = -(t-2)(t+1) = -t^2 + t + 2$$

以上，(i)〜(iv)から，最大値 M は

$$M = \begin{cases} t^2 - t - 2 & (t \leqq -\sqrt{2} \text{ のとき}) \\ -t^2 - t + 2 & \left(-\sqrt{2} \leqq t \leqq -\dfrac{1}{2} \text{ のとき} \right) \\ \dfrac{9}{4} & \left(-\dfrac{1}{2} \leqq t \leqq \dfrac{1}{2} \text{ のとき} \right) \\ -t^2 + t + 2 & \left(t \geqq \dfrac{1}{2} \text{ のとき} \right) \end{cases} \quad \cdots\cdots \text{答}$$

7. 2次関数の最大・最小③

〈頻出度 ★★★〉

a は実数とする．関数 $f(x) = x^2 - |x-a| - a^2 + 3a$ の最小値 $m(a)$ を求めよ．

（富山大 改題）

着眼 VIEWPOINT

こちらも絶対値つき関数についての問題ですが，aに応じて$y = f(x)$ の概形が変化するという厄介な状況です．絶対値を外すところから始めますが，その後が問題です．概形に着目するか，最小値の候補を比較するか（☞詳説），いずれでも結論には至ります．「求めるものは何か」を見失いがちな問題ですので，これを最後までよく意識しましょう．

解答 ANSWER

$$
f(x) = \begin{cases}
x^2 - (x-a) - a^2 + 3a = \left(x - \dfrac{1}{2}\right)^2 - a^2 + 4a - \dfrac{1}{4} \\
\qquad\qquad\qquad\qquad\qquad (x \geqq a \text{ のとき}) \quad \cdots\cdots ① \\
x^2 + (x-a) - a^2 + 3a = \left(x + \dfrac{1}{2}\right)^2 - a^2 + 2a - \dfrac{1}{4} \\
\qquad\qquad\qquad\qquad\qquad (x \leqq a \text{ のとき}) \quad \cdots\cdots ②
\end{cases}
$$

したがって，$\dfrac{1}{2}$，$-\dfrac{1}{2}$，aの大小によって，$y = f(x)$ のグラフの概形は次のように変化する．

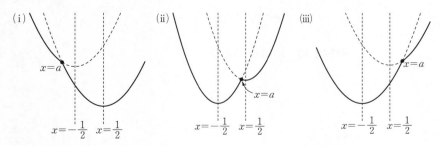

以下，(i)〜(iii)で場合分けする．

(i) $a \leqq -\dfrac{1}{2}$ のとき

$$m(a) = f\left(\dfrac{1}{2}\right) = -a^2 + 4a - \dfrac{1}{4}$$

(ii) $-\dfrac{1}{2} \leqq a \leqq \dfrac{1}{2}$ のとき

$m(a)$ は $f\left(-\dfrac{1}{2}\right)$ と $f\left(\dfrac{1}{2}\right)$ の小さい方（一致するとき ←「大きくない方」という 呼び方でもよい.

はその値) である.

$$f\left(-\dfrac{1}{2}\right)-f\left(\dfrac{1}{2}\right)=\left(-a^2+2a-\dfrac{1}{4}\right)-\left(-a^2+4a-\dfrac{1}{4}\right)=-2a$$

つまり,

・$a \leqq 0$ のとき, $f\left(-\dfrac{1}{2}\right) \geqq f\left(\dfrac{1}{2}\right)$ より,

$$m(a)=f\left(\dfrac{1}{2}\right)=-a^2+4a-\dfrac{1}{4}$$

・$a \geqq 0$ のとき, $f\left(-\dfrac{1}{2}\right) \leqq f\left(\dfrac{1}{2}\right)$ より,

$$m(a)=f\left(-\dfrac{1}{2}\right)=-a^2+2a-\dfrac{1}{4}$$

(iii) $a \geqq \dfrac{1}{2}$ のとき

$$m(a)=f\left(-\dfrac{1}{2}\right)=-a^2+2a-\dfrac{1}{4}$$

以上，(i)〜(iii)から，

$$m(a)=\begin{cases} -a^2+4a-\dfrac{1}{4}\ (a \leqq 0 \text{ のとき}) \\ -a^2+2a-\dfrac{1}{4}\ (a \geqq 0 \text{ のとき}) \end{cases} \quad \cdots\cdots 答$$

詳説 EXPLANATION

▶グラフの概形による場合分け(i)〜(iii)までが見えれば，最小値は（a の範囲によらず）「$f\left(-\dfrac{1}{2}\right)$ と $f\left(\dfrac{1}{2}\right)$ のうち小さい方」であることから，解答の(ii)と同様に，$f\left(-\dfrac{1}{2}\right)-f\left(\dfrac{1}{2}\right)$ の正負だけを調べれば，結論はすぐに得ることができます.

▶$x \geqq a$ と $x \leqq a$ に分けて区間ごとの最小値を調べたうえで，それらを再度比較することもできます. しかし，「区間ごとの最小値を調べる」だけで止まってしまう人が多く，注意が必要です.

> **別解**
> ①，②を得るところまでは「解答」と同じ.
> $x \geqq a$ について，

(ア) $\dfrac{1}{2} \leqq a$ のとき

$f(x)$ は $x \geqq a$ において常に増加するので，最小値は
$f(a) = 3a$ である.

$\left.\cdots\cdots③\right.$

(イ) $a \leqq \dfrac{1}{2}$ のとき

最小値は $f\left(\dfrac{1}{2}\right) = -a^2 + 4a - \dfrac{1}{4}$ である.

$x \leqq a$ について，

(ウ) $-\dfrac{1}{2} \leqq a$ のとき

最小値は $f\left(-\dfrac{1}{2}\right) = -a^2 + 2a - \dfrac{1}{4}$ である.

$\left.\cdots\cdots④\right.$

(エ) $a \leqq -\dfrac{1}{2}$ のとき

$f(x)$ は $x \leqq a$ において常に減少するので，最小値は
$f(a) = 3a$ である.

次に，③と④を比較する．最小値は次の表のとおりである.

a	$a \leqq -\dfrac{1}{2}$	$-\dfrac{1}{2} \leqq a \leqq \dfrac{1}{2}$	$\dfrac{1}{2} \leqq a$
$x \geqq a$	$-a^2 + 4a - \dfrac{1}{4}$		$3a$
$x \leqq a$	$3a$	$-a^2 + 2a - \dfrac{1}{4}$	

(a) $a \leqq -\dfrac{1}{2}$ のとき

$$3a - \left(-a^2 + 4a - \dfrac{1}{4}\right) = a^2 - a + \dfrac{1}{4} = a\left(a + \dfrac{1}{2}\right) - \dfrac{3}{2}a + \dfrac{1}{4} \geqq 0$$

なので，$m(a) = -a^2 + 4a - \dfrac{1}{4}$ である.

(b) $-\dfrac{1}{2} \leqq a \leqq \dfrac{1}{2}$ のとき

「解答」の(ii)と同様に議論する.

(c) $a \geqq \dfrac{1}{2}$ のとき

$$3a - \left(-a^2 + 2a - \dfrac{1}{4}\right) = a^2 + a + \dfrac{1}{4} = a\left(a - \dfrac{1}{2}\right) + \dfrac{3}{2}a + \dfrac{1}{4} \geqq 0$$

なので，$m(a) = -a^2 + 2a - \dfrac{1}{4}$ である.

以下，「解答」と同じ.

8. $f(x, y)$ の最大・最小

〈頻出度 ★★☆〉

1 実数 x, y が $x^2-2x+y^2=1$ を満たすとき，$x+y$ のとり得る値の範囲を求めよ．

（頻出問題）

2 実数 x, y が $x^2+xy+y^2=3$ を満たしている．$x+xy+y$ のとり得る値の範囲を求めよ．

（頻出問題）

着眼 VIEWPOINT

関数の"入力"にあたる変数が存在する条件から，値域を求める問題です．この問題が単独で出題されることもありますが，他の単元の問題の中で，複合的に扱われることも多いです．次の読みかえを行います．

> **関数の値域**
>
> x, y がある範囲 I を動くときの関数 $f(x, y)$ の値域を W とする．このとき
> $$k \in W \iff f(x, y)=k を満たす (x, y) \in I が存在する$$

「$f(x, y)$ はある値 k をとれるだろうか？」これを「$f(x, y)=k$ になるための変数 x, y はうまいこと（定義域の中に）とれるだろうか？」と読みかえているということです．（☞詳説）

2 は，与えられている式がいずれも x, y の対称式なので，いったん $(x+y, xy)=(u, v)$ と変換すると見通しよく解けるでしょう．

解答 ANSWER

1 求める範囲を W とする．

$k \in W \iff x+y=k$ かつ $x^2-2x+y^2=1$ を満たす実数の組 (x, y) が存在する

$\iff x^2-2x+(k-x)^2=1$ を満たす実数 x が存在する

$\iff (2x^2-2(k+1)x+(k^2-1)=0(\cdots\cdots①)$ を満たす実数 x が存在する）$\cdots\cdots②$

x の2次方程式①の判別式を D とすれば，②は $D \geqq 0$ と同値なので，

$(k+1)^2-2(k^2-1) \geqq 0$

$k^2-2k-3 \leqq 0$

$-1 \leqq k \leqq 3$

したがって，求める範囲は **$-1 \leqq x+y \leqq 3$** $\cdots\cdots$答

2　$(x+y, \ xy)=(u, \ v)$ とおき換える．$(u, \ v)$ の存在する範囲を W とすれば

$(u, \ v) \in W$

$\Leftrightarrow$ $x^2+xy+y^2=3$ かつ $\begin{cases} x+y=u \\ xy=v \end{cases}$ を満たす実数 $x, \ y$ が存在する

$\Leftrightarrow$ $(x+y)^2-xy=3(\cdots\cdots①)$ かつ $\begin{cases} x+y=u \\ xy=v \end{cases}$ $(\cdots\cdots②)$ を満たす実数 $x, \ y$ が

存在する

$\Leftrightarrow$ $u^2-v=3(\cdots\cdots③)$ かつ ②を満たす実数 $x, \ y$ が存在する

ここで，②を満たす $x, \ y$ は，t の2次方程式 $t^2-ut+v=0$ の2解であることから，②を満たす実数 $x, \ y$ が存在する条件は

$(-u)^2-4v \geqq 0$　すなわち　$u^2-4v \geqq 0$　$\cdots\cdots④$

である．したがって，$u, \ v$ の満たすべき条件は「③かつ④」であり，右図の実線部分である．このもとで，$z=x+xy+y$ とおくと，

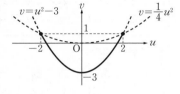

$z=u+v$

$\quad =u+(u^2-3)$

$\quad =\left(u+\dfrac{1}{2}\right)^2-\dfrac{13}{4}$

であり，右上図より u は $-2 \leqq u \leqq 2$ を動く．
したがって，右下図から，求める範囲は

$$-\dfrac{13}{4} \leqq x+xy+y \leqq 3 \quad \cdots\cdots \boxed{答}$$

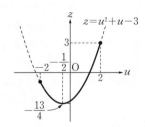

詳説 EXPLANATION

▶次の例は正しく説明できますか．

　例　実数 $x, \ y$ が $x^2+4xy+5y^2=1$ を満たして動くとき，x のとり得る値の範囲を求めよ．

座標の変換をするなどの説明も考えられますが，この問題の解答に即した説明を考えてみましょう．x のとり得る値の範囲を W とします．

・「$x=0$ になれるか？」と聞かれれば，与えられた式に $x=0$ を代入し，

　$5y^2=1$ から，$y=\pm\dfrac{1}{\sqrt{5}}$ のときに $x=0$ となるので，$x=0$ になれる，

つまり，0は W に含まれることがわかります．

・「$x=4$ になれるか？」と聞かれれば，与えられた式に $x=4$ を代入します．

　$4^2+16y+5y^2=1$　すなわち　$5y^2+16y+15=0$

であり，（判別式）<0 から，この式を満たす実数 y が存在しません．つまり，4は W に含まれない，とわかります．

この「相手になる y が存在するか？」をあらゆる x で行えばよいのです．つまり，

　　$X \in W$　「X は W に含まれるか？」

　$\iff X^2 + 4X \cdot y + 5y^2 = 1 (\cdots\cdots(*))$ を満たす実数 y が存在する

　　「$x = X$ となるための y は，うまいこととれるか？」

と考えます．

$(*)$ を整理して得た y の2次方程式は $5y^2 + 4Xy + (X^2 - 1) = 0$，この式の判別式を D として，$D \geqq 0$ から

　　$(2X)^2 - 5(X^2 - 1) \geqq 0 \iff -\sqrt{5} \leqq X \leqq \sqrt{5}$

であり，x の値域が $-\sqrt{5} \leqq x \leqq \sqrt{5}$，とわかります．

▶ 1　図形の共有点として考えてもよいですが，実は，解答と同じことです．与えられている条件の式を

　　$C : (x-1)^2 + y^2 = 2$

とすれば，座標平面上の円 C と，直線 $x + y = k$ の共有点が存在する条件を考え，同じ結果を得ます．しかし，この k が，解答で考えている k と同じもので，「k は W 上か否か？」を「対応する (x, y) が存在するか？」と読みかえ，この (x, y) を座標平面上の共有点に読みかえているにすぎません．

▶ 原点を中心とする半径 r の円周上，つまり $x^2 + y^2 = r^2$ 上の任意の点に対して，$(x, y) = (r\cos\theta, r\sin\theta)$ となる実数 θ が存在します（右図から理解できるでしょう）．このことから，C 上の点をパラメタで表す次の解答も考えられます．

別解

$x^2 - 2x + y^2 = 1$ から，$(x-1)^2 + y^2 = 2$ である．これを満たすどのような (x, y) に対しても，

$$\begin{cases} x - 1 = \sqrt{2}\cos\theta \\ y = \sqrt{2}\sin\theta \end{cases} \quad \text{すなわち} \quad \begin{cases} x = \sqrt{2}\cos\theta + 1 \\ y = \sqrt{2}\sin\theta \end{cases}$$

を満たす実数 θ が存在する．このとき

$$x + y = (\sqrt{2}\cos\theta + 1) + \sqrt{2}\sin\theta = 2\sin\left(\theta + \frac{\pi}{4}\right) + 1$$

と変形できる．θ が実数全体を動くとき，$2\sin\left(\theta + \frac{\pi}{4}\right)$ は $-2 \leqq 2\sin\left(\theta + \frac{\pi}{4}\right) \leqq 2$ を動くので，$x + y$ の値域は　**$-1 \leqq x + y \leqq 3$**　……答

▶ 2　③かつ④を満たす (u, v) の範囲 W まで得たら（ここまでは「解答」と同じ），$x + xy + y$ の値域は，$u + v = k$ を uv 平面上の直線に見て，W との共有点が存在する条件から説明してもよいでしょう．

9. 2次方程式の解の配置 〈頻出度 ★★★〉

m は実数とする．x の 2 次方程式 $x^2-(m+2)x+2m+4=0$ の $-1\leqq x\leqq 3$ の範囲にある実数解がただ 1 つであるとき，m の値の範囲を求めよ．ただし，重解の場合，実数解の個数は 1 つと数える． (信州大)

着眼 VIEWPOINT

　典型的な「解の配置」問題です．この問題も，単一のテーマでの出題はさほど多くはないのですが，（前の問題ほどに顕著ではないものの）指数・対数関数や三角関数との融合が非常に多く，十分に練習しておくべき問題です．

　さて，解のとり得る値の範囲に制約があるときは，解をグラフ同士の共有点の x 座標にみることは，当たり前と思える程度には練習しておきたいです．実際に解を求めてはいけないのか，という疑問はもっともなのですが，実際に試すと大変さがわかるでしょう．左辺を $f(x)$ として，**方程式 $f(x)=0$ の解を放物線 $y=f(x)$ と x 軸（$y=0$）との共有点にみる**のが定番ですが（☞解答），別のとらえ方もできます（☞詳説）．

解答 ANSWER

$f(x)=x^2-(m+2)x+2m+4$ とする．与えられた方程式の実数解は，$y=f(x)$ のグラフと x 軸との共有点の x 座標である．

$$f(x)=\left(x-\frac{m+2}{2}\right)^2-\frac{(m+2)^2}{4}+2(m+2)$$

$$=\left(x-\frac{m+2}{2}\right)^2-\frac{(m+2)(m-6)}{4} \quad\cdots\cdots①$$

となる．区間 $-1\leqq x\leqq 3$ に $f(x)=0$ を満たす x がただ 1 つ存在する条件を求める．区間内の $f(x)=0$ の解により，次のように場合分けする．

(i) $f(x)=0$ が，$-1<x<3$ に重解でない解をただ 1 つだけもつとき

　求める条件は，$f(-1)$ と $f(3)$ の符号が異なることと同値である．つまり

$$f(-1)f(3)<0$$

$$(3m+7)(-m+7)<0$$

$$m < -\frac{7}{3}, \ 7 < m$$

(ii) $f(x) = 0$ が $-1 < x < 3$ に重解をもつとき

①より

$$(m+2)(m-6) = 0 \quad \text{かつ} \quad -1 < \frac{m+2}{2} < 3$$

$$\Leftrightarrow \ m = -2, \ 6 \quad \text{かつ} \quad -4 < m < 4$$

$$\Leftrightarrow \ m = -2$$

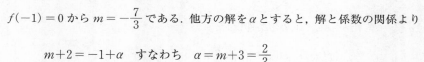

(iii) $f(x) = 0$ が $x = -1$ を解にもつとき

$f(-1) = 0$ から $m = -\frac{7}{3}$ である．他方の解を α とすると，解と係数の関係より

$$m+2 = -1+\alpha \quad \text{すなわち} \quad \alpha = m+3 = \frac{2}{3}$$

この値は $-1 \leqq \alpha \leqq 3$ を満たすので，$m = -\frac{7}{3}$ は不適．

(iv) $f(x) = 0$ が $x = 3$ を解にもつとき

$f(3) = 0$ から $m = 7$ である．他方の解を α とすると，解と係数の関係より

$$m+2 = 3+\alpha \quad \text{すなわち} \quad \alpha = m-1 = 6$$

この値は $-1 \leqq \alpha \leqq 3$ を満たさないので，$m = 7$ は適する．

以上，(i)〜(iv)から，求める範囲は $\boldsymbol{m < -\dfrac{7}{3}, \ m = -2, \ m \geqq 7}$ ……答

詳説 EXPLANATION

▶放物線 $y = f(x)$ の軸の位置で場合分けしてもよいでしょう．

別解

①までは「解答」と同じ．$y = f(x)$ のグラフの軸 $x = \dfrac{m+2}{2}$ と区間 $-1 \leqq x \leqq 3$ の位置関係によって次のように場合分けする．

(i) $\dfrac{m+2}{2} \leqq -1$ のとき $(m \leqq -4)$

$f(x)$ は $-1 \leqq x \leqq 3$ で常に増加する．$m \leqq -4$ より，

$$f(-1) = 3m+7 \leqq 3 \cdot (-4) + 7 = -5 < 0,$$

$$f(3) = -m+7 \geqq -(-4) + 7 = 11 > 0$$

となるので，このときは常に条件を満たす．

(ii) $-1 < \dfrac{m+2}{2} < 3$ のとき $(-4 < m < 4)$

$f(x)$ は $-1 \leqq x \leqq \dfrac{m+2}{2}$ で減少し，$\dfrac{m+2}{2} \leqq x \leqq 3$ で増加する．また，

$-4 < m < 4$ より，$f(3) = -m + 7 > 0$ である．

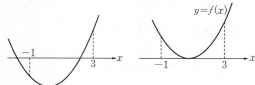

したがって，求める条件は，

$$\left(f(-1) < 0 \ \text{または} \ f\!\left(\dfrac{m+2}{2}\right) = 0 \right) \ \text{かつ} \ \ -4 < m < 4$$

$$\Leftrightarrow \left(3m + 7 < 0 \ \text{または} \ -\dfrac{(m+2)(m-6)}{4} = 0 \right) \text{かつ} \ -4 < m < 4$$

$$\Leftrightarrow -4 < m < -\dfrac{7}{3} \ \ \text{または} \ \ m = -2$$

(iii) $\dfrac{m+2}{2} \geqq 3$ のとき $(m \geqq 4)$

$f(x)$ は $-1 \leqq x \leqq 3$ で常に減少する．
$$f(-1) = 3m + 7 \geqq 3 \cdot 4 + 7 = 19 > 0$$
より，この場合に求める条件は，
$$f(3) \leqq 0 \ \ \text{かつ} \ \ m \geqq 4$$

$$\Leftrightarrow -m + 7 \leqq 0 \ \ \text{かつ} \ \ m \geqq 4$$
$$\Leftrightarrow m \geqq 7$$
である．

(i)〜(iii)より，求める範囲は，

$$m \leqq -4 \ \text{または} \ m \geqq 7 \ \text{または} \ -4 < m < -\dfrac{7}{3} \ \text{または} \ m = -2$$

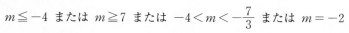

すなわち **$m < -\dfrac{7}{3}, \ m = -2, \ m \geqq 7$** ……答

▶曲線と直線に分けて，グラフから説明することもできます．

別解

$x^2 - (m+2)x + 2m + 4 = 0$ から
$$x^2 - 2x + 4 = m(x-2)$$

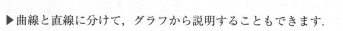

x の方程式 $f(x)=0$ の $-1 \leqq x \leqq 3$ における実数解は，座標平面上の放物線の一部 $C: y=x^2-2x+4$ $(-1 \leqq x \leqq 3)$，直線 $L: y=m(x-2)$ の共有点の x 座標と同じである．また，L は傾き m の値にかかわらず点 $(2,0)$ を通る．

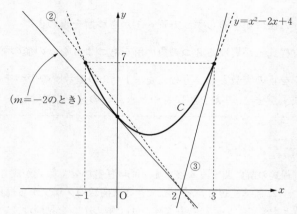

C と L が接するのは，①が重解をもつときであり，接点の x 座標は①の重解である．①の判別式 $=0$ より，C と L が接するのは $m=-2$，6 のときだが，重解が $x=\dfrac{m+2}{2}$ であることから

　　$m=-2$ のとき，重解は $x=0$ $(-1 \leqq x \leqq 3$ に含まれる$)$

　　$m=6$ のとき，　重解は $x=4$ $(-1 \leqq x \leqq 3$ に含まれない$)$

したがって，$m=-2$ は求める範囲に含まれ，C と L は上の図のような関係である．図の直線②，③の傾きを調べる．いずれも点 $(2,0)$ を通ることに注意して，

　　直線②は点 $(-1,7)$ を通るので，　　$m=\dfrac{0-7}{2-(-1)}=-\dfrac{7}{3}$

　　直線③は点 $(3,7)$ を通るので，　　$m=\dfrac{7-0}{3-2}=7$

上図より，求める範囲は

　　$m<-\dfrac{7}{3}$，$m=-2$，$m \geqq 7$ ……**答**

10. 高次方程式の虚数解 〈頻出度 ★★☆〉

a を実数とし，方程式 $x^3-(2a+1)x^2-3(a-1)x-a+5=0$ ……①
を考える．

(1) a の値にかかわらず，方程式①がもつ解を求めよ．

(2) 方程式①が異なる 3 つの負の解をもつような a の値の範囲を求めよ．

(3) k を正の実数とし，方程式 $x^3-1=0$ の虚数解の 1 つを ω とする．方程式①が $x=\omega+k$ を解にもつとき，a の値を求めよ． (関西学院大 改題)

着眼 VIEWPOINT

高次方程式の解に関する考察です．(1)は任意の a で等式が成り立つ条件から説明します．(2)で，「左辺を $f(x)$ として，3 次関数のグラフから視覚的に……」などと考えるとややこしい話になります．(1)で解の 1 つを見つけているので，因数分解すれば，あとは相手にするのは 2 次方程式です．極力，低い次数の式を相手にしたい，と考えられるようにしましょう．(3)は解と係数の関係と，次の関係を利用しましょう．

実数係数の n 次方程式の複素数解

実数係数の n 次多項式 $f(x) = \displaystyle\sum_{k=0}^{n} a_k x^k \ (a_n \neq 0)$ に対し，複素数 α の共役複素数を $\overline{\alpha}$ とするとき，

$$f(\alpha) = 0 \implies f(\overline{\alpha}) = 0$$

実数係数の 2 次方程式 $f(x)=0$ の解の 1 つが $2+3i$ であれば，$2-3i$ も解である，ということです．（数学Cの範囲では，しばしば証明を求められますが，）いったん，これは認めておきましょう．

解答 ANSWER

$$x^3-(2a+1)x^2-3(a-1)x-a+5=0 \quad \cdots\cdots ①$$

(1) ①の左辺を $f(x)$ とおく．

$$f(x) = -(2x^2+3x+1)a+x^3-x^2+3x+5$$
$$= -(x+1)(2x+1)a+(x+1)(x^2-2x+5)$$

つまり，どのような a に対しても $f(x)=0$ となる条件は，

$$(x+1)(2x+1) = 0 \quad \text{かつ} \quad (x+1)(x^2-2x+5) = 0$$
$$\Leftrightarrow x = -1$$

したがって，①は a の値にかかわらず，$x=-1$ を解にもつ．……答

(2) (1)より，
$$f(x) = (x+1)\{-a(2x+1) + x^2-2x+5\}$$
$$= (x+1)\{x^2-2(a+1)x-a+5\}$$

したがって，
$$x^2-2(a+1)x-a+5 = 0 \quad \cdots\cdots②$$

とすれば，方程式①が異なる 3 つの負の解をもつための条件は，

x の 2 次方程式②が，-1 以外の異なる 2 つの負の解をもつこと

である．②の判別式を D とし，また，②の左辺を $g(x)$ とする．求める条件は，

$$g(-1) \neq 0 \quad \text{かつ} \quad D > 0 \quad \text{かつ} \quad \begin{cases} g(0) > 0 \\ a+1 < 0 \end{cases}$$

$$\Leftrightarrow \begin{cases} 1+2(a+1)-a+5 \neq 0 \\ (a+1)^2-(-a+5) > 0 \\ -a+5 > 0 \\ a+1 < 0 \end{cases} \Leftrightarrow \begin{cases} a \neq -8 \\ a < -4, \ 1 < a \\ a < 5 \\ a < -1 \end{cases}$$

すなわち，$a < -8, \ -8 < a < -4$ ……答

(3) $x^3-1 = 0$ より，
$$(x-1)(x^2+x+1) = 0$$
$$\Leftrightarrow x = 1 \quad \text{または} \quad x^2+x+1 = 0$$

ω は方程式 $x^2+x+1 = 0(\cdots\cdots③)$ の解の 1 つである．③の他方の解を $\overline{\omega}$ とすると，③について，解と係数の関係より

$$\omega+\overline{\omega} = -1, \ \omega\overline{\omega} = 1 \quad \cdots\cdots④$$

②の解の 1 つが $\omega+k$ であるとき，他方の解は k が実数であることより $\overline{\omega}+k$ なので，②について，解と係数の関係より

$$\begin{cases} (\omega+k)+(\overline{\omega}+k) = 2(a+1) \\ (\omega+k)(\overline{\omega}+k) = -a+5 \end{cases}$$
$$\begin{cases} \omega+\overline{\omega}+2k = 2(a+1) \\ \omega\overline{\omega}+k(\omega+\overline{\omega})+k^2 = -a+5 \end{cases}$$

④より，
$$\begin{cases} 2k-1 = 2a+2 \quad \cdots\cdots⑤ \\ 1-k+k^2 = -a+5 \quad \cdots\cdots⑥ \end{cases}$$

⑤より $a = k-\dfrac{3}{2}$ であり，⑥に代入して

$$1-k+k^2=-\left(k-\frac{3}{2}\right)+5 \quad \text{すなわち} \quad k^2=\frac{11}{2}$$

$k>0$ より，$k=\dfrac{\sqrt{22}}{2}$．ゆえに，　　$a=k-\dfrac{3}{2}=\dfrac{-3+\sqrt{22}}{2}$　……**答**

詳説 EXPLANATION

▶(2)の「②の2解がともに負」の部分は，解と係数の関係で進めてもよいでしょう．

別解

(2)　②までは「解答」と同じ．方程式②の2つの解を α，β とすると，解と係数の関係より，$\alpha+\beta=2(a+1)$，$\alpha\beta=-a+5$ である．ここで，α，β が②の異なる2つの負の実数解であることと，

$$\alpha+\beta<0 \quad \text{かつ} \quad \alpha\beta>0 \quad \text{かつ} \quad D>0 \quad \cdots\cdots(*)$$

が成り立つことは同値である．したがって

$$2(a+1)<0 \quad \text{かつ} \quad -a+5>0 \quad \text{かつ} \quad (a+1)^2-(-a+5)>0$$
$$\iff a<-4$$

以下，$g(-1)\neq0$ とあわせれば，「解答」と同じ．

$(*)$の部分，

$$\alpha+\beta<0 \quad \text{かつ} \quad \alpha\beta>0 \quad \text{かつ} \quad D>0$$
$$\Rightarrow \alpha<0 \quad \text{かつ} \quad \beta<0$$

がややわかりにくいかもしれません．$(\alpha\beta>0$　かつ　$D>0)$ で，α，β の符号が同じであることが決まるので，$\alpha+\beta<0$ とあわせれば，$(\alpha<0$　かつ　$\beta<0)$ を得ます．座標平面で考えてもよいでしょう．

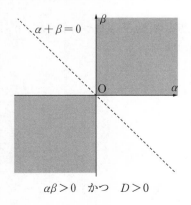

$\alpha\beta>0$　かつ　$D>0$

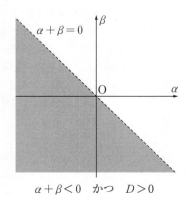

$\alpha+\beta<0$　かつ　$D>0$

---

11. 分数，絶対値，$\sqrt{}$ つき不等式 〈頻出度 ★★☆〉

① 不等式 $\sqrt{3-2x} \geqq 2x-1$ を解け． （東京都市大 改題）

② 不等式 $|x^2+3x| < -(x+1)$ を解け． （頻出問題）

③ 不等式 $\dfrac{x-3}{2x-1} \leqq \dfrac{2x-3}{x-3}$ を解け．

（学習院大 改題）

着眼 VIEWPOINT

分数や $\sqrt{}$ を含む方程式や不等式では，常に前後の式（の表す範囲）の関係に注意を払わなくてはなりません．

① $\sqrt{}$ 部分が実数である条件に注意しましょう．また，$\sqrt{}$ や絶対値を含む式で p を q に変形するとき，「$p \Longrightarrow q$ が真であるか」を確認することはもちろん「$q \Longrightarrow p$ が真であるか」に常に注意しましょう．（2乗するなどの）変形により「失われた条件」はあるか，を意識するとよいでしょう．

② $|\ \ |$ の中身で場合分けをする人が多いでしょうが，グラフで読みかえる，同値な不等式に変形するなど，さまざまな方法があります．（☞詳説）

③ 分数を解消するために分母を払いたくなりますが，$(2x-1)(x-3)$ を両辺に掛けると，分母の正負で不等号の向きが入れかわるか否か，で場合分けになります．この方法ではやや面倒なので，分数式のままで式を整理し，分母，分子の符号を別々に確認する方針で進めましょう．

解答 ANSWER

① $\sqrt{3-2x} \geqq 2x-1$ ……①

$\sqrt{3-2x}$ が実数となる条件から，$3-2x \geqq 0$，つまり $x \leqq \dfrac{3}{2}$ である．

$\sqrt{3-2x} \geqq 0$ であるから，$2x-1 \leqq 0$，つまり $x \leqq \dfrac{1}{2}$（……②）では常に①は成り立つ．

$2x-1 \geqq 0$ のとき，①の両辺が 0 以上であることに注意し，①とその両辺を 2 乗すると，$3-2x \geqq (2x-1)^2$ である．したがって，このときの求める範囲は，

$\quad 4x^2-2x-2 \leqq 0$　かつ　$2x-1 \geqq 0$

$\quad \Leftrightarrow (2x+1)(x-1) \leqq 0$　かつ　$x \geqq \dfrac{1}{2}$

$\blacktriangleleft\ 3-2x \geqq (2x-1)^2$
$\quad \Longrightarrow 3-2x \geqq 0$

33

$$\iff -\frac{1}{2} \le x \le 1 \quad \text{かつ} \quad x \ge \frac{1}{2}$$

$$\iff \frac{1}{2} \le x \le 1 \quad \cdots\cdots ③$$

②または③が求める範囲なので，　$x \le 1$　$\cdots\cdots$ **答**

2 (ⅰ) $x^2 + 3x \ge 0$ のとき $(x \le -3, \ 0 \le x)$

$$x^2 + 3x < -(x+1)$$

$$x^2 + 4x + 1 < 0$$

$$-2-\sqrt{3} < x < -2+\sqrt{3}$$

$x \le -3, \ 0 \le x$ に含まれるのは，

$$-2-\sqrt{3} < x \le -3 \quad \cdots\cdots ①$$

← $\sqrt{3} \fallingdotseq 1.7, \ -2-\sqrt{3} \fallingdotseq -3.7$

(ⅱ) $x^2 + 3x \le 0$ のとき $(-3 \le x \le 0)$

$$-(x^2+3x) < -(x+1)$$

$$x^2 + 2x - 1 > 0$$

$$x < -1-\sqrt{2}, \ -1+\sqrt{2} < x$$

$-3 \le x \le 0$ に含まれるのは，

$$-3 \le x < -1-\sqrt{2} \quad \cdots\cdots ②$$

← $\sqrt{2} \fallingdotseq 1.4, \ -1-\sqrt{2} \fallingdotseq -2.4$

①または②が求める範囲で，

$$\boldsymbol{-2-\sqrt{3} < x < -1-\sqrt{2}} \quad \cdots\cdots \textbf{答}$$

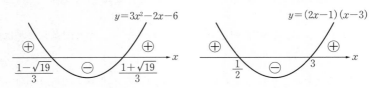

3 　$\dfrac{x-3}{2x-1} \le \dfrac{2x-3}{x-3}$

$$\frac{(2x-1)(2x-3) - (x-3)^2}{(2x-1)(x-3)} \ge 0$$

$$\frac{3x^2 - 2x - 6}{(2x-1)(x-3)} \ge 0 \quad \cdots\cdots ①$$

と変形できる．分母，分子はそれぞれ次の図のように正負が変化する．

$$y = 3x^2 - 2x - 6$$

$$\oplus \qquad \ominus \qquad \oplus$$
$$\frac{1-\sqrt{19}}{3} \qquad \frac{1+\sqrt{19}}{3}$$

$$y = (2x-1)(x-3)$$

$$\oplus \qquad \ominus \qquad \oplus$$
$$\frac{1}{2} \qquad 3$$

したがって，上図それぞれの x 軸との交点の x 座標において，①の左辺の符号が変わる．

← $\sqrt{16} < \sqrt{19} < \sqrt{25}$ なので，$\sqrt{19} \fallingdotseq 4.4$，と大ざっぱに考えれば，
　$\dfrac{1-\sqrt{19}}{3} < 0, \ \dfrac{1+\sqrt{19}}{3} \fallingdotseq 1.8$
程度，と読みとれます．

x	$\cdots$	$\dfrac{1-\sqrt{19}}{3}$	$\cdots$	$\dfrac{1}{2}$	$\cdots$	$\dfrac{1+\sqrt{19}}{3}$	$\cdots$	3	$\cdots$
$3x^2-2x-6$	$+$	0	$-$	$-$	$-$	0	$+$	$+$	$+$
$(2x-1)(x-3)$	$+$	$+$	$+$	0	$-$	$-$	$-$	0	$+$
①の左辺	$+$	0	$-$	✗	$+$	0	$-$	✗	$+$

（分母）$\neq 0$ に注意して，求める範囲は

$$x \leqq \frac{1-\sqrt{19}}{3}, \quad \frac{1}{2} < x \leqq \frac{1+\sqrt{19}}{3}, \quad 3 < x \quad \cdots\cdots 答$$

詳説 EXPLANATION

▶ ① 2つのグラフをかいて大小を判断してもよいでしょう.

> **別解**
>
> $C : y = \sqrt{3-2x}$，$L : y = 2x-1$ のグラフをかくと，下図のとおり.
> $\sqrt{3-2x}$ が実数となる x の範囲は
>
> $$3-2x \geqq 0$$
> $$x \leqq \frac{3}{2}$$
>
> この範囲で
>
> $$\sqrt{3-2x} = 2x-1$$
> $$3-2x = (2x-1)^2$$
> $$x = 1$$
>
> したがって，C，L は $(1, 1)$ で交わる. $\sqrt{3-2x} \geqq 2x-1$ となるのは図の網目部分なので，求める範囲は $\quad x \leqq 1 \quad \cdots\cdots 答$

一般に，次が成り立ちます.

> **根号つき不等式の読みかえ**
>
> $\sqrt{x} < y \Longleftrightarrow x < y^2$ かつ $x \geqq 0$ かつ $y > 0$
>
> $\sqrt{x} > y \Longleftrightarrow (x > y^2$ かつ $y \geqq 0)$ または $(x \geqq 0$ かつ $y < 0)$

両辺の真理集合が一致することから，同値性は確認できるでしょう. この変形で，① (, ②) を解くことも可能です.
ただし，上記の変形が「自然に」できるのは十分な実力が備わってからです. まずは，解答のように場合を分けて考えること，グラフから考えること，ができるようになりましょう.

▶ ② ① と同様に，グラフで読みかえるのもよい方法です.

別解

$y=|x^2+3x|$，$y=-(x+1)$ を図示すると
右のとおり．$|x^2+3x|>-(x+1)$ が成り立
つのは，$\alpha<x<\beta$ の範囲である.
図中の x 座標 α を求めると，

$$\alpha^2+3\alpha=-(\alpha+1) \quad かつ \quad \alpha<-3$$
$$\Leftrightarrow \alpha^2+4\alpha+1=0 \quad かつ \quad \alpha<-3$$
$$\Leftrightarrow \alpha=-2-\sqrt{3}$$

次に，図中の x 座標 β を求めると，

$$-(\beta^2+3\beta)=-(\beta+1) \quad かつ \quad -3<\beta<0$$
$$\Leftrightarrow \beta^2+2\beta-1=0 \quad かつ \quad -3<\beta<0$$
$$\Leftrightarrow \beta=-1-\sqrt{2}$$

したがって，求める範囲は，$\alpha<x<\beta$，すなわち，

$$\boldsymbol{-2-\sqrt{3}<x<-1-\sqrt{2}} \quad \cdots\cdots \text{答}$$

▶ 一般に，次が成り立ちます.

絶対値つき不等式の読みかえ

$$|x|<a \Leftrightarrow -a<x<a$$
$$|x|>a \Leftrightarrow x<-a,\ a<x$$

この関係は，a がどのような値でも，あるいは定数でなくても成り立ちます.

別解

$$|x^2+3x|<-(x+1)$$
$$\Leftrightarrow x+1<x^2+3x<-(x+1)$$
$$\Leftrightarrow x^2+2x-1>0 \quad \cdots\cdots① \quad かつ \quad x^2+4x+1<0 \quad \cdots\cdots②$$
①を解くと $x<-1-\sqrt{2},\ -1+\sqrt{2}<x \quad \cdots\cdots①'$
②を解くと $-2-\sqrt{3}<x<-2+\sqrt{3} \quad \cdots\cdots②'$

$①'$，$②'$ の共通部分は

$$\boldsymbol{-2-\sqrt{3}<x<-1-\sqrt{2}} \quad \cdots\cdots \text{答}$$

▶ ③ 一般に，次が成り立ちます.

分数不等式の読みかえ

$$\frac{B}{A} > 0 \iff AB > 0$$

$$\frac{B}{A} \geqq 0 \iff AB \geqq 0 \quad \text{かつ} \quad A \neq 0$$

この関係を用いれば，与えられた不等式を次のように読みかえ，4次関数の正負から説明することもできます.

別解

①までは「解答」と同じ.

$$① \iff \begin{cases} (2x-1)(x-3)(3x^2-2x-6) \geqq 0 \\ (2x-1)(x-3) \neq 0 \end{cases}$$

$$\iff \begin{cases} (2x-1)(x-3)\left(x-\dfrac{1-\sqrt{19}}{3}\right)\left(x-\dfrac{1+\sqrt{19}}{3}\right) \geqq 0 \quad \cdots\cdots② \\ x \neq \dfrac{1}{2},\ 3 \end{cases}$$

と読みかえられる. $y = (②の左辺)$ のグラフは下図のとおり.

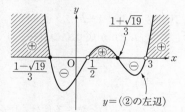

求める範囲は

$$x \leqq \frac{1-\sqrt{19}}{3},\ \frac{1}{2} < x \leqq \frac{1+\sqrt{19}}{3},\ 3 < x \quad \cdots\cdots\boxed{答}$$

12. 不等式の成立条件 〈頻出度 ★★☆〉

実数 a，b を定数とし，関数 $f(x) = (1-2a)x^2+2(a+b-1)x+1-b$ を考える．次の問いに答えなさい．

(1) すべての実数 x に対して $f(x) \geqq 0$ が成り立つような実数の組 (a, b) の範囲を求め，座標平面上に図示しなさい．

(2) $0 \leqq x \leqq 1$ を満たす，すべての実数 x に対して $f(x) \geqq 0$ が成り立つような実数の組 (a, b) の範囲を求め，座標平面上に図示しなさい．

(兵庫県立大)

着眼 VIEWPOINT

「区間内で常に不等式 $f(x) \geqq 0$ が成り立つ（必要十分）条件」を求める問題です．要領は問題9と変わらず，**説明が難しければ，グラフで考える**ということです．$y=f(x)$ と $y=0$（x 軸）との位置関係に着目します．ただし，$1-2a$ の符号によって状況が変わるので，この点には十分注意しましょう．

解答 ANSWER

(1) $f(x) = (1-2a)x^2+2(a+b-1)x+1-b$

「すべての実数 x に対して $f(x) \geqq 0$ が成り立つ」（……①）ような a，b の条件を求める．

(i) $1-2a=0$ のとき $\left(a=\dfrac{1}{2}\right)$

$f(x) = (2b-1)x+1-b$ なので，①となる条件は，「$f(x)$ は 0 以上の値をとる定数関数であること」である．つまり，

$$2b-1=0 \quad \text{かつ} \quad 1-b \geqq 0$$

$$\Leftrightarrow b=\dfrac{1}{2}$$

(ii) $1-2a<0$ のとき $\left(a>\dfrac{1}{2}\right)$

$y=f(x)$ のグラフは上に凸な放物線．
したがって，$|x|$ が十分大きい x をとることで，
$f(x)<0$ となる実数 x が必ず存在し，①を満たさない．

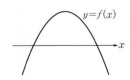

(iii) $1-2a>0$ のとき $\left(a<\dfrac{1}{2}\right)$

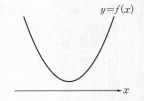

$y=f(x)$ のグラフは下に凸な放物線となる．
したがって，2次方程式 $f(x)=0$ の判別式を D
とすると，①となる条件は $D\leqq0$ である．すなわち

$$(a+b-1)^2-(1-2a)(1-b)\leqq0$$
$$\Longleftrightarrow a^2+b^2-b\leqq0$$
$$\Longleftrightarrow a^2+\left(b-\frac{1}{2}\right)^2\leqq\frac{1}{4}$$

(i)～(iii)より，求める範囲は

$$(a,\ b)=\left(\frac{1}{2},\ \frac{1}{2}\right)\ \ \text{または}\ \ \left(a<\frac{1}{2}\ \ \text{かつ}\ \ a^2+\left(b-\frac{1}{2}\right)^2\leqq\frac{1}{4}\right)$$

であり，図示すると右図の網目部分である．ただ
し，境界をすべて含む．

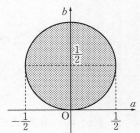

(2) 「$0\leqq x\leqq1$ を満たす，すべての実数 x に対して
$f(x)\geqq0$ が成り立つ」（……②）条件を求める．

(i) $a=\dfrac{1}{2}$ のとき

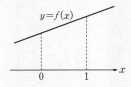

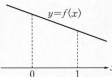

$f(x)=(2b-1)x+1-b$ となるから，
②となるための条件は，

$$f(0)\geqq0\ \ \text{かつ}\ \ f(1)\geqq0$$

すなわち，

$$\begin{cases}1-b\geqq0\\(2b-1)+1-b\geqq0\end{cases}\Longleftrightarrow 0\leqq b\leqq1$$

← $2b-1$ の正負による場合分けは不要．
いずれにせよ $y=f(x)$ は直線なので，
区間の端，つまり $x=0$，1 における
y 座標に着目すればよいのです．

(ii) $a>\dfrac{1}{2}$ のとき

$y=f(x)$ のグラフは上に凸な放物線なので，
求める条件は，

$$f(0)\geqq0\ \ \text{かつ}\ \ f(1)\geqq0$$

すなわち，(2)(i)と同様に，$0\leqq b\leqq1$

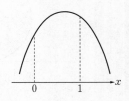

(iii)　$a<\dfrac{1}{2}$ のとき

　　$y=f(x)$ のグラフ C は下に凸な放物線となる．この放物線の軸 L の方程式が

　　$x=-\dfrac{a+b-1}{1-2a}$ であることに注意する．また，$a<\dfrac{1}{2}$ より $1-2a>0$ である．

　　区間 $0\leqq x\leqq 1$ における C と L の位置関係によって場合分けする．

(ア)　　　　　　　　　　　(イ)　　　　　　　　　　　(ウ)

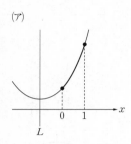　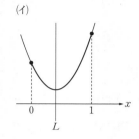　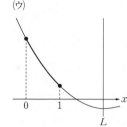

(ア)　$-\dfrac{a+b-1}{1-2a}\leqq 0$ のとき $(b\geqq -a+1)$

　　求める条件は，$f(0)\geqq 0$ である．つまり，$b\leqq 1$

(イ)　$0\leqq -\dfrac{a+b-1}{1-2a}\leqq 1$ のとき $(a\leqq b\leqq -a+1)$

　　$f(x)=0$ の判別式を D とすると，求める条件は，$D\leqq 0$ である．つまり，

　　　　$(a+b-1)^2-(1-2a)(1-b)\leqq 0$

　　　　　$a^2+\left(b-\dfrac{1}{2}\right)^2\leqq \dfrac{1}{4}$

(ウ)　$1\leqq -\dfrac{a+b-1}{1-2a}$ のとき $(b\leqq a)$

　　求める条件は，$f(1)\geqq 0$ である．つまり，$b\geqq 0$

(i)，(ii)，(iii)より，求める範囲を図示すると，次の図の網目部分および斜線部分
の全体である．ただし，境界をすべて含む．

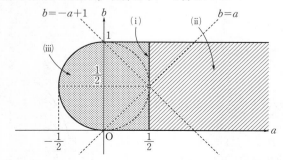

13. 任意と存在 〈頻出度 ★★★〉

a を実数の定数とし，関数 $f(x)$, $g(x)$ を $f(x) = (2-a)(ax^2+2)$, $g(x) = -2ax + (a-2)^2$ と定める.

⑴ すべての実数 x に対して $f(x) = g(x)$ が成り立つための a の条件を求めよ.

⑵ 少なくとも1つの実数 x に対して $f(x) = g(x)$ が成り立つための a の条件を求めよ.

⑶ すべての実数 x に対して $f(x) > g(x)$ が成り立つための a の条件を求めよ.

⑷ 少なくとも1つの実数 x に対して $f(x) > g(x)$ が成り立つための a の条件を求めよ.

(東京工科大)

着眼 VIEWPOINT

「任意」と「存在」を正しく理解できているかが問われます. この問題も, 他の問題と同様に, 式のままでとり扱うことが難しければグラフで考える, の方針が有効でしょう.

⑴は恒等式の成立条件そのものを問われています. ⑵は x の方程式として整理していけばよいですが, 「解が存在しない」ことと「どのような x でも等式が成り立つ」ことの区別を慎重に行わねばなりません. ⑶⑷は, 式だけで考えるのは難しく, グラフから考えるとよいでしょう. 次数や凹凸の向きに十分注意しなければなりません.

解答 ANSWER

⑴ すべての実数 x で $(2-a)(ax^2+2) = -2ax + (a-2)^2$ が成り立つ.
$\iff$ すべての実数 x で $a(2-a)x^2 + 2(2-a) = -2ax + (a-2)^2$ が成り立つ.
$\iff$ $a(2-a) = 0$ かつ $0 = -2a$ かつ $2(2-a) = (a-2)^2$
$\iff$ $a = 0, 2$ かつ $a = 0$
$\iff$ $\boldsymbol{a = 0}$ ……答

⑵ 少なくとも1つの実数 x で $(2-a)(ax^2+2) = -2ax + (a-2)^2$ が成り立つ.
$\iff$ 少なくとも1つの実数 x で $a\{(2-a)x^2 + 2x + (2-a)\} = 0$ (……①) が成り立つ.

ここで, $(2-a)x^2+2x+(2-a)=0$ ($\cdots\cdots$②) とする.

$a=0$ であれば, ①はどのような実数 x でも成り立つ. ($\cdots\cdots$③)

$a=2$ であれば, ②は $x=0$ を実数解にもつ. ($\cdots\cdots$④)

($a\neq0$ かつ $a\neq2$) であれば, x の方程式②の判別式を D とすると, ②が実数解をもつための条件は $D\geqq0$ であるから,

$$1^2-(2-a)^2\geqq0 \quad かつ \quad a\neq0 \quad かつ \quad a\neq2$$

$\iff 1\leqq a<2,\ 2<a\leqq3$ $\cdots\cdots$⑤

以上, ③〜⑤から, $\boldsymbol{a=0,\ 1\leqq a\leqq3}$ $\cdots\cdots$**答**

(3) すべての実数 x に対して $(2-a)(ax^2+2)>-2ax+(a-2)^2$ が成り立つ.

$\iff$ すべての実数 x に対して $a\{(2-a)x^2+2x+(2-a)\}>0$ ($\cdots\cdots$⑥) が成り立つ.

・$a=0$ のときは⑥が成り立たないので, $a\neq0$ である.

・$a<0$ のときは, ⑥から $(2-a)x^2+2x+(2-a)<0$ ($\cdots\cdots$⑥′) である. ⑥′の左辺を $h(x)$ とする. このときは $2-a>0$ なので, 放物線 $y=h(x)$ は下に凸である. したがって, $|x|$ が十分に大きい x をとるときに, 不等式が成り立たない.

・$a>0$ のとき, ⑥から $(2-a)x^2+2x+(2-a)>0$ である.

$a=2$ のときは $2x>0$ であり, これは常には成り立たない.

$a>2$ のときは $2-a<0$ であり, 放物線 $y=h(x)$ は上に凸である. したがって, $|x|$ が十分に大きい x をとるときに不等式が成り立たない.

以上より, $0<a<2$ のときのみ考えれば十分. このとき, $y=h(x)$ は下に凸であるから, 求める条件は

$$0<a<2 \quad かつ \quad D<0$$

$\iff 0<a<2$ かつ $1^2-(2-a)^2<0$

$\iff 0<a<2$ かつ $a<1,\ 3<a$

$\iff \boldsymbol{0<a<1}$ $\cdots\cdots$**答**

(4) 少なくとも1つの実数 x に対して $(2-a)(ax^2+2)>-2ax+(a-2)^2$ が成り立つ.

$\iff$ 少なくとも1つの実数 x に対して $a\{(2-a)x^2+2x+(2-a)\}>0$ ($\cdots\cdots$⑥) が成り立つ.

$a=0$ では⑥が成り立たないので, $a\neq0$. また, $a=2$ のとき, ⑥は $4x>0$ であり, これを満たす実数 x は存在する.

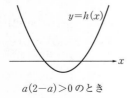

$a(2-a)>0$ のとき

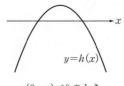

$a(2-a)<0$ のとき

以下，$a \neq 0$, 2で考える．⑥の左辺を$h(x)$とする．

- $a(2-a) > 0$，つまり$0 < a < 2$（……⑦）において，放物線$y = h(x)$が下に凸なので，$|x|$が十分に大きいxをとれば，不等式⑥が成り立つ．

- $a(2-a) < 0$，つまり$a < 0$, $a > 2$では，放物線$y = h(x)$が上に凸である．つまり，xの方程式$a(2-a)x^2 + 2ax + a(2-a) = 0$の判別式を$D'$とすると，

$$a < 0, \ a > 2 \quad \text{かつ} \quad D' > 0$$

$$\Leftrightarrow a < 0, \ a > 2 \quad \text{かつ} \quad a^2 - a^2(2-a)^2 > 0$$

$$\Leftrightarrow a < 0, \ a > 2 \quad \text{かつ} \quad a^2\{1 - (2-a)^2\} > 0$$

$$\Leftrightarrow a < 0, \ a > 2 \quad \text{かつ} \quad a^2 - 4a + 3 < 0$$

$$\Leftrightarrow a < 0, \ a > 2 \quad \text{かつ} \quad 1 < a < 3$$

$$\Leftrightarrow 2 < a < 3 \quad \text{……⑧}$$

◀ $a \neq 0$より，後者の不等式の両辺をa^2で割っている．

である．$a = 2$および（⑦または⑧）が求める範囲なので　$\boldsymbol{0 < a < 3}$　……**答**

14. 剰余の決定①

1　整式 $P(x)$ を $(x-2)(x-3)$ で割ったときの余りが $11x-11$ で，$x-1$ で割ったときの余りが 6 である．このとき，$P(x)$ を $(x-1)(x-2)(x-3)$ で割ったときの余りを求めよ．

（東京女子大）

2　整式 $P(x)$ を $(x-1)^2$ で割ると 1 余り，$x-2$ で割ると 2 余る．このとき，$P(x)$ を $(x-1)^2(x-2)$ で割ったときの余り $R(x)$ を求めなさい．

（兵庫県立大）

着眼 VIEWPOINT

多項式の除法による余りの式の決定です．

> **剰余の定理**
>
> 多項式 $P(x)$ を 1 次式 $x-k$ で割った余りは，$P(k)$ に等しい．

剰余の定理を用いた方が答案は簡潔になりますが，あくまでも，簡潔に書くために用いていることを忘れてはなりません．$f(x)$ を $g(x)$ で割った余りを求めたければ，$g(x)$ で式を整理する，という基本的な考え方を忘れないようにしましょう．

1　3 次式で割った余りは 2 次以下の多項式ですから，余りを ax^2+bx+c と表せます．条件を 3 つ用意すれば a，b，c が決まります．

2　こちらも余りは 2 次以下ですが，「見かけ上」2 つしか条件がありません．3 つの条件を用意するには，余りの ax^2+bx+c を $(x-1)^2$ で割ることで，「$(x-1)^2$ で割ると 1 余る」条件と同値な式を得ることです．最初から，余りの式のおき方を工夫したり，微分を利用する方法もあります．（☞詳説）

解答 ANSWER

1　$P(x)$ を $(x-1)(x-2)(x-3)$ で割った商を $Q(x)$ とする．また，余りは 2 次以下の多項式なので，ax^2+bx+c とする．このとき
$$P(x) = (x-1)(x-2)(x-3)Q(x) + ax^2+bx+c \quad \cdots\cdots①$$
ここで，「$P(x)$ を $(x-2)(x-3)$ で割った余りが $11x-11$」より，商を $Q_1(x)$ として
$$P(x) = (x-2)(x-3)Q_1(x) + 11x-11 \quad \cdots\cdots②$$
と表せる．②で $x=2$，3 を代入して，
$$P(2) = 11 \quad \cdots\cdots③, \qquad P(3) = 22 \quad \cdots\cdots④$$

また，$P(x)$ を $x-1$ で割ったときの余りが 6 なので，剰余の定理より，

$$P(1) = 6 \quad \cdots\cdots ⑤$$

が成り立つ.

▌$P(x) = (x-1)Q_2(x) + 6$
と表せるので，$P(1) = 6$

③，④，⑤より，①に $x = 1$，2，3 をそれぞれ代入して

$$\begin{cases} a+b+c = 6 \\ 4a+2b+c = 11 \\ 9a+3b+c = 22 \end{cases} \quad \text{すなわち} \quad (a,\ b,\ c) = (3,\ -4,\ 7)$$

したがって，求める余りは $\boldsymbol{3x^2-4x+7}$ ……**答**

$\boxed{2}$　$P(x)$ を $(x-1)^2(x-2)$ で割ったときの商を $Q(x)$ とする. 余り $R(x)$ は 2 次以下の多項式なので，$R(x) = ax^2+bx+c$ とおくことで

$$P(x) = (x-1)^2(x-2)Q(x) + ax^2+bx+c \quad \cdots\cdots ①$$

と表せる.

ここで，「$P(x)$ を $x-2$ で割ったときの余りが 2」であることから，剰余の定理より，$P(2) = 2$ である. これより，①で $x = 2$ として，

$$4a+2b+c = 2 \quad \cdots\cdots ②$$

また，「$P(x)$ を $(x-1)^2$ で割ったときの余りが 1」（……③）である.

ax^2+bx+c を $(x-1)^2 = x^2-2x+1$ で割ると，

$$ax^2+bx+c = a(x-1)^2 + (b+2a)x + (c-a)$$

つまり，商は a，余りが $(b+2a)x + (c-a)$ である. したがって，③より

$$b+2a = 0 \quad \cdots\cdots ④ \quad \text{かつ} \quad c-a = 1 \quad \cdots\cdots ⑤$$

②，④，⑤より，$(a,\ b,\ c) = (1,\ -2,\ 2)$ である.

したがって，求める余りは $R(x) = \boldsymbol{x^2-2x+2}$ ……**答**

詳説 EXPLANATION

▶$\boxed{1}$　剰余の定理を用いなくても，例えば②の式から

$$P(x) = (x-2)(x-3)Q_1(x) + 11x - 11 \quad \cdots\cdots ②$$
$$= (x-2)(x-3)Q_1(x) + 11(x-2) + 11 \quad \cdots\cdots ②'$$
$$= (x-2)(x-3)Q_1(x) + 11(x-3) + 22 \quad \cdots\cdots ②''$$

と変形すれば，②$'$ から「$P(x)$ を $x-2$ で割った余りが 11」，②$''$ から「$P(x)$ を $x-3$ で割った余りが 22」，つまり $P(2) = 11$，$P(3) = 22$ を得られます. 剰余の定理は，これらの説明を省略しているにすぎません.

▶ 2 余りのおき方を工夫すれば，簡潔に表せます．解答の別表現ともいえます．

別解

 $P(x)$ を $(x-1)^2(x-2)$ で割ったときの商を $Q(x)$ とする．余り $R(x)$ は 2 次以下の多項式であることと，「$P(x)$ を $(x-1)^2$ で割ったときの余りが 1」であることから，$R(x)=a(x-1)^2+1$ と表せる．つまり，$P(x)$ は

$$P(x)=(x-1)^2(x-2)Q(x)+a(x-1)^2+1 \quad\cdots\cdots ⑥$$

と表せる．

 ここで，「$P(x)$ を $x-2$ で割ったときの余りが 2」なので，剰余の定理より，$P(2)=2$ である．⑥で $x=2$ として，

$$2=a+1 \quad すなわち \quad a=1$$

 したがって，求める余りは

$$R(x)=1\cdot(x-1)^2+1=\boldsymbol{x^2-2x+2} \quad\cdots\cdots\boxed{答}$$

▶数学Ⅲを学習済みであれば，積の微分を利用する方法もあるでしょう．

別解

$$P(x)=(x-1)^2(x-2)Q(x)+ax^2+bx+c \quad\cdots\cdots ①$$
$$P'(x)=\{2(x-1)(x-2)+(x-1)^2\}Q(x)+(x-1)^2(x-2)Q'(x)$$
$$+2ax+b \quad\cdots\cdots ①'$$

「$P(x)$ を $(x-1)^2$ で割ったときの余りが 1」なので，商を $Q_1(x)$ とすると

$$P(x)=(x-1)^2Q_1(x)+1 \quad\cdots\cdots ⑦$$

両辺を微分して

$$P'(x)=2(x-1)\cdot Q_1(x)+(x-1)^2\cdot Q_1'(x) \quad\cdots\cdots ⑧$$

⑦，⑧に $x=1$ を代入することで

$$P(1)=1,\ P'(1)=0 \quad\cdots\cdots ⑨$$

また，「$P(x)$ を $x-2$ で割ったときの余りが 2」なので，$P(2)=2$ $\cdots\cdots ⑩$

⑨，⑩より，①に $x=1$，2，①'に $x=1$ を代入することで

$$\begin{cases} a+b+c=1 \\ 4a+2b+c=2 \\ 2a+b=0 \end{cases} \quad \therefore \quad (a,\ b,\ c)=(1,\ -2,\ 2)$$

したがって，求める余りは $\boldsymbol{x^2-2x+2}$ $\cdots\cdots\boxed{答}$

15. 剰余の決定② 〈頻出度 ★★★〉

n を自然数とし，多項式 $P(x)$ を $P(x) = (x+1)(x+2)^n$ と定める．

(1)　$P(x)$ を $x-1$ で割ったときの余りを求めよ．

(2)　$(x+2)^n$ を x^2 で割ったときの余りを求めよ．

(3)　$P(x)$ を x^2 で割ったときの余りを求めよ．

(4)　$P(x)$ を $x^2(x-1)$ で割ったときの余りを求めよ．　(神戸大)

着眼 VIEWPOINT

問題14に続いて余りの決定問題ですが，剰余の定理を直接利用できる形ばかりではありません．どの定理を用いるかよりも，**もとの式から割る式をとり出す感覚**が大切です．問題14も参考にしてください．

解答 ANSWER

(1)　剰余の定理から，$P(x)$ を $x-1$ で割ったときの余りは，

$$P(1) = 2 \cdot 3^n \quad \cdots\cdots ① \text{答}$$

(2)　$n \geqq 2$ のとき，二項定理から，

$$(x+2)^n = {}_nC_0 x^n + \cdots + {}_nC_{n-2}x^2 \cdot 2^{n-2} + {}_nC_{n-1}x \cdot 2^{n-1} + {}_nC_n 2^n$$

〜〜部分はすべて x^2 で割り切れるので，$(x+2)^n$ を x^2 で割ったときの余りは，

$${}_nC_{n-1}x \cdot 2^{n-1} + {}_nC_n 2^n = n \cdot 2^{n-1}x + 2^n$$

である．上の式で $n=1$ とすれば $1 \cdot 2^0 \cdot x + 2^1 = x+2$ であり，$n=1$ でも成り立つ．

求める余りは　$n \cdot 2^{n-1}x + 2^n \quad \cdots\cdots \text{答}$

(3)　$P(x) = (x+1)(x+2)^n$

$\qquad = \{(x+2) - 1\}(x+2)^n$

$\qquad = (x+2)^{n+1} - (x+2)^n$

である．したがって，(2)の結果より，$P(x)$ を x^2 で割ったときの余りは，

$$\{(n+1)2^n x + 2^{n+1}\} - (n \cdot 2^{n-1}x + 2^n) = (n+2)2^{n-1}x + 2^n \quad \cdots\cdots \text{答}$$

(4)　$P(x)$ を $x^2(x-1)$ で割ったときの商を $Q(x)$，余りを ax^2+bx+c とすると，

$$P(x) = x^2(x-1)Q(x) + ax^2 + bx + c \quad \cdots\cdots ②$$

$$\qquad = x^2\{(x-1)Q(x) + a\} + bx + c$$

と表せる．このとき，$P(x)$ を x^2 で割った余りは $bx+c$ なので，(3)より，

$$b = (n+2)2^{n-1}, \quad c = 2^n \quad \cdots\cdots ③$$

また，①より $P(1) = 2 \cdot 3^n$ なので，②に $x=1$ を代入すると
$$a+b+c = 2 \cdot 3^n \quad \cdots\cdots④$$
③，④より
$$a = 2 \cdot 3^n - (b+c) = 2 \cdot 3^n - (n+4)2^{n-1}$$
したがって，$P(x)$ を $x^2(x-1)$ で割ったときの余りは，
$$\{2 \cdot 3^n - (n+4)2^{n-1}\}x^2 + (n+2)2^{n-1}x + 2^n \quad \cdots\cdots答$$

詳説 EXPLANATION

▶数学Ⅲを学習済みであれば，積の微分を利用する方法もあるでしょう．

別解

(2) $(x+2)^n$ を x^2 で割ったときの商を $R(x)$，余りを $sx+t$ とすると，
$$(x+2)^n = x^2 R(x) + sx + t \quad \cdots\cdots⑤$$
⑤の両辺を x で微分して
$$n(x+2)^{n-1} = 2xR(x) + x^2 R'(x) + s \quad \cdots\cdots⑥$$
である．⑤に $x=0$ を代入して $t=2^n$，⑥に $x=0$ を代入して $s=n \cdot 2^{n-1}$ を得る．
つまり，余りは，
$$n \cdot 2^{n-1}x + 2^n \quad \cdots\cdots答$$

(4) $P(x) = (x+1)(x+2)^n$ に $x=0$，1 を代入して，
$$P(0) = 2^n \quad \cdots\cdots⑦, \quad P(1) = 2 \cdot 3^n \quad \cdots\cdots①$$
また，
$$P'(x) = (x+2)^n + (x+1) \cdot n(x+2)^{n-1}$$
なので，$x=0$ を代入して，
$$\begin{aligned} P'(0) &= 2^n + n \cdot 2^{n-1} \\ &= (n+2)2^{n-1} \quad \cdots\cdots⑧ \end{aligned}$$
ここで，$P(x)$ を $x^2(x-1)$ で割ったときの商を $Q(x)$，余りを ax^2+bx+c とすると，
$$P(x) = x^2(x-1)Q(x) + ax^2 + bx + c$$
$$P'(x) = \{2x(x-1) + x^2 \cdot 1\}Q(x) + x^2(x-1)Q'(x) + 2ax + b$$
したがって，⑦，①，⑧より
$$\begin{cases} c = 2^n \\ a+b+c = 2 \cdot 3^n \\ b = (n+2)2^{n-1} \end{cases}$$
$$\therefore \quad (a, b, c) = (2 \cdot 3^n - (n+4)2^{n-1}, \ (n+2)2^{n-1}, \ 2^n)$$
したがって，$P(x)$ を $x^2(x-1)$ で割ったときの余りは，
$$\{2 \cdot 3^n - (n+4)2^{n-1}\}x^2 + (n+2)2^{n-1}x + 2^n \quad \cdots\cdots答$$

16. 多項式の決定①

〈頻出度 ★★☆〉

2つの整式 $f(x)$，$g(x)$ は，次の3つの条件を満たす.

$$\begin{cases} f(1) = 0 \\ f(x^2) = x^2 f(x) + x^3 - 1 \\ f(x+1) + (x-1)\{g(x-1) - 1\} = 2f(x) + \{g(1)\}^2 + 1 \end{cases}$$

このとき，$f(x)$，$g(x)$ を求めよ.

(上智大 改題)

着眼 VIEWPOINT

条件を満たす多項式（整式）を決定する，基本的な問題です. **多項式は，次数が決まれば，未知の係数を文字でおくことで容易に決定できます.** まずは2つ目の条件に着目すれば，$f(x)$ が決まるでしょう.

解答 ANSWER

$$\begin{cases} f(1) = 0 & \cdots\cdots ① \\ f(x^2) = x^2 f(x) + x^3 - 1 & \cdots\cdots ② \\ f(x+1) + (x-1)\{g(x-1) - 1\} = 2f(x) + \{g(1)\}^2 + 1 & \cdots\cdots ③ \end{cases}$$

$f(x)$ が n 次式であるとするとき，$f(x^2)$ は $2n$ 次式，$x^2 f(x)$ は $n+2$ 次式である. $n \geqq 3$ とすると，

$$2n > n+2 > 3$$

より，②の両辺の次数が一致せず不合理. したがって，$f(x)$ は2次以下の多項式なので，定数 a，b，c により，$f(x) = ax^2 + bx + c$ と表せる. このとき，①から $a+b+c = 0$（$\cdots\cdots④$）であり，また

$$f(x^2) = a(x^2)^2 + bx^2 + c = ax^4 + bx^2 + c,$$
$$x^2 f(x) + x^3 - 1 = x^2(ax^2 + bx + c) + x^3 - 1$$
$$= ax^4 + (b+1)x^3 + cx^2 - 1$$

したがって，②が成り立つことから

$$\begin{cases} 0 = b+1 \\ b = c & \cdots\cdots⑤ \\ c = -1 \end{cases}$$

④かつ⑤より，$(a, b, c) = (2, -1, -1)$ である.

このとき，$f(x+1)$，$2f(x) + \{g(1)\}^2 + 1$ はともに2次式である.

$g(x)$ が2次以上の多項式であるとすると，$(x-1)\{g(x-1) - 1\}$ が3次以上の多項式となることから，③の両辺の次数が一致せず不合理である. したがって，

$g(x)$ は 1 次以下の多項式なので, 定数 p, q により $g(x) = px + q$ と表せる.

このとき,

③の左辺 $= 2(x+1)^2 - (x+1) - 1 + (x-1)\{p(x-1) + q - 1\}$
$= (p+2)x^2 + (-2p+q+2)x + (p-q+1)$

③の右辺 $= 2(2x^2 - x - 1) + (p+q)^2 + 1$
$= 4x^2 - 2x + (p+q)^2 - 1$

したがって, ③が成り立つことから

$$\begin{cases} p+2 = 4 \\ -2p+q+2 = -2 \\ p-q+1 = (p+q)^2 - 1 \end{cases} \quad \text{すなわち} \quad (p, q) = (2, 0)$$

ここで, $f(x) = 2x^2 - x - 1$, $g(x) = 2x$ とすれば, これは, ①, ②, ③を満たす.

したがって, $f(x) = \boldsymbol{2x^2 - x - 1}$, $g(x) = \boldsymbol{2x}$ ……答

詳説 EXPLANATION

▶ $f(x)$ が 2 次以下の多項式, とわかるところまでは解答と同様に考えます. ②で $x = 0$ とすれば $f(0) = -1$, つまり $c = -1$ を先に得られるので, これより $f(x) = ax^2 + bx - 1$ とおいて進めてもよいでしょう.

17. 多項式の決定②　　　〈頻出度 ★★★〉

整式 $P(x) = x^4 + x^3 + x - 1$ について，次の問いに答えよ．

(1) i を虚数単位とするとき，$P(i)$，$P(-i)$ の値を求めよ．

(2) 方程式 $P(x) = 0$ の実数解を求めよ．

(3) $Q(x)$ を 3 次以下の整式とする．次の条件
$$Q(1) = P(1), \quad Q(-1) = P(-1), \quad Q(2) = P(2),$$
$$Q(-2) = P(-2)$$
をすべて満たす $Q(x)$ を求めよ．　　　　　　　〈新潟大〉

着眼 VIEWPOINT

(1)(2)は問題ないでしょう．(3)では，多項式 $Q(x)$ の次数がわかっているので，問題16のように，係数を文字でおいて連立方程式で解いてもよいですが（☞詳説），与えられた条件から $Q(x) - P(x)$ の因数が決まることに気づきたいものです．

解答 ANSWER

(1) $P(x) = x^4 + x^3 + x - 1$ について，
$$P(i) = 1 - i + i - 1 = 0 \quad \cdots\cdots 答$$
$$P(-i) = 1 + i - i - 1 = 0 \quad \cdots\cdots 答$$

(2) (1)より，$P(x) = 0$ は $x = \pm i$ を解にもつから，$P(x)$ は $(x-i)(x+i)$，すなわち $x^2 + 1$ を因数にもつ．
$$P(x) = (x^2 + 1)(x^2 + x - 1)$$
したがって，$P(x) = 0$ の実数解は $x^2 + x - 1 = 0$ を解いて，
$$x = \frac{-1 \pm \sqrt{5}}{2} \quad \cdots\cdots 答$$

(3) 与えられた条件
$$Q(1) = P(1), \quad Q(-1) = P(-1), \quad Q(2) = P(2), \quad Q(-2) = P(-2)$$
から，4 次多項式 $H(x) = Q(x) - P(x)$ は，$(x+1)(x-1)(x+2)(x-2)$ を因数にもつ．したがって，定数 a により，
$$H(x) = a(x+1)(x-1)(x+2)(x-2)$$
と表せる．このとき，
$$Q(x) = H(x) + P(x)$$
$$= a(x+1)(x-1)(x+2)(x-2) + x^4 + x^3 + x - 1 \quad \cdots\cdots ①$$

であり，$Q(x)$ は 3 次以下の多項式であることから，$a = -1$ である．したがって，①より

$$Q(x) = -(x+1)(x-1)(x+2)(x-2) + x^4 + x^3 + x - 1$$
$$= x^3 + 5x^2 + x - 5 \quad \cdots\cdots \text{答}$$

詳説 EXPLANATION

▶(3)　「$Q(x)$ は 3 次以下」なので，係数を文字でおいてしまうのも一手でしょう．

別解

$Q(x)$ は 3 次以下の整式なので，定数 a, b, c, d により

$$Q(x) = ax^3 + bx^2 + cx + d$$

と表せる．

このとき，

$$P(1) = 2, P(-1) = -2, P(2) = 25, P(-2) = 5$$

なので，与えられた条件から

$$a + b + c + d = 2 \quad \cdots\cdots ①$$
$$-a + b - c + d = -2 \quad \cdots\cdots ②$$
$$8a + 4b + 2c + d = 25 \quad \cdots\cdots ③$$
$$-8a + 4b - 2c + d = 5 \quad \cdots\cdots ④$$

①，②の辺々の和，差をとり，

$$\begin{cases} 2(b+d) = 0 \\ 2(a+c) = 4 \end{cases} \text{すなわち} \begin{cases} b + d = 0 & \cdots\cdots ⑤ \\ a + c = 2 & \cdots\cdots ⑥ \end{cases}$$

③，④の辺々の和，差をとり，

$$\begin{cases} 2(4b+d) = 30 \\ 4(4a+c) = 20 \end{cases} \text{すなわち} \begin{cases} 4b + d = 15 & \cdots\cdots ⑦ \\ 4a + c = 5 & \cdots\cdots ⑧ \end{cases}$$

⑤，⑦より，$(b, d) = (5, -5)$，また，⑥，⑧より，$(a, c) = (1, 1)$
したがって，

$$Q(x) = x^3 + 5x^2 + x - 5 \quad \cdots\cdots \text{答}$$

18. 不等式の証明（相加平均・相乗平均の大小関係）　〈頻出度 ★★☆〉

次の問いに答えなさい.

(1)　等式 $a^3+b^3=(a+b)^3-3ab(a+b)$ を証明しなさい.

(2)　$a^3+b^3+c^3-3abc$ を因数分解しなさい.

(3)　$a>0$, $b>0$, $c>0$ のとき，不等式 $a^3+b^3+c^3\geqq 3abc$ を証明しなさい. さらに，等号が成り立つのは $a=b=c$ のときであることを証明しなさい.

(4)　$a>0$, $b>0$, $c>0$ のとき，不等式 $\dfrac{a+b+c}{3}\geqq\sqrt[3]{abc}$ を証明しなさい. また，この式の等号が成り立つ条件を求めなさい.

（山口大 改題）

着眼 VIEWPOINT

　等式・不等式の証明問題です. (2)は結果を知っている人も多いことと思いますが，(1)を利用する形で示せます. (3)は不慣れだと書きにくいかもしれません. (2)の結果を用いることはもちろんですが，「$a^3+b^3+c^3-3abc$ が 0 以上であること」を示すのですから，平方を作るにはどうすればよいか，と考えればうまくいきます. a, b, c の 3 文字まとめて処理しようとせずに，2 文字ずつ 3 組で対称性を維持して処理できるかもしれない，と考えることも大切でしょう. (4)は，有名な「相加平均・相乗平均の大小関係」の 3 文字の場合の証明です. この問題の手法以外のものも押さえておきたいところです. （☞詳説）

解答 ANSWER

(1)　証明すべき等式について，
$$（左辺）-（右辺）=(a^3+b^3)-\{(a+b)^3-3ab(a+b)\}$$
$$=(a^3+b^3)-(a^3+3a^2b+3ab^2+b^3-3a^2b-3ab^2)$$
$$=0$$
である. したがって，$a^3+b^3=(a+b)^3-3ab(a+b)$ を示した. （証明終）

(2)　(1)の等式を利用すると，
$$a^3+b^3+c^3-3abc=(a+b)^3-3ab(a+b)+c^3-3abc$$
$$=\{(a+b)+c\}\{(a+b)^2-(a+b)c+c^2\}-3ab\{(a+b)+c\}$$
$$=\boldsymbol{(a+b+c)(a^2+b^2+c^2-ab-bc-ca)}\quad\cdots\cdots\boldsymbol{答}$$

(3)　(2)の結果を用いると，証明すべき不等式について，

$$（左辺）-（右辺） = a^3+b^3+c^3-3abc$$

$$= (a+b+c)(a^2+b^2+c^2-ab-bc-ca)$$

$$= \frac{1}{2}(a+b+c)(2a^2+2b^2+2c^2-2ab-2bc-2ca)$$

$$= \frac{1}{2}(a+b+c)\{(a-b)^2+(b-c)^2+(c-a)^2\} \quad \cdots\cdots①$$

$a+b+c>0$ であり, a, b, c は実数なので, ①$\geqq 0$ である. したがって, $a^3+b^3+c^3\geqq 3abc$ が示された. （証明終）

また, 等号が成り立つ条件は, ①$=0$ のとき, つまり

$$a-b=b-c=c-a=0 \Leftrightarrow a=b=c \quad （証明終）$$

(4) (3)で示した不等式において, a, b, c をそれぞれ $\sqrt[3]{a}$, $\sqrt[3]{b}$, $\sqrt[3]{c}$ におき換えると (このとき, $\sqrt[3]{a}$, $\sqrt[3]{b}$, $\sqrt[3]{c}>0$ に注意する),

$$(\sqrt[3]{a})^3+(\sqrt[3]{b})^3+(\sqrt[3]{c})^3\geqq 3\cdot\sqrt[3]{abc} \quad すなわち \quad \frac{a+b+c}{3}\geqq\sqrt[3]{abc}$$

を得る. 等号が成り立つのは,

$$\sqrt[3]{a}=\sqrt[3]{b}=\sqrt[3]{c} \quad すなわち \quad a=b=c$$

のときである. （証明終）

詳説 EXPLANATION

▶相加平均・相乗平均の大小関係の, 3文字の場合の証明を考える問題でした. 2文字のときは知っている人も多いでしょう.

> **相加平均・相乗平均の大小関係**
>
> $\alpha>0$, $\beta>0$ のとき, $\dfrac{\alpha+\beta}{2}\geqq\sqrt{\alpha\beta}$ $(\cdots\cdots(*))$ が成り立つ.
>
> $(*)$で等号が成り立つのは, $\alpha=\beta$ のときに限られる.

左辺と右辺の差をとるなどすれば, これは容易に証明できます. この関係は, n 文字に拡張しても成り立ちます. つまり, 正の数 x_1, x_2, $\cdots\cdots$, x_n について

$$\frac{x_1+x_2+\cdots\cdots+x_n}{n}\geqq\sqrt[n]{x_1x_2\cdots\cdots x_n}$$

が成り立ちます. 本問で示したのは, この式の $n=3$ のときです.

▶誘導には従っていませんが, 次の証明も重要です. この考えを応用して, n 文字に拡張した相加・相乗平均の大小関係を示すことも可能です.

別解

(4)　2文字での相加平均・相乗平均の大小関係(∗)は認める.

正の数 a, b, c, d について，$\alpha = a+b\ (>0)$，$\beta = c+d\ (>0)$ とおき換えることで

$$\frac{a+b+c+d}{2} \geqq \sqrt{(a+b)(c+d)} \quad \cdots\cdots ①$$

また，(∗)により

$$a+b \geqq 2\sqrt{ab}, \quad c+d \geqq 2\sqrt{cd} \quad \cdots\cdots ②$$

が成り立つ．①，②より

$$\frac{a+b+c+d}{2} \geqq \sqrt{(a+b)(c+d)}$$
$$\geqq \sqrt{2\sqrt{ab} \cdot 2\sqrt{cd}}$$
$$= 2 \cdot \sqrt[4]{abcd}$$

すなわち，$\dfrac{a+b+c+d}{4} \geqq \sqrt[4]{abcd}\ (\cdots\cdots ③)$ が成り立つ．

次に，③で $d = \dfrac{a+b+c}{3}\ (>0)\ (\cdots\cdots(∗∗))$ とおき換えることで

$$\frac{a+b+c+\dfrac{a+b+c}{3}}{4} \geqq \sqrt[4]{abc \cdot \frac{a+b+c}{3}}$$

$$\frac{a+b+c}{3} \geqq \sqrt[4]{abc} \cdot \sqrt[4]{\frac{a+b+c}{3}}$$

$$\left(\frac{a+b+c}{3}\right)^{\frac{3}{4}} \geqq (abc)^{\frac{1}{4}}$$

$$\frac{a+b+c}{3} \geqq \sqrt[3]{abc}$$

を得る．等号が成立する条件は，①，②の3つの式での等号成立から

$$a+b = c+d \quad かつ \quad a=b \quad かつ \quad c=d$$
$$\Longleftrightarrow a = b = c = d$$

である．このとき，$d = \dfrac{a+b+c}{3}$ を満たしている．（証明終）

(∗∗)は，$d = \sqrt[3]{abc}$ とおき換えてもよいでしょう．

19. 角の二等分線と面積　〈頻出度 ★★★〉

鋭角三角形ABCにおいて，$AB = \sqrt{3} + 1$, $\angle ABC = \dfrac{\pi}{4}$ とし，$\triangle ABC$ の外接円の半径を $\sqrt{2}$ とする．また，$\angle BAC$ の二等分線と辺BCとの交点をDとする．

(1) $\cos \angle ACB$ を求めよ．

(2) CDの長さを求めよ．

(3) $\triangle ACD$ の面積を求めよ．

(富山大)

着眼 • • • • • • • • • • • • • • VIEWPOINT

正弦定理，余弦定理を用いる典型的な問題です．

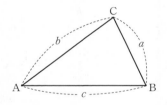

正弦定理

三角形ABCの外接円の半径を R とするとき，

$$\frac{a}{\sin A} = \frac{b}{\sin B} = \frac{c}{\sin C} = 2R$$

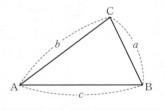

余弦定理

三角形ABCについて，

$$a^2 = b^2 + c^2 - 2bc \cos A$$

$$\left(\begin{array}{l} b^2 = c^2 + a^2 - 2ca \cos B \\ c^2 = a^2 + b^2 - 2ab \cos C \end{array} \right)$$

　外接円の半径に関する問題であれば，正弦定理の利用を第一に考えたいところです．CDの長さを求めるところでは角の二等分線の性質から，BCの長さを求めればよいことに気づきます．垂線を下ろして三角比から説明するか，余弦定理を用いるか（☞詳説）のいずれかが考えられますが，いずれにしても適切な説明が必要です．

解答 ANSWER

(1) △ABC に正弦定理を用いると

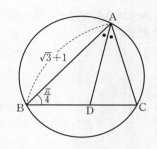

$$\frac{\sqrt{3}+1}{\sin\angle ACB} = 2\cdot\sqrt{2}$$

すなわち $\sin\angle ACB = \dfrac{\sqrt{3}+1}{2\sqrt{2}} = \dfrac{\sqrt{6}+\sqrt{2}}{4}$

したがって,

$$\cos^2\angle ACB = 1 - \left(\frac{\sqrt{3}+1}{2\sqrt{2}}\right)^2 = \left(\frac{\sqrt{3}-1}{2\sqrt{2}}\right)^2$$

△ABC は鋭角三角形なので, $\cos\angle ACB > 0$ である. したがって

$$\cos\angle ACB = \frac{\sqrt{3}-1}{2\sqrt{2}} = \boldsymbol{\frac{\sqrt{6}-\sqrt{2}}{4}}\quad\boxed{答}$$

(2) △ABC に正弦定理を用いて,

$$\frac{AC}{\sin\dfrac{\pi}{4}} = 2\cdot\sqrt{2}\quad \text{すなわち}\quad AC = 2$$

∠ABC, ∠ACB は鋭角なので, 頂点 A から対辺 BC 上の点 H へ垂線 AH を下ろすと,

$$BC = BH + HC = AB\cos\angle ABC + AC\cos\angle ACB$$

したがって, (1)の結果より

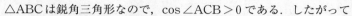

$$BC = (\sqrt{3}+1)\cdot\frac{\sqrt{2}}{2} + 2\cdot\frac{\sqrt{6}-\sqrt{2}}{4}$$

$$= \sqrt{6}$$

また, 線分 AD は∠BAC の 2 等分線なので,
$BD : DC = BA : AC = (\sqrt{3}+1) : 2$ である.
したがって,

$$CD = BC\cdot\frac{2}{(\sqrt{3}+1)+2} = \frac{2\sqrt{6}}{\sqrt{3}+3} = \boldsymbol{\sqrt{6}-\sqrt{2}}\quad\cdots\cdots\boxed{答}$$

(3) △ACD の面積は, (1), (2)により,

$$\triangle ACD = \frac{1}{2}\cdot AC\cdot CD\cdot\sin\angle ACB$$

$$= \frac{1}{2}\cdot 2\cdot(\sqrt{6}-\sqrt{2})\cdot\frac{\sqrt{6}+\sqrt{2}}{4}$$

$$= \boldsymbol{1}\quad\cdots\cdots\boxed{答}$$

詳説 EXPLANATION

▶(2)は余弦定理から求めてもよいですが，$BC = \sqrt{6}$ に決まる理由を説明する必要があります．

一般に，△ABC について，$\angle CAB = \theta$ とするとき，

$$\cos\theta = \frac{b^2 + c^2 - a^2}{2bc}$$

より，

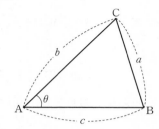

$$\theta \text{ が鋭角} \iff b^2 + c^2 - a^2 > 0$$
$$\theta \text{ が直角} \iff b^2 + c^2 - a^2 = 0$$
$$\theta \text{ が鈍角} \iff b^2 + c^2 - a^2 < 0$$

が成り立ちます．このことに注意しましょう．

別解

(2)　$AC = 2$ を求めるところまでは「解答」と同じ．

△ABC に余弦定理を用いると

$$2^2 = BC^2 + (\sqrt{3} + 1)^2 - 2 \cdot BC$$
$$\cdot (\sqrt{3} + 1) \cdot \cos\frac{\pi}{4}$$

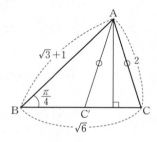

$$BC^2 - (\sqrt{6} + \sqrt{2})BC + 2\sqrt{3} = 0$$
$$(BC - \sqrt{6})(BC - \sqrt{2}) = 0$$
$$BC = \sqrt{6}, \ \sqrt{2}$$

ここで，△ABC の最大辺は常に AB であり，

$$2^2 + (\sqrt{2})^2 - (\sqrt{3} + 1)^2 < 0 < 2^2 + (\sqrt{6})^2 - (\sqrt{3} + 1)^2$$

が成り立つ．△ABC は鋭角三角形，つまり $\angle ACB$ が鋭角であることから，$BC = \sqrt{6}$ である．

以下，「解答」と同じ．

20. 円に内接する四角形　　〈頻出度 ★★★〉

円に内接する四角形ABCDにおいて，AB＝5，BC＝4，CD＝4，DA＝2とする．また，対角線ACとBDの交点をPとおく．

(1) 三角形APBの外接円の半径をR_1，三角形APDの外接円の半径をR_2とするとき，$\dfrac{R_1}{R_2}$の値を求めよ．

(2) ACの長さを求めよ．

(3) APの長さを求めよ．

（千葉大 改題）

着眼 VIEWPOINT

円に内接する四角形に関する問題です．(1)は外接円の半径に関する問題なので，問題19と同様に正弦定理，(2)は余弦定理を用います．円に内接する四角形なので，向かい合う角の大きさの和がπであることを用います．

解答 ANSWER

(1) $\angle APB = \alpha$とすれば，$\angle APD = \pi - \alpha$である．したがって，$\triangle APB$，$\triangle APD$にそれぞれ正弦定理を用いて

$$2R_1 = \frac{AB}{\sin\alpha} = \frac{5}{\sin\alpha} \quad \cdots\cdots ①$$

$$2R_2 = \frac{AD}{\sin(\pi-\alpha)} = \frac{2}{\sin\alpha} \quad \cdots\cdots ②$$

①，②より，$\dfrac{R_1}{R_2} = \dfrac{5}{2}$ ……答

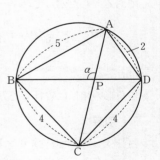

(2) $AC = x$，$\angle ABC = \beta$とする．このとき，円に内接する四角形の対角の大きさの和はπなので，$\angle ADC = \pi - \beta$である．$\triangle ABC$，$\triangle ADC$それぞれに余弦定理を用いると

$$\begin{cases} x^2 = 5^2 + 4^2 - 2\cdot 5\cdot 4\cos\beta \\ x^2 = 2^2 + 4^2 - 2\cdot 2\cdot 4\cos(\pi-\beta) \end{cases}$$

すなわち

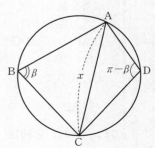

$$\begin{cases} x^2 = 41 - 40\cos\beta & \cdots\cdots ③ \\ x^2 = 20 + 16\cos\beta & \cdots\cdots ④ \end{cases}$$

③，④より

$$\frac{41-x^2}{40} = \frac{x^2-20}{16}$$

よって求める長さは，$AC = x = \sqrt{26}$　……**答**

(3) $\angle DAB = \gamma$ とすれば，円に内接する四角形の
対角の大きさの和は π なので，$\angle BCD = \pi - \gamma$
である．

したがって，$\sin\gamma = \sin(\pi-\gamma)$ から

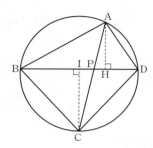

$$△ABD : △CBD$$
$$= \frac{1}{2}AB\cdot AD\sin\gamma : \frac{1}{2}CB\cdot CD\sin(\pi-\gamma)$$
$$= AB\cdot AD : CB\cdot CD$$
$$= 5\cdot 2 : 4\cdot 4 = 5 : 8$$

ここで，点A，Cから線分BD上の点H，Iに垂線AH，CIを下ろすとき，
△ABD，△BCDの底辺をBD（共有），高さをそれぞれAH，AIに見ることで，

$$AP : PC = AH : CI = △ABD : △CBD = 5 : 8$$

である．したがって

$$AP = \frac{5}{5+8}\cdot AC = \frac{5}{13}\cdot\sqrt{26} = \frac{5\sqrt{26}}{13}　\cdots\cdots 答$$

詳説 EXPLANATION

▶三角形の相似に着目した方法も考えられます．

別解

(3) $\overset{\frown}{BC} = \overset{\frown}{CD}$ より $\angle BAC = \angle CAD$ で
ある．つまり，直線ACは $\angle BAD$ の
二等分線なので，

$$BP : PD = 5 : 2$$

△APD∽△BPC であり，相似比は
$AD : CB = 1 : 2$ である．
したがって，

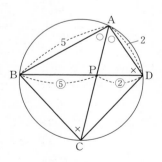

$$AP : PC = \frac{5}{2} : 4 = 5 : 8$$

以下，「解答」と同様．

21. 重なった三角形と線分比

〈頻出度 ★★★〉

三角形 ABC において，辺 AB を 3：2 に内分する点を D，辺 AC を 5：3 に内分する点を E とする．また，線分 BE と CD の交点を F とする．このとき，次の問いに答えよ．

⑴　CF：FD を求めよ．

⑵　4 点 D，B，C，E が同一円周上にあるとする．このとき，AB：AC を求めよ．さらに，この円の中心が辺 BC 上にあるとき，AB：AC：BC を求めよ．

（香川大）

着眼 VIEWPOINT

角を共有する三角形が重なっている，メネラウスの定理を用いる典型的な構図です．

> **メネラウスの定理**
>
> ある直線が三角形 ABC の辺 BC，CA，AB またはそれらの延長と，それぞれ点 P，Q，R で交わるとき，
>
> $$\frac{AR}{RB} \times \frac{BP}{PC} \times \frac{CQ}{QA} = 1$$

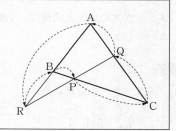

一筆書きの要領で比の値の積をとります．証明自体も問題への応用が利き非常に重要ですが，メネラウスの定理が使える構図かどうかを見極めるには，ある程度は基本的な問題で訓練しておく必要があるでしょう．

また後半は，円周上にない点を通り円と交差する 2 直線を引いています．これは，方べきの定理を用いる典型的な状況です．

方べきの定理

① 1つの円の2つの弦 AB，CD，またはそれらの延長が交点Pをもつ
　　とき，　　**PA×PB＝PC×PD**

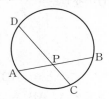
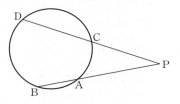

② 円の外部の点Pから円に
　　引いた接線の接点をTとす
　　る．また，点Pを通ってこの
　　円と2点A，Bで交わる直線
　　を引く．このとき，
　　　　PA×PB＝PT²

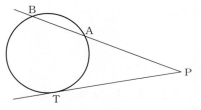

　メネラウスの定理と同様に，不慣れな人は基本的な問題に戻って練習しておく
とよいでしょう．

解答 ANSWER

(1)　メネラウスの定理より，

$$\frac{AE}{EC}\cdot\frac{CF}{FD}\cdot\frac{DB}{BA}=1$$

$$\frac{5}{3}\cdot\frac{CF}{FD}\cdot\frac{2}{5}=1$$

$$\frac{CF}{FD}=\frac{3}{2}$$

したがって，CF：FD＝**3：2**　……**答**

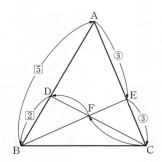

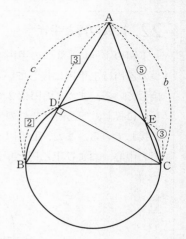

(2) $AB = c$, $AC = b$ とおくと,

$AD = \dfrac{3}{5}c$, $AE = \dfrac{5}{8}b$ である. また,

方べきの定理より,

$AE \cdot AC = AD \cdot AB$ が成り立つので,

$$\dfrac{5}{8}b^2 = \dfrac{3}{5}c^2$$

$\therefore \quad AC = b = \dfrac{2\sqrt{6}}{5}c \quad \cdots\cdots ①$

したがって, $AB : AC = \boldsymbol{5 : 2\sqrt{6}}$ ……**答**

また, 円の中心が線分BC上にあるとき,
円周角の定理から, $\angle BDC = 90°$ である.
したがって, $\triangle BCD$ と $\triangle ACD$ に三平方の定
理を用いて, CD^2 を消去することにより,

$$BC^2 - BD^2 = AC^2 - AD^2$$

すなわち, ①とあわせて,

$$
\begin{aligned}
BC^2 &= BD^2 + AC^2 - AD^2 \\
&= \left(\dfrac{2}{5}c\right)^2 + \left(\dfrac{2\sqrt{6}}{5}c\right)^2 - \left(\dfrac{3}{5}c\right)^2 \\
&= \left(\dfrac{4}{25} + \dfrac{24}{25} - \dfrac{9}{25}\right)c^2 \\
&= \dfrac{19}{25}c^2
\end{aligned}
$$

したがって, $BC = \dfrac{\sqrt{19}}{5}c$ なので, 求める線分比は,

$$AB : AC : BC = c : \dfrac{2\sqrt{6}}{5}c : \dfrac{\sqrt{19}}{5}c = \boldsymbol{5 : 2\sqrt{6} : \sqrt{19}} \quad \cdots\cdots\textbf{答}$$

22. 複数の円と半径

下図のように，3つの甲円が交わっている．上甲円に含まれる丙円と2つの乙円は上甲円に接している．2つの上乙円はそれぞれ2つの下甲円に接している．また，丙円は2つの下甲円に接している．さらに，下甲円は互いに接し，下乙円は2つの下甲円に接し，これら3つの円は1つの直線に接している．また，上甲円と下甲円の中心を両端とする線分上に，上乙円の中心，および上乙円と甲円との2つの接点がある．

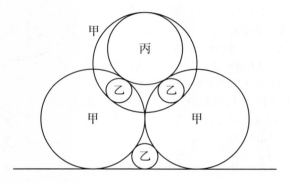

乙円の直径を1寸とするとき，次の問いに答えよ．

(1) 甲円の半径を求めよ．

(2) 上甲円の中心と直線の距離を求めよ．

(3) 丙円の半径を求めよ．

(慶應義塾大 改題)

着眼 VIEWPOINT

内接，外接する円や，円同士が接線を共有するときには，**円の中心，円同士の接点，円と直線の接点同士**を結ぶ線分に**着目**します．これらの距離が，三平方の定理などを通じて説明できるはずです．

解答 ANSWER

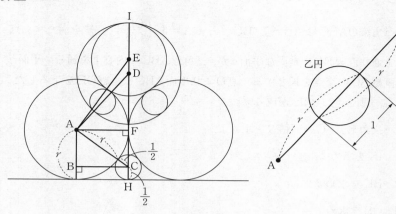

(1) 甲円の半径を r とする. 図の直角三角形ABCに着目して, 三平方の定理より

$$r^2+\left(r-\frac{1}{2}\right)^2=\left(r+\frac{1}{2}\right)^2$$

$$r(r-2)=0$$

$r\neq0$ より, $r=\mathbf{2}$(寸) ……答

(2) 上甲円, 下甲円の中心同士の距離ADが $2r-1=3$ 寸離れている.

つまり, 上甲円の中心Dと与えられた直線の距離DHは,

$$DH=DF+FH=\sqrt{3^2-r^2}+r=\mathbf{2+\sqrt{5}}\ (寸)\ \ ……答$$

(3) 丙円の半径を R とする. $DE=DI-IE=2-R$ である. 丙円, 下甲円の中心を結んだ線分を斜辺とする直角三角形EAFについて,

$$EF=DE+DH-FH=2-R+(2+\sqrt{5})-2=2+\sqrt{5}-R,$$

$$EA=R+2$$

より, 三平方の定理から,

$$(2+\sqrt{5}-R)^2+2^2=(R+2)^2$$

$$(8+2\sqrt{5})R=9+4\sqrt{5}$$

$$\therefore\ \ R=\frac{9+4\sqrt{5}}{8+2\sqrt{5}}=\mathbf{\frac{16+7\sqrt{5}}{22}}\ (寸)\ \ ……答$$

23. 三角錐，三角形と内接円

〈頻出度 ★★★〉

三角錐OABCは AB = 7，BC = 8，CA = 6，$\left(\dfrac{OC}{OB}\right)^2 = \dfrac{7}{8}$ を満たす．点

Oを通り直線BCに垂直な平面αが，三角形ABCの内心 I を通る．平面αと直線BCの交点をKとする．点Oより平面ABCに垂線OHを下ろしたとき，HK $= 2\sqrt{2}$ IK が成り立つ．

(1) 三角形ABCの面積Sを求めよ．

(2) IKを求めよ．

(3) BKを求めよ．

(4) OBを求めよ．

(5) 三角錐OABCの体積Vを求めよ．

(名古屋工業大)

着眼 ・・・・・・・・・・・・ VIEWPOINT

前半は三角形と内接円の関係に関する問題です．内接円の半径に関し，次が成り立ちます．

三角形の内接円の半径

三角形ABCの内心を I，内接円の半径をrとするとき

$$\triangle ABC = \triangle BCI + \triangle CAI + \triangle ABI$$

すなわち

$$\triangle ABC = \frac{1}{2}r(a+b+c)$$

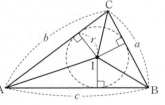

これは結果を覚えて使う類の定理ではありません．「三角形を内心から3頂点に結んだ線分で分ける」ことさえわかっておけばよいでしょう．解答で説明しながら使えば十分です．また，頂点から接点までの距離を求める(3)は，接弦の性質を利用する解答の方法がよく用いられますが，三角比を利用した方法もあります．（☞詳説）

解答 ANSWER

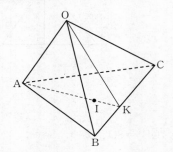
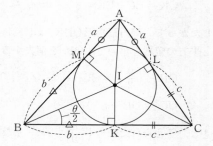

(1) $\angle ABC = \theta$ とする. △ABCで余弦定理を用いると,

$$\cos\theta = \frac{7^2 + 8^2 - 6^2}{2 \cdot 7 \cdot 8} = \frac{11}{16}$$

$$\therefore \quad \sin\theta = \sqrt{1 - \cos^2\theta} = \frac{3\sqrt{15}}{16}$$

（$\sin\theta > 0$ より）

したがって

$$S = \frac{1}{2} AB \cdot BC \cdot \sin\theta = \frac{1}{2} \cdot 7 \cdot 8 \cdot \frac{3\sqrt{15}}{16} = \frac{21\sqrt{15}}{4} \quad \cdots\cdots\text{答}$$

(2) $a \perp BC$ より, IK⊥BC であるから, IKは△ABCの内接円の半径である. したがって,

$$S = \frac{1}{2} \cdot IK \cdot (AB + BC + CA)$$

より,

$$\frac{21\sqrt{15}}{4} = \frac{1}{2} \cdot IK \cdot (7 + 8 + 6) \qquad \therefore \quad IK = \frac{\sqrt{15}}{2} \quad \cdots\cdots\text{答}$$

(3) △ABCの内接円と辺CA, ABとの接点を順にL, Mとする. 円の接線の性質より,

$$AL = AM, \quad BK = BM, \quad CK = CL$$

である. これらの長さを順に a, b, c とすれば,

$$2(a + b + c) = AB + BC + CA = 21$$

$$\therefore \quad a + b + c = \frac{21}{2}$$

$$
\begin{array}{r}
a+b = 7 \\
b+c = 8 \\
+) \quad c+a = 6 \\
\hline
2(a+b+c) = 21
\end{array}
$$

したがって

$$BK = b = (a + b + c) - (a + c) = \frac{21}{2} - 6 = \frac{9}{2} \quad \cdots\cdots\text{答}$$

(4)　$a\perp BC$ より，$OK\perp BC$ である．(3)の結果より，

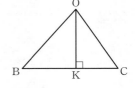

$$CK = BC - BK = 8 - \frac{9}{2} = \frac{7}{2}$$

したがって，直角三角形 OBK，OCK に対して，
三平方の定理を用いて，OK^2 を消去すると，

$$OB^2 - \left(\frac{9}{2}\right)^2 = OC^2 - \left(\frac{7}{2}\right)^2$$

$$\therefore\ \ OC^2 = OB^2 - 8\ \ \cdots\cdots③$$

③と，与えられた条件 $\left(\dfrac{OC}{OB}\right)^2 = \dfrac{7}{8}$ すなわち $7OB^2 = 8OC^2$ から，

$$7OB^2 = 8(OB^2 - 8)\ \ \text{すなわち}\ \ OB^2 = 64$$

したがって，$OB = 8$　$\cdots\cdots$**答**

(5)　(2)の結果より，

$$HK = 2\sqrt{2}\ IK = 2\sqrt{2}\cdot\frac{\sqrt{15}}{2} = \sqrt{30}$$

一方，(3)，(4)の結果より，

$$OK^2 = OB^2 - BK^2 = 8^2 - \left(\frac{9}{2}\right)^2 = \frac{175}{4}$$

三平方の定理より，$OH^2 + HK^2 = OK^2$ が成り立つので，

$$OH = \sqrt{OK^2 - HK^2} = \frac{\sqrt{55}}{2}$$

したがって，(1)の結果とあわせて，求める体積は

$$V = \frac{1}{3}\cdot S\cdot OH = \frac{1}{3}\cdot\frac{21\sqrt{15}}{4}\cdot\frac{\sqrt{55}}{2} = \boldsymbol{\frac{35\sqrt{33}}{8}}\ \ \cdots\cdots\text{**答**}$$

詳説 EXPLANATION

▶「内心から頂点に引いた線分は，角の二等分線である」という事実を利用した方
法もあります．

別解

(3)　$IK\perp BK$ であり，線分 IB は $\angle ABC = \theta$ を
二等分するので，直角三角形 IBK に着目して

$$BK = \frac{IK}{\tan\dfrac{\theta}{2}}\ \ \cdots\cdots①$$

ここで，

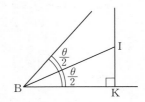

(1)で導いた $\cos\theta = \dfrac{11}{16}$ より,

$$\tan\frac{\theta}{2} = \frac{\sin\dfrac{\theta}{2}}{\cos\dfrac{\theta}{2}} = \sqrt{\frac{1-\cos\theta}{1+\cos\theta}} = \frac{\sqrt{5}}{3\sqrt{3}} \quad \cdots\cdots ②$$

①, ②と(2)の結果より,

$$BK = \frac{\sqrt{15}}{2} \cdot \frac{3\sqrt{3}}{\sqrt{5}} = \boldsymbol{\frac{9}{2}} \quad \cdots\cdots\boxed{答}$$

$\cos^2 x = \dfrac{1+\cos 2x}{2}$,

$\sin^2 x = \dfrac{1-\cos 2x}{2}$ で,

$2x = \theta$ とおき換えている.

24. 錐体の内接球　〈頻出度 ★★☆〉

四角錐 OABCD において，底面 ABCD は 1 辺の長さ 2 の正方形で OA = OB = OC = OD = $\sqrt{5}$ である.

(1)　四角錐 OABCD の高さを求めよ.

(2)　四角錐 OABCD に内接する球 S の半径を求めよ.

(3)　内接する球 S の表面積と体積を求めよ.　　　　　　　　　(千葉大)

着眼 VIEWPOINT

立体に内接する球の問題では，**立体と球の接点を含む平面で図形全体を切断し，**切り口において三角形の合同，相似などに着目します.

解答 ANSWER

(1)

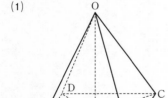

底面 ABCD は 1 辺の長さ 2 の正方形で，
$$OA = OB = OC = OD = \sqrt{5}$$
である．ここで，正方形 ABCD の対角線の交点を H とすると，線分 OH は二等辺三角形 OAC，OBD の中線になる．つまり，
$$OH \perp AC, \quad OH \perp BD$$
が成り立つので，OH と正方形 ABCD は垂直である．H は AC の中点なので，
$$AH = \frac{1}{2}AC = \frac{1}{2} \cdot 2\sqrt{2} = \sqrt{2}$$

四角錐 OABCD の高さを h とおく．$h = OH$ なので，△OAH に三平方の定理を用いると，
$$h^2 = OA^2 - AH^2 = (\sqrt{5})^2 - (\sqrt{2})^2 = 3$$
したがって，$h = \sqrt{3}$　……**答**

(2)　四角錐 OABCD に内接する球 S の中心は線分 OH 上にあり，底面との接点は H である．また，球 S と側面との接点は，各側面の二等辺三角形の底辺の垂直二等分線上にある．ゆえに，辺 AB の中点を M をおくと，OM ⊥ AB だから，直角三角形 OAM に三平方の定理を用いて，
$$OM^2 = OA^2 - AM^2 = (\sqrt{5})^2 - 1^2 = 4 \quad すなわち \quad OM = 2$$

以上から，球Sの中心をI，半径をr，球Sと線分OMとの接点をTとおくと，
球Sを平面OMHで切った断面は右図のとおり．　……(*)

△OMHと△OITについて，

$\angle HOM = \angle TOI$（共通），

$\angle MHO = \angle ITO = 90°$

より，△OMH∽△OITである．したがって，

$OM : MH = OI : IT$

$\therefore \quad OM \cdot IT = MH \cdot OI \quad ……①$

ところで，$OM = 2$，$IT = r$，$MH = \dfrac{1}{2}BC = \dfrac{1}{2} \cdot 2 = 1$であり，

$OH = \sqrt{3}$，$IH = r$だから，$OI = \sqrt{3} - r$である．ゆえに，①から，

$$2r = \sqrt{3} - r \quad \therefore \quad r = \frac{\sqrt{3}}{3} \quad ……\boxed{答}$$

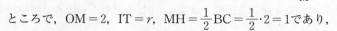

(3)　球Sの表面積，体積はそれぞれ

$$表面積：4\pi r^2 = 4\pi \cdot \frac{1}{3} = \frac{4}{3}\pi \quad ……\boxed{答}$$

$$体積：\frac{4}{3}\pi r^3 = \frac{4}{3}\pi \cdot \frac{\sqrt{3}}{9} = \frac{4\sqrt{3}}{27}\pi \quad ……\boxed{答}$$

詳説 EXPLANATION

▶三辺の長さの比が$1 : 2 : \sqrt{3}$ の直角三角形に気づけば，内接球の半径は簡単に
求められます．

別解

(2)　(*)までは「解答」と同じ．

直角三角形OMHについて，

$OH = \sqrt{3}$，$OM = 2$，$\angle OHM = 90°$

より，$\angle OMH = 60°$，$MH = 1$である．

また，点Iは△OMHの内心なので，

$\angle TMI = \angle HMI = 30°$

したがって，球Sの半径rは

$$r = IH = MH \tan 30° = 1 \cdot \frac{1}{\sqrt{3}} = \frac{\sqrt{3}}{3} \quad ……\boxed{答}$$

25. 錐体の外接球 〈頻出度 ★★★〉

　空間上の 4 点 A，B，C，D が AB = 1，AC = $\sqrt{2}$，AD = $2\sqrt{2}$，
∠BAC = 45°，∠CAD = 60°，∠DAB = 90° を満たす．このとき，この 4
点を通る球の半径を求めよ．

（横浜市立大）

着眼 VIEWPOINT

　問題 24 のように対称性が明確な図形ではなく，図形の切断がしにくい問題です．
図形問題では，次のアプローチが考えられます．

- **初等幾何**の諸定理を用いる
- 図形を切るなどして，平面図形に**三角比**の諸定理を用いる
- **ベクトル**による計算
- **座標平面**（空間）上に図形を乗せ，座標の決定

　直角三角形や正三角形の面があれば，長さ，角の大きさがわかっていることか
ら，座標の設定はしやすいでしょう．この問題は，AB = 1，AD = $2\sqrt{2}$，∠DAB
= 90° と △ABD が長さが既知の直角三角形とわかるので，A を原点とし，AD，
AB が座標軸に乗るように座標を設定してしまえば，あとは 2 点間の距離に着目
し，計算で解き進められます．

解答 ANSWER

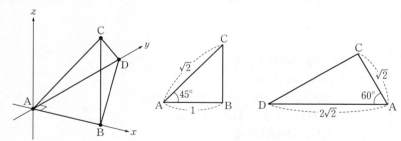

　AB = 1，AD = $2\sqrt{2}$，∠DAB = 90° より，四面体 ABCD を
　　　A(0，0，0)，B(1，0，0)，D(0，$2\sqrt{2}$，0)
となるように座標空間におく．点 C は $z > 0$ におくこととする．
　AB = 1，AC = $\sqrt{2}$，∠BAC = 45° より，
　　　∠ABC = 90°，BC = 1　……①
　また，AC : AD = 1 : 2，∠CAD = 60° より
　　　∠ACD = 90°，CD = $\sqrt{3}$ AC = $\sqrt{6}$

①より，点Cの x 座標は1である．つまり，C$(1,\ b,\ c)(c>0)$ とすれば，CA $=\sqrt{2}$，CD $=\sqrt{6}$ より

$$\begin{cases} 1^2+b^2+c^2=2 & \cdots\cdots② \\ 1^2+(b-2\sqrt{2})^2+c^2=6 & \cdots\cdots③ \end{cases}$$

②と③それぞれの両辺の差をとって，

$$4\sqrt{2}\,b-8=-4 \quad \text{すなわち} \quad b=\frac{1}{\sqrt{2}} \quad \cdots\cdots④$$

②，④と，$c>0$ により，

$$1^2+\left(\frac{1}{\sqrt{2}}\right)^2+c^2=2 \quad \text{すなわち} \quad c=\frac{1}{\sqrt{2}}$$

したがって，C$\left(1,\ \dfrac{1}{\sqrt{2}},\ \dfrac{1}{\sqrt{2}}\right)$ である．

次に，4点A，B，C，Dを通る球の中心をPとする．点Pは線分AB，ADの中点を通り，それぞれの線分に垂直な平面上にあることから，点Pの x 座標は $\dfrac{1}{2}$，y 座標は $\sqrt{2}$ である．したがって，P$\left(\dfrac{1}{2},\ \sqrt{2},\ z\right)$ とおく．このとき，AP $=$ CP($=$球の半径) から

$$\left(\frac{1}{2}\right)^2+(\sqrt{2})^2+z^2=\left(\frac{1}{2}\right)^2+\left(\frac{\sqrt{2}}{2}\right)^2+\left(z-\frac{1}{\sqrt{2}}\right)^2$$

$$z=-\frac{1}{\sqrt{2}}$$

したがって，球の半径 r は

$$r=\text{AP}=\sqrt{\left(\frac{1}{2}\right)^2+(\sqrt{2})^2+\left(-\frac{1}{\sqrt{2}}\right)^2}=\frac{\sqrt{11}}{2} \quad \cdots\cdots\boxed{答}$$

詳説 EXPLANATION

▶辺AB，AC，ADの長さと，3組の辺がなす角が与えられていることから，ベクトルで説明してもよいでしょう．

別解

$\overrightarrow{AB}=\vec{b}$，$\overrightarrow{AC}=\vec{c}$，$\overrightarrow{AD}=\vec{d}$ とする．条件から
$$|\vec{b}|=1,\quad |\vec{c}|=\sqrt{2},\quad |\vec{d}|=2\sqrt{2}.$$
$$\vec{b}\cdot\vec{c}=|\vec{b}||\vec{c}|\cos45°=1,\quad \vec{c}\cdot\vec{d}=|\vec{c}||\vec{d}|\cos60°=2,$$
$$\vec{d}\cdot\vec{b}=|\vec{d}||\vec{b}|\cos90°=0$$
である．球の中心をP，半径を r とするとき，実数 x，y，z により $\overrightarrow{AP}=x\vec{b}+y\vec{c}+z\vec{d}$ と表すことができ，

$$r = |\overrightarrow{\mathrm{AP}}| = |\overrightarrow{\mathrm{BP}}| = |\overrightarrow{\mathrm{CP}}| = |\overrightarrow{\mathrm{DP}}|$$

である．すなわち，$|\overrightarrow{\mathrm{AP}}| = |\overrightarrow{\mathrm{AP}} - \vec{b}| = |\overrightarrow{\mathrm{AP}} - \vec{c}| = |\overrightarrow{\mathrm{AP}} - \vec{d}|$ から

$$\begin{cases} |x\vec{b} + y\vec{c} + z\vec{d}| = |(x-1)\vec{b} + y\vec{c} + z\vec{d}| & \cdots\cdots ⑤ \\ |x\vec{b} + y\vec{c} + z\vec{d}| = |x\vec{b} + (y-1)\vec{c} + z\vec{d}| & \cdots\cdots ⑥ \\ |x\vec{b} + y\vec{c} + z\vec{d}| = |x\vec{b} + y\vec{c} + (z-1)\vec{d}| & \cdots\cdots ⑦ \end{cases}$$

⑤～⑦それぞれについて，両辺を 2 乗する．

（⑤の左辺）^{2}
$= |x\vec{b} + y\vec{c} + z\vec{d}|^2$
$= x^2|\vec{b}|^2 + y^2|\vec{c}|^2 + z^2|\vec{d}|^2 + 2xy\vec{b}\cdot\vec{c} + 2yz\vec{c}\cdot\vec{d} + 2zx\vec{d}\cdot\vec{b}$
$= x^2 + 2y^2 + 8z^2 + 2xy + 4yz \quad \cdots\cdots ⑧$

であり，⑧で x, y, z それぞれを $x-1$, $y-1$, $z-1$ におき換えたものを考えると，⑤～⑦より，

$$\begin{cases} x^2 + 2y^2 + 8z^2 + 2xy + 4yz = (x-1)^2 + 2y^2 + 8z^2 + 2(x-1)y + 4yz \\ x^2 + 2y^2 + 8z^2 + 2xy + 4yz = x^2 + 2(y-1)^2 + 8z^2 + 2x(y-1) + 4(y-1)z \\ x^2 + 2y^2 + 8z^2 + 2xy + 4yz = x^2 + 2y^2 + 8(z-1)^2 + 2xy + 4y(z-1) \end{cases}$$

$$\begin{cases} 2x + 2y = 1 \\ x + 2y + 2z = 1 \\ 4z + y = 2 \end{cases}$$

$$\therefore \quad (x,\ y,\ z) = \left(\frac{3}{2},\ -1,\ \frac{3}{4}\right)$$

したがって，⑧から

$$r^2 = |\overrightarrow{\mathrm{AP}}|^2$$

$$= \left(\frac{3}{2}\right)^2 + 2(-1)^2 + 8\left(\frac{3}{4}\right)^2 + 2\cdot\frac{3}{2}\cdot(-1) + 4\cdot(-1)\cdot\frac{3}{4}$$

$$= \frac{11}{4}$$

$$r = \frac{\sqrt{11}}{2} \quad \cdots\cdots 答$$

26. 三角比の方程式 〈頻出度 ★★★〉

1 $0 < x < \dfrac{\pi}{2}$ のとき，$\sin x + \sin 2x + \sin 3x + \sin 4x = 0$ を満たす x を求めよ．

(立教大)

2 $0 \leqq x \leqq \pi$ のとき，方程式 $\sin \dfrac{2}{5}\pi = \cos\left(2x + \dfrac{2}{5}\pi\right)$ の解をすべて求めよ．

(上智大)

3 $0 \leqq \theta < 2\pi$ のとき，不等式 $\sin 2\theta \geqq \cos\theta$ を満たす θ の範囲を求めよ．

(金沢工大)

4 $0 \leqq \theta < 2\pi$ とする．不等式 $|(\cos\theta + \sin\theta)(\cos\theta - \sin\theta)| > \dfrac{1}{2}$ を満たす θ の範囲を求めよ．

(専修大)

着眼 VIEWPOINT

やや面倒な三角比の方程式，不等式の問題です．ここで，基本的な式の扱いに慣れておきましょう．

1 $\sin x$, $\cos x$ に揃えようとしてやみくもに加法定理を用いると，手数が多くて大変です．和積の公式をうまく使いたいものです．解答では，(これを覚えていない前提で) 加法定理で導きながら解答を作ってみます．

2 これも，加法定理で式変形しても遠回りです．左辺と右辺の三角比を (sin か cos で) 揃えて，両辺の関係を考えましょう．(☞詳説)

3 $\sin 2\theta = 2\sin\theta\cos\theta$ とすれば，積の形までは直せます．あとは場合分けすればよいですが，領域で考えるとわかりやすいでしょう．

4 **$\cos^2\theta$, $\sin^2\theta$, $\cos\theta\sin\theta$ が登場したら，2倍角の公式を用いると突破口が開ける**ことがあります．

2倍角の公式

① $\sin 2\alpha = 2\sin\alpha\cos\alpha$

② $\cos 2\alpha = \cos^2\alpha - \sin^2\alpha = 1 - 2\sin^2\alpha = 2\cos^2\alpha - 1$

③ $\tan 2\alpha = \dfrac{2\tan\alpha}{1 - \tan^2\alpha}$

---

　①〜③の最左辺で $2\theta = \theta + \theta$ として加法定理を用いれば容易に導けますが，2倍角の公式がスムーズに出てくるまでは，忘れるたびに導いた方がよいでしょう．そういった，「面倒な作業」をしているうちに頭に入るでしょう．

解答 ANSWER

1　$(\sin 4x + \sin x) + (\sin 3x + \sin 2x) = 0$　……①

ここで

$$\sin 4x = \sin\left(\frac{5}{2}x + \frac{3}{2}x\right)$$

$$= \sin\frac{5}{2}x\cos\frac{3}{2}x + \cos\frac{5}{2}x\sin\frac{3}{2}x \quad \cdots\cdots②$$

$$\sin x = \sin\left(\frac{5}{2}x - \frac{3}{2}x\right)$$

$$= \sin\frac{5}{2}x\cos\frac{3}{2}x - \cos\frac{5}{2}x\sin\frac{3}{2}x \quad \cdots\cdots③$$

$4x$ と x の「平均」は $\frac{5}{2}x$ なので，

$$4x = \frac{5}{2}x + \frac{3}{2}x$$
$$x = \frac{5}{2}x - \frac{3}{2}x$$

$3x$ と $2x$ も，同様に，平均 $\pm$ 差 の形を作っている．

②，③の辺々の和をとることで，

$$\sin 4x + \sin x = 2\sin\frac{5}{2}x\cos\frac{3}{2}x \quad \cdots\cdots④$$

$$\sin 3x = \sin\left(\frac{5}{2}x + \frac{x}{2}\right) = \sin\frac{5}{2}x\cos\frac{x}{2} + \cos\frac{5}{2}x\sin\frac{x}{2} \quad \cdots\cdots⑤$$

$$\sin 2x = \sin\left(\frac{5}{2}x - \frac{x}{2}\right) = \sin\frac{5}{2}x\cos\frac{x}{2} - \cos\frac{5}{2}x\sin\frac{x}{2} \quad \cdots\cdots⑥$$

⑤，⑥の辺々の和をとることで，

$$\sin 3x + \sin 2x = 2\sin\frac{5}{2}x\cos\frac{x}{2} \quad \cdots\cdots⑦$$

④，⑦より，①は次のように書き換えられる．

$$2\sin\frac{5}{2}x\cos\frac{3}{2}x + 2\sin\frac{5}{2}x\cos\frac{x}{2} = 0$$

$$\sin\frac{5}{2}x\left(\cos\frac{3}{2}x + \cos\frac{x}{2}\right) = 0$$

$$\sin\frac{5}{2}x\left\{\cos\left(x + \frac{x}{2}\right) + \cos\left(x - \frac{x}{2}\right)\right\} = 0$$

$$\sin\frac{5}{2}x\cos x\cos\frac{x}{2} = 0$$

$\frac{3}{2}x$ と $\frac{x}{2}$ の「平均」は x なので，

$$\frac{3}{2}x = x + \frac{1}{2}x,$$
$$\frac{x}{2} = x - \frac{1}{2}x$$

$0 < x < \frac{\pi}{2}$ より，$\cos x\cos\frac{x}{2} \neq 0$ である．したがって，

$$\sin\frac{5}{2}x = 0 \quad すなわち \quad \frac{5}{2}x = n\pi \ (n\ は整数) \quad \cdots\cdots ⑧$$

と表せる. $0 < x < \dfrac{\pi}{2}$ より $0 < \dfrac{5}{2}x < \dfrac{5}{4}\pi$ なので, ⑧のうち, この範囲に含ま

れるものは $\quad x = \dfrac{\mathbf{2}}{\mathbf{5}}\boldsymbol{\pi} \quad \cdots\cdots$ 答

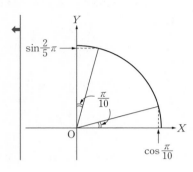

2 $\quad \sin\dfrac{2}{5}\pi = \cos\left(\dfrac{\pi}{2} - \dfrac{2}{5}\pi\right) = \cos\dfrac{\pi}{10}$

であることに注意して, 与式は

$$\cos\frac{\pi}{10} = \cos\left(2x + \frac{2}{5}\pi\right)$$

したがって, m, n を整数として,

$$2x + \frac{2}{5}\pi = \frac{\pi}{10} + 2m\pi$$

または $\quad 2x + \dfrac{2}{5}\pi = -\dfrac{\pi}{10} + 2n\pi$

$\therefore \quad x = -\dfrac{3}{20}\pi + m\pi \quad \cdots\cdots ①\qquad または \quad x = -\dfrac{\pi}{4} + n\pi \quad \cdots\cdots ②$

$0 \leqq x \leqq \pi$ に含まれるのは, ①で $m = 1$ としたとき, または, ②で $n = 1$ とし
たときに限られる.

したがって, 求める解は $\quad x = \dfrac{\mathbf{3}}{\mathbf{4}}\boldsymbol{\pi},\ \dfrac{\mathbf{17}}{\mathbf{20}}\boldsymbol{\pi} \quad \cdots\cdots$ 答

3 $\quad x = \cos\theta$, $y = \sin\theta$ とおく. $(x,\ y)$ は $x^2 + y^2 = 1$ ($\cdots\cdots ①$) を満たす.

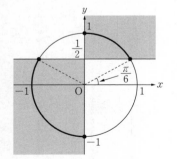

ここで, $\sin 2\theta \geqq \cos\theta$ より

$$2\sin\theta\cos\theta \geqq \cos\theta$$

$\therefore \quad 2xy \geqq x$

$$x(2y - 1) \geqq 0 \quad \cdots\cdots ②$$

◀ 不用意に, 両辺を $\cos\theta$ で割らないように.

①かつ②を満たす点 $(x,\ y)$ は, 図の太線部分
である.

したがって, 求める範囲は

$$\frac{\pi}{6} \leqq \theta \leqq \frac{\pi}{2},\ \frac{5}{6}\pi \leqq \theta \leqq \frac{3}{2}\pi \quad \cdots\cdots 答$$

4 $\quad (\cos\theta + \sin\theta)(\cos\theta - \sin\theta) = \cos^2\theta - \sin^2\theta = \cos 2\theta$ なので, 与えられた不
等式は次のように書き換えられる.

$$|\cos 2\theta| > \frac{1}{2}$$

$$\Leftrightarrow \cos 2\theta < -\frac{1}{2}, \quad \cos 2\theta > \frac{1}{2}$$

ここで，$0 \leq \theta < 2\pi$ より $0 \leq 2\theta < 4\pi$ である．
したがって，求める θ の範囲は，

$$0 \leq 2\theta < \frac{\pi}{3}, \quad \frac{2}{3}\pi < 2\theta < \frac{4}{3}\pi,$$

$$\frac{5}{3}\pi < 2\theta < \frac{7}{3}\pi, \quad \frac{8}{3}\pi < 2\theta < \frac{10}{3}\pi,$$

$$\frac{11}{3}\pi < 2\theta < 4\pi$$

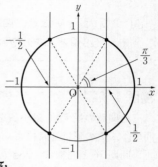

$$\therefore \quad 0 \leq \theta < \frac{\pi}{6}, \quad \frac{\pi}{3} < \theta < \frac{2}{3}\pi, \quad \frac{5}{6}\pi < \theta < \frac{7}{6}\pi,$$

$$\frac{4}{3}\pi < \theta < \frac{5}{3}\pi, \quad \frac{11}{6}\pi < \theta < 2\pi \quad \cdots\cdots \boxed{答}$$

詳説 EXPLANATION

$\boxed{2}$　次が成り立ちます．

$\sin A = \sin B, \quad \cos A = \cos B$ の書き換え

① $\sin A = \sin B$

　$\Leftrightarrow A = B + 2m\pi$　または　$A = \pi - B + 2n\pi$　（m, n は整数）

② $\cos A = \cos B$

　$\Leftrightarrow A = B + 2m\pi$　または　$A = -B + 2n\pi$　（m, n は整数）

次の図のように理解すればよいでしょう．

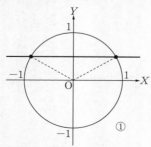

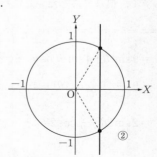

$\boxed{2}$では，上の②の書き換えを行っています．

27. 三角関数の最大・最小 〈頻出度 ★★★〉

$\boxed{1}$ 関数 $f(\theta) = 9\sin^2\theta + 4\sin\theta\cos\theta + 6\cos^2\theta$ の最大値を求めよ. また, $f(\theta)$ が最大値をとるときの θ に対し, $\tan\theta$ を求めよ. (星薬科大)

$\boxed{2}$ $0 \le \theta \le \pi$ のとき, 関数 $y = 4\sqrt{2}\cos\theta\sin\theta - 4\cos\theta - 4\sin\theta$ の最大値, 最小値と, それぞれの値をとるときの θ を求めよ. (関西医科大)

着眼 VIEWPOINT

三角関数の最大値, 最小値を, 多項式へのおき換えを通じて求める問題です. 本問の $\boxed{1}$, $\boxed{2}$ の形は非常によく出題されます.

$\boxed{1}$ 問題26と同様に, $\cos^2\theta$, $\sin^2\theta$, $\cos\theta\sin\theta$ の形を見たら, 2倍角の公式を思い出せるとよいでしょう.

$a\sin x + b\cos x$ の形は, 三角関数の合成を行います.

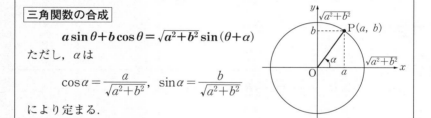

三角関数の合成
$$a\sin\theta + b\cos\theta = \sqrt{a^2+b^2}\sin(\theta+\alpha)$$
ただし, α は
$$\cos\alpha = \frac{a}{\sqrt{a^2+b^2}}, \quad \sin\alpha = \frac{b}{\sqrt{a^2+b^2}}$$
により定まる.

$\boxed{2}$ $(\cos\theta, \sin\theta) = (u, v)$ とするとき, u, v の対称式であれば, $\cos\theta + \sin\theta = t$ とおくことで, $(\cos\theta\sin\theta$ は2乗すれば得られることから$)$ t の多項式で表せます. このおき換えが問題文で与えられることもありますが, ノーヒントの問題も多く, 慣れておきたいところです.

解答 ANSWER

$\boxed{1}$ $f(\theta) = 9\sin^2\theta + 4\sin\theta\cos\theta + 6\cos^2\theta$

$$= 9 \cdot \frac{1}{2}(1-\cos 2\theta) + 4 \cdot \frac{1}{2}\sin 2\theta + 6 \cdot \frac{1}{2}(1+\cos 2\theta)$$

$$= 2\sin 2\theta - \frac{3}{2}\cos 2\theta + \frac{15}{2} \quad \cdots\cdots(*)$$

$$= \frac{5}{2}\left(\sin 2\theta \cdot \frac{4}{5} - \cos 2\theta \cdot \frac{3}{5}\right) + \frac{15}{2}$$

$$= \frac{5}{2}\sin(2\theta - \alpha) + \frac{15}{2}$$

ただし，α は $\cos\alpha = \dfrac{4}{5}$，$\sin\alpha = \dfrac{3}{5}$，$0 < \alpha < \dfrac{\pi}{2}$ を満たす．

したがって，$f(\theta)$ は $2\theta - \alpha = \dfrac{\pi}{2} + 2n\pi$，つまり $\theta = \left(\dfrac{1}{4} + n\right)\pi + \dfrac{\alpha}{2}$ のとき（n は整数），最大値 $\dfrac{5}{2} + \dfrac{15}{2} = \mathbf{10}$ をとる．……答

このときの θ の値を β とする．$2\beta = \alpha + \dfrac{\pi}{2} + 2n\pi$ であり，$n = 0$ として考えてよい．つまり，$2\beta = \alpha + \dfrac{\pi}{2}$ （……①）から，

$$\sin 2\beta = \sin\left(\alpha + \frac{\pi}{2}\right) = \cos\alpha = \frac{4}{5}$$

$$\cos 2\beta = \cos\left(\alpha + \frac{\pi}{2}\right) = -\sin\alpha = -\frac{3}{5}$$

$$\therefore \quad \tan 2\beta = \frac{\sin 2\beta}{\cos 2\beta} = -\frac{4}{3}$$

$\tan 2\beta = \dfrac{2\tan\beta}{1 - \tan^2\beta}$ から，

$$-\frac{4}{3} = \frac{2\tan\beta}{1 - \tan^2\beta} \quad \text{すなわち} \quad 2(\tan^2\beta - 1) = 3\tan\beta$$

$\tan\beta = u$ として，

$$2(u^2 - 1) = 3u \quad \text{すなわち} \quad (2u + 1)(u - 2) = 0$$

① と $0 < \alpha < \dfrac{\pi}{2}$ より $\dfrac{\pi}{4} < \beta < \dfrac{\pi}{2}$，つまり $\tan\beta > 0$ なので，

$$\tan\beta = \mathbf{2} \quad \text{……答}$$

$\boxed{2}$　$t = \sin\theta + \cos\theta$（……①）とおく．

$$t = \sqrt{2}\left(\sin\theta \cdot \frac{1}{\sqrt{2}} + \cos\theta \cdot \frac{1}{\sqrt{2}}\right) = \sqrt{2}\sin\left(\theta + \frac{\pi}{4}\right) \quad \text{……②}$$

$0 \leqq \theta \leqq \pi$ より $\dfrac{\pi}{4} \leqq \theta + \dfrac{\pi}{4} \leqq \dfrac{5}{4}\pi$ なので，t の変域は

$$-1 \leqq t \leqq \sqrt{2} \quad \text{……③}$$

である．①の両辺を 2 乗して，

$$t^2 = \sin^2\theta + 2\sin\theta\cos\theta + \cos^2\theta \quad \text{すなわち} \quad \sin\theta\cos\theta = \frac{t^2 - 1}{2}$$

したがって

$$y = 4\sqrt{2} \cdot \frac{t^2-1}{2} - 4t = 2\sqrt{2}\left(t - \frac{\sqrt{2}}{2}\right)^2 - 3\sqrt{2}$$

③の範囲において，yは

$$t = -1 \text{ のとき最大値 } 4, \quad t = \frac{\sqrt{2}}{2} \text{ のとき最小値 } -3\sqrt{2}$$

をとる.
②より，

　・$t = -1$ となるのは $\sin\left(\theta + \dfrac{\pi}{4}\right) = -\dfrac{1}{\sqrt{2}}$ のときであり，このとき

　$\theta + \dfrac{\pi}{4} = \dfrac{5}{4}\pi$ すなわち $\theta = \pi$ である.

　・$t = \dfrac{\sqrt{2}}{2}$ となるのは $\sin\left(\theta + \dfrac{\pi}{4}\right) = \dfrac{1}{2}$ のときであり，このとき

　$\theta + \dfrac{\pi}{4} = \dfrac{5}{6}\pi$，すなわち $\theta = \dfrac{7}{12}\pi$ である.

以上より，

$$\theta = \pi \text{ のとき最大値 } 4, \quad \theta = \frac{7}{12}\pi \text{ のとき最小値 } -3\sqrt{2} \quad \cdots\cdots\boxed{答}$$

詳説 EXPLANATION

▶ $\boxed{1}$ （*）以降は，次のようにベクトルの内積として考えてもよいでしょう.

> **別解**
>
> $$\vec{a} = \begin{pmatrix} -\dfrac{3}{2} \\ 2 \end{pmatrix}, \quad \vec{x} = \begin{pmatrix} \cos 2\theta \\ \sin 2\theta \end{pmatrix} \text{ とする.}$$
>
> $\vec{a}$ と $\vec{x}$ のなす角を $\alpha\,(0 \le \alpha \le \pi)$ とお
>
> くと，（*）は，$f(\theta) = \vec{a} \cdot \vec{x} + \dfrac{15}{2}$
>
> と表される. ここで，
>
> $$\vec{a} \cdot \vec{x} \le |\vec{a}|\,|\vec{x}| = \frac{5}{2} \cdot 1$$
>
>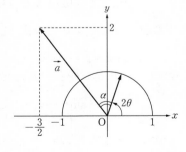
>
> であり，上の式の等号は $\alpha = 0$，つまり，$\vec{a}$ と $\vec{x}$ が同じ向きのときに限り成
>
> り立つ. したがって，$f(\theta)$ は $\vec{x} = \begin{pmatrix} \cos 2\theta \\ \sin 2\theta \end{pmatrix} = \dfrac{1}{5}\begin{pmatrix} -3 \\ 4 \end{pmatrix}$ のときに最大値をと

り，最大値は $\dfrac{5}{2}+\dfrac{15}{2}=10$ ……答

①以降は，次のように直接計算することもできます．

別解

(1) $\tan\dfrac{\alpha}{2}=\sqrt{\dfrac{1-\cos\alpha}{1+\cos\alpha}}=\sqrt{\dfrac{1-\dfrac{4}{5}}{1+\dfrac{4}{5}}}=\dfrac{1}{3}$ なので，①より，

$$\tan\beta=\tan\left(\dfrac{\alpha}{2}+\dfrac{\pi}{4}\right)$$

$$=\dfrac{\tan\dfrac{\alpha}{2}+\tan\dfrac{\pi}{4}}{1-\tan\dfrac{\alpha}{2}\tan\dfrac{\pi}{4}}$$

$$=\dfrac{\dfrac{1}{3}+1}{1-\dfrac{1}{3}\cdot1}$$

$$=2 \quad\text{……答}$$

28. 和積，積和の公式の利用 〈頻出度 ★★☆〉

三角形 ABC の 3 つの内角を A，B，C とする．次の問いに答えよ．

(1) $A = \dfrac{\pi}{3}$ のとき，$\sin B \sin C$ の値の範囲を求めよ．

(2) A が一定のとき，$\sin B + \sin C$ の値の範囲を A を用いて表せ．

(3) A が一定のとき，$\sin B \sin C$ の値の範囲を A を用いて表せ． （関西大）

着眼 VIEWPOINT

「見たことはあるけど覚えていない」人が多い公式の代名詞ともいえる，和積・積和の公式です．ここでは，あえて"公式"を提示するのはやめておきましょう．和積・積和の公式を，（数学Ⅲの積分の問題以外で）積極的に使いたい問題の代表例は，問題 26 のような方程式，不等式の問題か，本問のような形式の問題です．

解答 ANSWER

A が $0 < A < \pi$ で一定（定数）のとき，$B + C = \pi - A$ である．ただし，$0 < A < \pi$ から $0 < \pi - A < \pi$ である．

$B > 0$，$C > 0$ より，$B - C$ のとりうる値の範囲は
$$- (\pi - A) < B - C < \pi - A \quad \cdots\cdots ①$$
である．

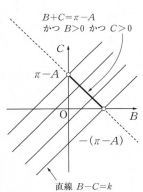

(1) $A = \dfrac{\pi}{3}$ のとき，$B + C = \dfrac{2}{3}\pi$ である．

$$\cos(B-C) = \cos B \cos C + \sin B \sin C$$
$$-\underline{) \quad \cos(B+C) = \cos B \cos C - \sin B \sin C}$$
$$\cos(B-C) - \cos(B+C) = \qquad\qquad 2\sin B \sin C$$

したがって

$$\sin B \sin C = \frac{1}{2}\{\cos(B-C) - \cos(B+C)\}$$

$$= \frac{1}{2}\left\{\cos(B-C) - \cos\frac{2}{3}\pi\right\}$$

$$= \frac{1}{2}\left\{\cos(B-C) + \frac{1}{2}\right\}$$

であり，①より，$B-C$ は $-\dfrac{2}{3}\pi < B-C < \dfrac{2}{3}\pi$ を動くので $\cos(B-C)$ は

$-\dfrac{1}{2} < \cos(B-C) \le 1$ を動く.

したがって，$\sin B \sin C$ のとり得る値の範囲は

$$\frac{1}{2}\left(-\frac{1}{2}+\frac{1}{2}\right) < \sin B \sin C \le \frac{1}{2}\left(1+\frac{1}{2}\right)$$

$$\mathbf{0 < \sin B \sin C \le \frac{3}{4}} \quad \cdots\cdots\text{答}$$

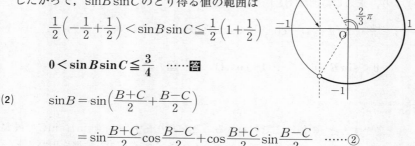

(2) $\quad \sin B = \sin\left(\dfrac{B+C}{2}+\dfrac{B-C}{2}\right)$

$\qquad = \sin\dfrac{B+C}{2}\cos\dfrac{B-C}{2}+\cos\dfrac{B+C}{2}\sin\dfrac{B-C}{2} \quad \cdots\cdots②$

$\quad \sin C = \sin\left(\dfrac{B+C}{2}-\dfrac{B-C}{2}\right)$

$\qquad = \sin\dfrac{B+C}{2}\cos\dfrac{B-C}{2}-\cos\dfrac{B+C}{2}\sin\dfrac{B-C}{2} \quad \cdots\cdots③$

なので，②，③の最左辺と最右辺の和をとり

$$\sin B + \sin C = 2\sin\frac{B+C}{2}\cos\frac{B-C}{2}$$

$$= 2\sin\frac{\pi-A}{2}\cos\frac{B-C}{2}$$

$$= 2\cos\frac{A}{2}\cos\frac{B-C}{2} \qquad \blacktriangleleft \left| \sin\left(\frac{\pi}{2}-\frac{A}{2}\right) = \cos\frac{A}{2} \right.$$

$0 < \dfrac{A}{2} < \dfrac{\pi}{2}$ より，$\cos\dfrac{A}{2} > 0$ である．したがって，①とあわせて，求める範囲

は(1)と同様に考えて，

$$2\cos\frac{A}{2}\cos\frac{\pi-A}{2} < \sin B + \sin C \le 2\cos\frac{A}{2}$$

$$\therefore \quad 2\cos\frac{A}{2}\sin\frac{A}{2} < \sin B + \sin C \le 2\cos\frac{A}{2}$$

$$\therefore \quad \mathbf{\sin A < \sin B + \sin C \le 2\cos\frac{A}{2}} \quad \cdots\cdots\text{答}$$

(3) (1)の過程より

$$\sin B \sin C = \frac{1}{2}\{\cos(B-C)-\cos(B+C)\}$$

$$= \frac{1}{2}\{\cos(B-C) - \cos(\pi-A)\}$$

$$= \frac{1}{2}\{\cos(B-C) + \cos A\}$$

①より，求める範囲は(1)と同様に考えて，

$$\frac{1}{2}\{\cos(\pi-A) + \cos A\} < \sin B \sin C \leqq \frac{1}{2}(1+\cos A)$$

$$\mathbf{0 < \sin B \sin C \leqq \frac{1}{2}(1+\cos A)} \quad \cdots\cdots\text{答}$$

詳説 EXPLANATION

▶「Aを動かすとき」の値域まで問われることがあります．$\sin A \sin B \sin C$の最大値を求めるとします．図形的に考えることもできますが，(3)の結果を用いると，$\sin A > 0$ より

$$\sin A \sin B \sin C \leqq \frac{1}{2}\sin A(1+\cos A) \quad (B=C\text{のとき等号成立})$$

ですから，$0 < A < \pi$ より，$f(x) = \frac{1}{2}\sin x(1+\cos x)(0<x<\pi)$ の最大値を求める問題に読みかえられます．

$$\{f(x)\}^2 = \frac{1}{4}\sin^2 x(1+\cos x)^2 = \frac{1}{4}(1-\cos^2 x)(1+\cos x)^2$$

から，$\cos x = t$ とおき換えることで，

$$4\{f(x)\}^2 = (1-t^2)(1+t)^2 = (1-t)(1+t)^3$$

なので，この t の4次関数の $-1 < t < 1$ における最大値を調べればよいわけです．

29. 三角関数のおき換え，解の個数　〈頻出度 ★★★〉

実数 a，b に対し，$f(\theta)=\cos 2\theta+2a\sin\theta-b\,(0\leqq\theta\leqq\pi)$ とする．次の問いに答えよ．

(1)　方程式 $f(\theta)=0$ が奇数個の解をもつときの a，b が満たす条件を求めよ．

(2)　方程式 $f(\theta)=0$ が 4 つの解をもつときの点 (a,b) の範囲を ab 平面上に図示せよ．

〈横浜国立大〉

着眼 VIEWPOINT

扱いにくい三角関数をおき換えて多項式関数に読みかえる問題は非常によく出題されます．本問のように解の個数を調べる問題のときは，**グラフを用いて，値と値の対応を正確に読みとること**を意識しましょう．解き進めるときに，**今自分はどの文字について説明をしているのか**，を常に意識することが大切です．

解答 ANSWER

$$f(\theta)=\cos 2\theta+2a\sin\theta-b$$
$$=(1-2\sin^2\theta)+2a\sin\theta-b$$
$$=-(2\sin^2\theta-2a\sin\theta+b-1)$$

ここで，$t=\sin\theta$ とおく $(0\leqq\theta\leqq\pi)$．このとき，$f(\theta)=0$ は

$$2t^2-2at+b-1=0 \quad\cdots\cdots①$$

ここで，$t=\sin\theta$ から，t と θ の対応は次のとおり．

・$0\leqq t<1$ のとき
t に対応する θ は 2 個，

・$t=1$ のとき
t に対応する θ は 1 個，

・$t<0,\ 1<t$ のとき
t に対応する θ は存在しない．

$\left.\vphantom{\begin{array}{c}a\\b\\c\\d\\e\\f\end{array}}\right\}\cdots\cdots②$

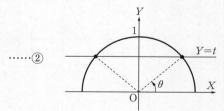

また，①の左辺を $g(t)$ とする．

(1)　②より，

$f(\theta)=0$ が奇数個の実数解 θ をもつ

$\iff t$ の 2 次方程式 $g(t)=0$ が $t=1$ を解にもつ　$\cdots\cdots③$

③より，$g(1)=0$ から

$$2-2a+b-1=0 \quad すなわち \quad \boldsymbol{b=2a-1} \quad\cdots\cdots\boxed{答}$$

(2) ②より,

$$f(\theta) = 0 \text{ が異なる } 4 \text{ 個の実数解 } \theta \text{ をもつ}$$

$\Longleftrightarrow$ t の 2 次方程式 $g(t) = 0$ が $0 \leqq t < 1$ の範囲に異なる 2 個の解 t をもつ

$g(t) = 2\left(t - \dfrac{a}{2}\right)^2 + b - \dfrac{a^2}{2} - 1$ より, 求める条件は

$$g(0) \geqq 0 \quad \text{かつ} \quad g(1) > 0$$

$$\text{かつ} \quad 0 \leqq \dfrac{a}{2} < 1 \quad \text{かつ} \quad b - \dfrac{a^2}{2} - 1 < 0$$

である. すなわち

$$\begin{cases} b - 1 \geqq 0 \\ b - 2a + 1 > 0 \\ 0 \leqq \dfrac{a}{2} < 1 \\ b - \dfrac{a^2}{2} - 1 < 0 \end{cases} \Longleftrightarrow \begin{cases} b \geqq 1 \\ b > 2a - 1 \\ 0 \leqq a < 2 \\ b < \dfrac{a^2}{2} + 1 \end{cases}$$

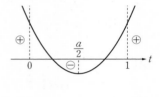

この連立不等式を満たす点 (a, b) 全体の集合を図示すると, 下図の網目部分である. 境界は, $(b = 1$ かつ $0 < a < 1)$ のみ含み, 他は除く.

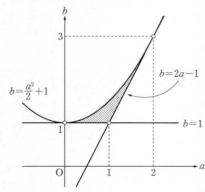

30. 指数関数のおき換え，解の個数　　〈頻出度 ★★★〉

a を実数とするとき，関数 $f(x)=4^x+4^{-x}-2a(2^x+2^{-x})+a^2+2a-5$ について，次の問いに答えよ.

(1) $t=2^x+2^{-x}$ とおくとき，t のとり得る値の範囲を求めよ. また，$f(x)$ を t と a を用いて表せ.

(2) 方程式 $f(x)=0$ が異なる 4 個の実数解をもつように，a の値の範囲を定めよ.　　　　　　　　　　　　　　　　　　　　　　　　〈佐賀大〉

着眼　VIEWPOINT

指数関数の値域を調べる問題です. そのままの形では考えにくいので，**指数関数は，おき換えて多項式関数に読みかえることは定石**ともいえます.

(1)はおき換える式を指定されているので難しくなさそうに見えますが，相加平均・相乗平均の式では説明不十分です（☞詳説）. x の存在条件から説明する必要があります. (2)は，(1)で x と t の対応関係を正しくとらえられていれば，その式を用いれば問題ないでしょう.

解答　ANSWER

(1) $2^x=u$ とする. u は正の実数全体を動く.

$t=u+\dfrac{1}{u}$ であり，t のとり得る値の範囲を I とすると，

$\qquad t\in I$

$\qquad \Longleftrightarrow t=u+\dfrac{1}{u}$ を満たす正の実数 u が存在する

$\qquad \Longleftrightarrow u^2-tu+1=0$（……①）を満たす正の実数 u が存在する　◀ 問題8を参照

①の左辺を $f(u)$ とする. $f(0)=1>0$ なので，①が 2 つの実数解（重解を含む）をもつならば，いずれも正か，いずれも負である. これらがいずれも正となる条件は，①の判別式が 0 以上のもとで，$y=f(u)$ のグラフの軸 $u=\dfrac{t}{2}$ が y 軸より右にあること，すなわち，

$\qquad (-t)^2-4\geqq 0$　かつ　$\dfrac{t}{2}>0$

$\qquad \Longleftrightarrow t\geqq 2$

したがって，t のとり得る値の範囲は　**$t\geqq 2$**　……答

また，$t=2^x+2^{-x}$ から，

$$t^2 = (2^x+2^{-x})^2 = (2^x)^2+2\cdot2^x\cdot2^{-x}+(2^{-x})^2 = 4^x+2+4^{-x}$$

$$\therefore\quad 4^x+4^{-x} = t^2-2$$

したがって，

$$f(x) = 4^x+4^{-x}-2a(2^x+2^{-x})+a^2+2a-5$$
$$= (t^2-2)-2at+a^2+2a-5$$
$$\boldsymbol{= t^2-2at+a^2+2a-7}\quad \cdots\cdots\boxed{\textbf{答}}$$

(2) $g(t) = t^2-2at+a^2+2a-7$ とおく．ここで，

$2^x+2^{-x}=t$ より

$$(2^x)^2-t\cdot2^x+1=0 \quad\text{すなわち}\quad 2^x=\frac{t\pm\sqrt{t^2-4}}{2} \quad\cdots\cdots\text{②}$$

であり，$t-\sqrt{t^2-4}=\sqrt{t^2}-\sqrt{t^2-4}>0$ なので，②の右辺の値はいずれも正である．②より，

$t<2$ のとき，対応する実数 x は存在しない

$t=2$ のとき，対応する実数 x は 1 個

$t>2$ のとき，対応する実数 x は 2 個

である．

したがって，次のように読みかえられる．

$f(x)=0$ が異なる 4 個の実数解をもつ

$\Longleftrightarrow$ $g(t)=0$ が $t>2$ に異なる 2 個の実数解をもつ

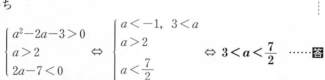

$g(t)=(t-a)^2+2a-7$ より，求める条件は

$$g(2)>0 \quad\text{かつ}\quad a>2 \quad\text{かつ}\quad g(a)<0$$

すなわち

$$\begin{cases} a^2-2a-3>0 \\ a>2 \\ 2a-7<0 \end{cases} \Leftrightarrow \begin{cases} a<-1,\ 3<a \\ a>2 \\ a<\dfrac{7}{2} \end{cases} \Leftrightarrow \boldsymbol{3<a<\dfrac{7}{2}}\quad\cdots\cdots\boxed{\textbf{答}}$$

詳説 EXPLANATION

▶ $t=u+\dfrac{1}{u}\,(u>0)$ から，相加平均・相乗平均の大小関係を利用して t の値域を求めたい，という人もいるでしょう．

> **相加平均・相乗平均の大小関係**
>
> $\alpha > 0,\ \beta > 0$ のとき
>
> $$\frac{\alpha + \beta}{2} \geqq \sqrt{\alpha\beta}$$
>
> が成り立つ．等号が成り立つのは，$\alpha = \beta$ のときである．

この式を $\alpha + \beta \geqq 2\sqrt{\alpha\beta}$ の形で用いる．$\alpha = u,\ \beta = \dfrac{1}{u}$ として，

$$t = u + \frac{1}{u} \geqq 2\sqrt{u \cdot \frac{1}{u}} = 2$$

一見すると，「t の値域が $t \geqq 2$ であること」を得たようにも見えますが，これでは「t は 2 以上の範囲に含まれる（全体を動くかどうかはわからない）」と主張したにすぎません．等号が成立する $u\,(u = 1)$ を調べれば t の最小値が 2 であるところまではわかりますが，それでも「$t \geqq 2$ の全体を動く」ことまでは確認できていないのです．

▶数学Ⅲを学習していれば，(1)の値域の説明は微分してグラフをかくのが確実でしょう．さらに，各 t の値に対応する実数 x の個数もグラフから読みとれます．

別解

(1) $2^x = u$ とする．u の値は，正の実数全体をとる．

$h(u) = u + \dfrac{1}{u}\ (u > 0)$ とする．

$$h'(u) = 1 - \frac{1}{u^2} = \frac{(u-1)(u+1)}{u^2}$$

であり，$u > 0$ において，$h'(u)$ の増減は下のとおり．

u	(0)	$\cdots$	1	$\cdots$	(∞)
$h'(u)$		$-$	0	$+$	
$h(u)$		$\searrow$	2	$\nearrow$	(∞)

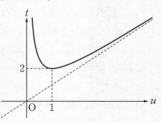

したがって，t のとりうる値の範囲は $t \geqq 2$　……**答**

以下，「解答」と同じ．

31. 指数方程式の解の配置

〈頻出度 ★★★〉

a を実数とする．方程式 $4^x-2^{x+1}a+8a-15=0$ について，次の問いに答えよ．

(1) この方程式が実数解をただ 1 つもつような a の値の範囲を求めよ．

(2) この方程式が異なる 2 つの実数解 α，β をもち，$\alpha \geqq 1$ かつ $\beta \geqq 1$ を満たすような a の値の範囲を求めよ．

(弘前大)

着眼 VIEWPOINT

　指数・対数関数は大問としてテーマにしやすい事柄がそう多くなく，その中で，問題 30 と同様に「おき換えて多項式の問題に帰着させる」問題が多いです．解答のように，**文字をおき換えたときには，値同士の対応関係を説明する**癖をつけておきましょう．

解答 ANSWER

$$4^x-2^{x+1}a+8a-15=0 \quad \cdots\cdots ①$$
$$(2^x)^2-2a\cdot2^x+8a-15=0$$

ここで，$t=2^x$ とおき換える．このとき，

$$t^2-2at+8a-15=0 \quad \cdots\cdots ②$$

t と x は右図のように対応する．つまり，

　・$t>0$ のとき

　　t に対して x が 1 つ対応し，

　・$t\leqq0$ のとき

　　t に対応する実数 x は存在しない．

$\left.\vphantom{\begin{matrix}1\\2\\3\\4\end{matrix}}\right\} \cdots\cdots ③$

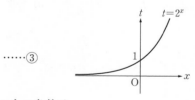

(1) ③より，x の方程式①が実数解をただ 1 つもつ条件は，

　　　t の方程式②が $t>0$ に実数解をただ 1 つもつこと

である（重解は 1 つと数える）．②の左辺を $f(t)$ とすると，$f(t)=(t-a)^2-a^2+8a-15$ である．

(ⅰ) ②が正，負に 1 つずつの解をもつとき

　$f(0)<0$ から，

$$8a-15<0 \quad \text{すなわち} \quad a<\frac{15}{8}$$

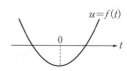

(ii) ②が $t=0$, $t>0$ それぞれに 1 つずつ解をもつとき

$f(0)=0$ から, $a=\dfrac{15}{8}$. このとき,

$$f(t)=t^2-\frac{15}{4}t=t\left(t-\frac{15}{4}\right)$$

他方の解は $t=\dfrac{15}{4}$ であり, これは正なので条件を満たす.

(iii) ②が正の重解をもつとき

$$f(t)=(t-a)^2-(a-3)(a-5)$$

から, 満たすべき条件は

$$a>0 \quad かつ \quad (a-3)(a-5)=0 \iff a=3, \ 5$$

(i), (ii), (iii)から, 求める範囲は

$$a\leqq\frac{15}{8}, \ a=3, \ 5 \quad \cdots\cdots 答$$

(2) $t=2^x$ より, x と t は図のように対応する. したがって, 「①が 1 以上の異なる 2 つの実数解 α, β をもつ」条件は, 「方程式②が, $t\geqq 2$ の範囲に異なる 2 つの実数解をもつこと」である. すなわち, 求める条件は

$$f(2)\geqq 0 \quad かつ \quad a\geqq 2 \quad かつ \quad f(a)<0$$

つまり,

$$\begin{cases} 4a-11\geqq 0 \\ a\geqq 2 \\ -a^2+8a-15<0 \end{cases}$$

$$\iff \frac{11}{4}\leqq a<3, \ 5<a \quad \cdots\cdots 答$$

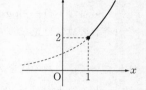

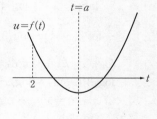

32. 対数方程式

〈頻出度 ★★★〉

k を実数とする．x の方程式 $\log_8(x+k)-2\log_4 x+\log_2 3=0$ について，異なる実数解の個数が 2 個となるような k の範囲を求めよ．

（静岡県立大 改題）

着眼 · VIEWPOINT

対数を含む方程式，不等式の問題は多く出題されますが，「まず，底と真数の条件を確認しよう」と注意されたことがあるのではないでしょうか．本問のように，文字定数が入っている，あるいは不等式の解がすぐに得られないときは，いったん，条件だけ確認しておいて，無理に整理せずにそのまま解き進めればよいでしょう．

解答 ANSWER

$$\log_8(x+k)-2\log_4 x+\log_2 3=0 \quad \cdots\cdots ①$$

それぞれの真数は正なので，

$$x+k>0 \quad \cdots\cdots ② \quad かつ \quad x>0 \quad \cdots\cdots ③$$

①について，対数の底を 2 に揃えると

$$\frac{\log_2(x+k)}{\log_2 8}-2\cdot\frac{\log_2 x}{\log_2 4}+\log_2 3=0$$

$$\frac{1}{3}\log_2(x+k)+\log_2 3=\log_2 x$$

$$\log_2(x+k)+3\log_2 3=3\log_2 x$$

$$\log_2 3^3(x+k)=\log_2 x^3$$

$$27(x+k)=x^3 \quad \cdots\cdots ④$$

ここで，③が成り立つとき，④について，右辺は正なので，左辺も正である．したがって，③が成り立つならば，②は成り立つので，①⟺（③かつ④）である．④より

$$k=\frac{1}{27}x^3-x \quad \cdots\cdots ⑤$$

ここで，$f(x)=\dfrac{1}{27}x^3-x \ (x>0)$ とおく．

$$f'(x)=\frac{1}{9}(x^2-9)=\frac{1}{9}(x-3)(x+3)$$

したがって，$f(x)$ の増減は次のとおり，

x	(0)	$\cdots$	3	$\cdots$
$f'(x)$		$-$	0	$+$
$f(x)$		$\searrow$	-2	$\nearrow$

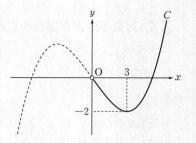

$x>0$ における $C:y=f(x)$ のグラフは図の
実線部分のようになる.

①の方程式の解は，曲線 C と直線 $y=k$ の
共有点の x 座標が対応する.

したがって，異なる実数解の個数が 2 個となる k の範囲は

$-2<k<0$ ……**答**

33. 対数不等式を満たす点の存在範囲

〈頻出度 ★★★〉

不等式 $\log_x y < 2 + 3\log_y x$ の表す領域を座標平面上に図示せよ. （宮崎大）

着眼 VIEWPOINT

不等式を満たす点 (x, y) の全体を図示する問題です. 式が複雑で, 手がつけにくいかもしれません. 底と真数の条件を確認したうえで, それぞれの値の底を何かの値で揃えてしまうのが良いでしょう. 解答は底を x に揃えていますが, y にしてもよく, また, 定数にしても問題ありません（☞詳説）. あとは（おき換えて得られる）分数不等式を正しく処理できれば問題ありません. 次の読みかえに注意しましょう.（問題 11 ③ 参照）

分数不等式の読みかえ

$\dfrac{B}{A} > 0 \iff AB > 0$

$\dfrac{B}{A} \geqq 0 \iff AB \geqq 0$ かつ $A \neq 0$

解答 ANSWER

底と真数の条件から,

$(0 < x < 1$ または $1 < x)$ かつ $(0 < y < 1$ または $1 < y)$ ……①

①のもとで, それぞれの値の底を x に揃える.

$$\log_x y < 2 + \frac{3}{\log_x y}$$

$\log_x y = t$ とおき換えると

$$t < 2 + \frac{3}{t} \iff \frac{t^2 - 2t - 3}{t} < 0$$

$$\iff \frac{(t-3)(t+1)}{t} < 0$$

$$\iff t(t-3)(t+1) < 0$$

$$\iff t < -1,\ 0 < t < 3$$

◀ 問題11を参照

つまり,

$$\log_x y < \log_x \frac{1}{x},\quad \log_x 1 < \log_x y < \log_x x^3$$

であるから，

$$0<x<1 \text{ のとき} \quad y>\frac{1}{x}, \ 1>y>x^3$$

$$x>1 \text{ のとき} \quad y<\frac{1}{x}, \ 1<y<x^3$$

$\left.\right\} \ \cdots\cdots②$

①かつ②が求める範囲であり，これを図示すると右図の網目部分である．（境界を全て除く）

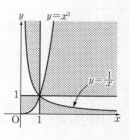

詳説 EXPLANATION

▶「解答」では底を x に揃えていますが，定数を底としてもよいでしょう．

別解

①のもとで，与えられた不等式は次のように書き換えられる．

$$\frac{\log_{10}y}{\log_{10}x}-3\cdot\frac{\log_{10}x}{\log_{10}y}-2<0$$

ここで，$\log_{10}x=X$，$\log_{10}y=Y$ とおくと，

$$\frac{Y}{X}-\frac{3X}{Y}-2<0 \Leftrightarrow \frac{Y^2-2XY-3X^2}{XY}<0$$

$$\Leftrightarrow \frac{(Y+X)(Y-3X)}{XY}<0$$

$$\Leftrightarrow XY(Y+X)(Y-3X)<0$$

したがって，

$$(\log_{10}x)(\log_{10}y)(\log_{10}xy)\left(\log_{10}\frac{y}{x^3}\right)<0 \quad \cdots\cdots④$$

ここで，求める領域の境界は，

$$\log_{10}x=0, \ \log_{10}y=0, \ \log_{10}xy=0, \ \log_{10}y-\log_{10}x^3=0$$

すなわち，

$$x=1, \ y=1, \ xy=1, \ y=x^3 \quad \cdots\cdots⑤$$

である．

したがって，①の中で，⑤の境界を越えるたびに，④の不等式を満たすか否か，つまり，領域に含まれるか否かが交互に決まる．求める領域は「解答」と同じ．

34. 桁数，最高位の決定

1 $N = 2^{100}$ について，次の問に答えよ．ただし，$\log_{10} 2 = 0.3010$，
$\log_{10} 3 = 0.4771$，$\log_{10} 7 = 0.8451$，$\log_{10} 11 = 1.0414$，$\log_{10} 13 = 1.1139$
とする．

(1) N の桁数を求めよ．

(2) N の最高位の数字を求めよ．

(3) N の最高位から 1 つ下の位の数字を求めよ．　　　　(防衛大)

2 $\left(\dfrac{1}{125}\right)^{20}$ を小数で表したとき，小数第何位に初めて 0 でない数字が現

れるか，また，その値を求めよ．ただし，$\log_{10} 2 = 0.3010$ とする．

(早稲田大)

着眼 VIEWPOINT

1 は値 N の桁数，最高位とその 1 つ下の位の値を決める問題です．桁数を決めるのに「10 を底とした対数をとる」ことは一度は経験がある人が多いでしょう．例えば，$\log_{10} N = 32.41$ のときは，$\log_{10} N = 32.41 \iff N = 10^{32.41}$ です．
これより，

$$n = 10^{32.41} = 10^{32} \cdot 10^{0.41} = \underbrace{100 \cdots\cdots 000}_{32\,\text{コ}} \times 10^{0.41}$$

とみることで，桁数は 33 桁，最高位の数は「$10^{0.41}$ が大体いくつくらいか？」を考えればわかる，と納得できます．最高位から 1 つ下の位も，これを精度よく行えばよいでしょう．**2** も要領は同じです．「桁数を決めること」「位の値を決めること」を 10 のべきで表すことで一気に説明します．方法を覚えようとせず，納得しながら解き進めましょう．

解答 ANSWER

1 **(1)** 　　　　N が m 桁の整数 $\iff 10^{m-1} \leqq N < 10^m$
$$\iff m-1 \leqq \log_{10} N < m \quad \cdots\cdots ①$$
①を満たす整数 m を求める．
$$\log_{10} N = \log_{10} 2^{100} = 100 \log_{10} 2 = 100 \cdot 0.3010 = 30.10$$
より，求める m は $m = 31$．　**31 桁**　……**答**

(2) $N = 10^{30.1} = 10^{30} \cdot 10^{0.1}$ であり，

$$\log_{10} 1 = 0, \quad \log_{10} 2 = 0.3010$$

より，$1 < 10^{0.1} < 2$ である．

したがって，Nの最高位の数字は **1** ……**答**

(3) $N = 10^{30.1} = 10^{29} \cdot 10 \cdot 10^{0.1} = 10^{29} \cdot 10^{1.1}$

ここで，

$$\log_{10} 12 = \log_{10}(2^2 \cdot 3) = 2\log_{10} 2 + \log_{10} 3 = 1.0791,$$
$$\log_{10} 13 = 1.1139$$

より，$12 < 10^{1.1} < 13$ である．つまり，

$$12 \times 10^{29} < N < 13 \times 10^{29}$$

であることから，Nの最高位から1つ下の位の数字は **2** ……**答**

$\boxed{2}$ Nを小数で表すときに小数第m位に初めて0以外の数が現れる．

$\Leftrightarrow \left(\dfrac{1}{10}\right)^m \leqq N < \left(\dfrac{1}{10}\right)^{m-1}$ ◀ $\boxed{1}$と同様，書き出してみるとよい．

$$\underbrace{0.00\cdots\cdots001}_{\text{小数第}m\text{位}} \leqq N < \underbrace{0.00\cdots\cdots01}_{\text{小数第}m-1\text{位}}$$

$\Leftrightarrow \log_{10}\left(\dfrac{1}{10}\right)^m \leqq \log_{10} N < \log_{10}\left(\dfrac{1}{10}\right)^{m-1}$

$\Leftrightarrow -m \leqq \log_{10} N < -(m-1)$ ……①

①を満たす整数mを求める．$N = \left(\dfrac{1}{125}\right)^{20}$ より

$$\log_{10}\left(\dfrac{1}{125}\right)^{20} = \log_{10}\left(\dfrac{1}{5}\right)^{3\cdot 20}$$

◀ $\log_{10}\dfrac{1}{5} = \log_{10}\dfrac{2}{10}$

$$= 60(\log_{10} 2 - 1)$$
$$= -60 \times 0.699 \qquad\qquad = \log_{10} 2 - 1$$
$$= -41.94$$

したがって，求めるmは$m = 42$であり，また，

$$\left(\dfrac{1}{125}\right)^{20} = 10^{-41.94} = 10^{-42} \cdot 10^{0.06}$$

である．ここで，$1 = < 10^0 < 10^{0.06} < 10^{0.3010} = 2$ なので，$\left(\dfrac{1}{125}\right)^{20}$を小数で表したとき，

小数第42位に初めて，0でない数字1が現れる． ……**答**

35. 線分の長さの和の最大値 〈頻出度 ★★★〉

座標平面上において，放物線 $y = x^2$ 上の点を P，
円 $(x-3)^2 + (y-1)^2 = 1$ 上の点を Q，直線 $y = x - 4$ 上の点を R とする.

(1) QR の最小値を求めよ.

(2) PR + QR の最小値を求めよ. (早稲田大)

着眼 VIEWPOINT

線分の長さ，および「2 つの線分の長さの和」の最小値を求める問題です.

(1)で円周上の点 Q と直線上の点 R の両方にパラメタを設定して距離の式にしてしまうと，その後の計算で行き詰まります.**一度に動かすものは少ない方がよい**と考え，Q と R の一方，R を固定して Q だけ動かすことで，QR が最小となる（必要）条件が見えるとよいでしょう.

(2)がやや考えにくいかもしれません. 例えば，（動かない）直線 L と，L 上になく L から見て同じ側にある点 A，B をとり，また，L 上に動く点 P をとります. このとき，AP＋PB を最小にしたければ，図のように B の L に関する対称点 B′ をとり，P を直線 AB′ と L の交点 P_0 にとります. この問題も同じ要領で進めたいので，放物線か円，いずれかを直線に関し対称に移せば，同様の議論ができます.

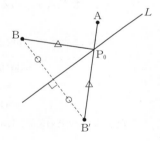

解答 ANSWER

(1) 円 $C : (x-3)^2 + (y-1)^2 = 1$ は中心 A(3, 1)，半径 1 の円である. また，$L : y = x - 4$ とする.

点 R を L 上に固定すると，QR が最小となるのは R，Q，A がこの順に一直線にあるときである.（……(*)）このとき，QR ＝ AR－r である. 次に，(*)のもとで Q を円 C 上で動かす. QR が最小となるのは AR が最小のときであり，それは AR⊥L のときである.

点 A と $x - y - 4 = 0$（……①）の表す直線 L との距離 d は，点と直線の距離の公式より

$$d = \frac{|3-1-4|}{\sqrt{1^2+(-1)^2}} = \sqrt{2}$$

したがって，線分QRの長さの最小値は

$$d - r = \sqrt{2} - 1 \quad \cdots\cdots\boxed{答}$$

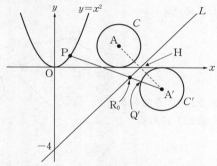

⑵ 円Cの，直線Lに関して対称な円をC'，また，その中心をA'とおく．線分AA'の中点をHとするとき，直線AHの方程式は

$$(x-3) + (y-1) = 0 \quad \text{すなわち} \quad x+y-4=0 \quad \cdots\cdots ②$$

である．①，②を連立して，Hの座標 $(4,\ 0)$ を得る．

A'はHに関するAの対称点なので，A' $(u,\ v)$ とすると，次が成り立つ．

$$\frac{3+u}{2} = 4 \quad \text{かつ} \quad \frac{1+v}{2} = 0$$

これより，$(u,\ v) = (5,\ -1)$，つまり，A' $(5,\ -1)$ である．

これとC'とCの半径が等しいことを合わせて，C'の方程式は

$$(x-5)^2 + (y+1)^2 = 1$$

放物線 $F : y = x^2$ とする．(*)と同様に考える．点Q'をLに関するQの対称点とする．点RをL上に固定すると，RQ $=$ RQ' が最小となるのは，R，Q'，A' がこの順に同一直線上にあるときである．

次に，F上に点P $(t,\ t^2)$（tは実数）を固定すると，PR $+$ QR が最小となるのは，Rを線分PA'とLの共有点 R_0 にとるときである．（$\cdots\cdots$(**)）つまり，P，R，Q'，A' をこの順に同一直線上にとるときにPR $+$ QR は最小である．このとき，

$$\text{PA}' = \sqrt{(t-5)^2 + (t^2+1)^2} = \sqrt{t^4 + 3t^2 - 10t + 26}$$

ここで $f(t) = t^4 + 3t^2 - 10t + 26$ とおくと，

$$f'(t) = 4t^3 + 6t - 10$$
$$= 2(t-1)(2t^2 + 2t + 5)$$
$$= 2(t-1)\left\{2\left(t+\frac{1}{2}\right)^2 + \frac{9}{2}\right\}$$

Chapter

4

図形と方程式

$f'(t)$ の符号は $t-1$ の符号と一致するので，$t=1$ で極小かつ最小である．したがって，$f(t)$ の最小値は $f(1)=20$ であり，これは，F 上で点 P を動かしたときの「線分 PA′ の距離の最小値」の 2 乗である．

PR+QR の最小値は，　　$\sqrt{f(1)}-1=2\sqrt{5}-1$　……**答**

詳説 EXPLANATION

▶ (*)部分の根拠は次のとおりです．

R を L 上に固定し，線分 AR と C の共有点を Q′ とする．

また，C 上に Q をとるとき，三角不等式より

$$AQ+QR \geqq AR = AQ'+Q'R$$

であり，等号が成り立つのは Q = Q′ のときである．つまり，R，Q，A がこの順に一直線上にあるときである．

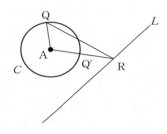

▶ (**)部分の根拠は次のとおりです．

P を F 上に固定し，線分 PA′ と L の交点を R_0 とする．また，L 上に R をとるとき

$$
\begin{aligned}
PR+RA &= PR+RA' \\
&\geqq PA' \\
&= PR_0+R_0A'
\end{aligned}
$$

であり，等号が成り立つのは $R=R_0$ のときである．つまり，P，R，A′ がこの順に一直線上にあるときである．

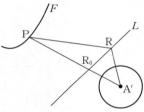

36. 円の共有点を通る図形の式　〈頻出度 ★★☆〉

　　2 つの円 $(x-1)^2+(y-2)^2=4$, $(x-4)^2+(y-6)^2=r^2$ について，次の設問に答えよ．ただし，r は正の定数とする．

(1)　2 つの円が交点をもたないための r の必要十分条件を求めよ．

(2)　$r=4$ のとき，2 つの円の交点を通る直線の方程式を求めよ．

(3)　$r=6$ のとき，2 つの円の交点，及び原点を通る円の方程式を求めよ．

（愛知大）

着眼 VIEWPOINT

　(1)は，オーソドックスに「2 つの円の中心同士の距離」と円の半径を比較するとよいでしょう．立てる式がわからなくなってしまったときは，ラフな図で構いませんから，2 つの円が内接しているときと，外接しているときに中心同士の距離がどのように表されるか，を考えてみましょう．

　(2)(3)は，いわゆる「曲線束」の問題です．

> **曲線の共有点を通る曲線 (曲線束)**
>
> 　2 の図形で $C_1 : f(x,\ y)=0$, $C_2 : g(x,\ y)=0$ が共有点をもつとき，s, t を実数として
> $$s \cdot f(x,\ y)+t \cdot g(x,\ y)=0$$
> で表される図形は，C_1 と C_2 のすべての共有点を通る．

　この考え方を正しく用いることができれば，**交点の座標を求めることなく，交点を通る図形の式を得られること**が優れた点です．ただし，きちんとした解答にするのは，相当に気を使う問題です．

解答 ANSWER

　　$C_1 : (x-1)^2+(y-2)^2=2^2$
　　$C_2 : (x-4)^2+(y-6)^2=r^2$

C_1 の中心は P$(1,\ 2)$，C_2 の中心は Q$(4,\ 6)$ である．

(1)　2 つの円が交点をもたないための条件は，$(2+r<\text{PQ}$ または $|r-2|>\text{PQ})$ である．

　PQ $=\sqrt{(4-1)^2+(6-2)^2}$ より，求める条件は

$$2+r<5, \quad |r-2|>5$$

$r>0$ と合わせて，求める範囲は **$0<r<3, \ r>7$** ……答

(2) (1)より，$3<r<7$（……①）のとき，C_1 と C_2 は交差し，2 つの交点をもつ．

交点の 1 つを P とし，その座標を (X, Y) とおく．ここで，k を実数の定数として

$$k\{(x-1)^2+(y-2)^2-4\}+(x-4)^2+(y-6)^2-r^2=0 \quad \cdots\cdots②$$

とする．このとき，P は C_1 上かつ C_2 上であることから，$(x, y)=(X, Y)$ は②を満たす．したがって，r が①を満たすとき，②は C_1 と C_2 の 2 つの交点を通る図形である．

$r=4$ は①を満たすので，②で $r=4$ とする．このときに，$k=-1$ とすると，

$$(2-8)x+(4-12)y-1+16+36-16=0$$

$$6x+8y-35=0 \quad \cdots\cdots③$$

座標平面において，2 つの異なる点を通る直線は 1 つに定まるので，③が求める直線の方程式である．したがって，

$6x+8y-35=0$ ……答

(3) $r=6$ は①を満たすので，②で $r=6$ とする．また，$(x, y)=(0, 0)$ を代入すると，

$$k+16=0 \quad すなわち \quad k=-16 \quad \cdots\cdots④$$

④を②に代入して

$$-15x^2+(32-8)x-15y^2+(64-12)y=0$$

$$15x^2-24x+15y^2-52y=0 \quad \cdots\cdots⑤$$

⑤は円を表す．座標平面上で異なる 3 点 (2 交点と原点) を通る円はただ 1 つに定まるので，⑤が求める円の方程式である．したがって，

$15x^2-24x+15y^2-52y=0$ ……答

詳説 EXPLANATION

▶(1)は，連立方程式を同値変形してもよいでしょう．一般に

$$A=0 \quad かつ \quad B=0 \iff A=0 \quad かつ \quad A-B=0$$

が成り立ち，次の別解はこれを利用しています．

別解

(1) 円 C_1，C_2 の式を展開，整理して順に①，②とする．

$$\begin{cases} x^2+y^2-2x-4y+1=0 & \cdots\cdots① \\ x^2+y^2-8x-12y+52-r^2=0 & \cdots\cdots② \end{cases}$$

$$\iff \begin{cases} x^2+y^2-2x-4y+1=0 & \cdots\cdots① \\ 6x+8y-51+r^2=0 & \cdots\cdots③ \end{cases}$$

したがって，①と②が交差しない条件と，①と③が交差しない条件は同

じである．①の円の中心は A $(1, 2)$，半径は 2 なので，直線③と交差しない r の範囲を求める．点と直線の距離の公式より

$$\frac{|6 \cdot 1 + 8 \cdot 2 - 51 + r^2|}{\sqrt{6^2 + 8^2}} > 2$$

$\iff |r^2 - 29| > 2 \cdot 10$

$\iff r^2 - 29 < -20,\ 20 < r^2 - 29$

$\iff r^2 < 9,\ 49 < r^2$

$r > 0$ より，求める範囲は $\quad \mathbf{0 < r < 3,\ r > 7}$ ……答

(2) (1)の過程より，$3 < r < 7$ で①，②は交差する．$r = 4$ はこれに含まれるので，求める直線の方程式は，③で $r = 4$ として，

$$\mathbf{6x + 8y - 35 = 0} \quad \text{……答}$$

37. 2つの円の共通接線

〈頻出度 ★★★〉

次の 2 つの円

$$x^2+y^2=1 \quad \cdots\cdots① \qquad x^2+y^2-2kx+3k=0 \quad \cdots\cdots②$$

について，次の問いに答えよ．ただし，k は実数の定数とする．

(1) ②が円の方程式を表すための k の値の範囲を求めよ．

(2) $k=4$ のとき，円①，②の共通接線の方程式をすべて求めよ．

(早稲田大 改題)

着眼 ・・・・・・・・・・・・・・・・・・・・・・・・・・
VIEWPOINT

円の共通接線を求める問題です．**図形的な問題では，「初等幾何」「三角比」「ベクトル」「座標平面」のうち，どの手法が有効か，を判断しないとなりません**．円の接線の問題では，幾何的な性質が生かしやすいことが多いです．座標平面の問題なので座標で解く，と決めつけないようにしましょう．

解答 ANSWER

(1) ②より

$$(x-k)^2+y^2=k(k-3)$$

したがって，②が円の方程式を表す条件は

$$k(k-3)>0 \quad \text{すなわち} \quad \boldsymbol{k<0,\ 3<k} \quad \cdots\cdots\text{答}$$

(2) $k=4$ のとき，②の方程式は $(x-4)^2+y^2=2^2$ である．すなわち，

①の円 C_1 は　中心 $O(0,\ 0)$，半径 $r_1=1$

②の円 C_2 は　中心 $A(4,\ 0)$，半径 $r_2=2$

である．共通外接線（①，②の共通接線のうち，線分OAと交わらないもの）L_1，L_2 について

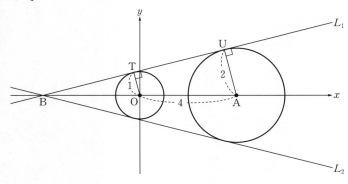

図のように L_1 上の 3 点 B, T, U をとる．このとき，$L_1 \perp OT$, $L_1 \perp AU$ から，$\triangle BTO \backsim \triangle BUA$ である．したがって，

$$BO : BA = OT : AU = 1 : 2$$

$$\therefore \quad BO = OA = 4$$

つまり，L_1, L_2 が通る点 B の座標は，$(-4, 0)$ である．

次に，L_1 の傾きを調べる．

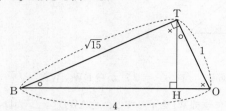

← L_1 の式を $y = m(x+4)$ とおき，円 ①，② と接する条件を（点と直線の距離の公式で）与えてもよいでしょう．

三平方の定理から，$BT = \sqrt{4^2 - 1^2} = \sqrt{15}$ である．上図のように T から OB に垂線 TH を下ろすと，$\triangle OTB \backsim \triangle THB$ より，$\dfrac{HT}{BH} = \dfrac{TO}{BT} = \dfrac{1}{\sqrt{15}}$ であり，これが L_1 の傾きである．C_1, C_2 の x 軸に関する対称性より，L_2 の傾きは $-\dfrac{1}{\sqrt{15}}$ である．

したがって，共通外接線 L_1, L_2 の式は $\quad y = \pm \dfrac{1}{\sqrt{15}} (x+4)$

共通内接線（①，②の共通接線のうち，線分 OA と交わるもの）L_3, L_4 について

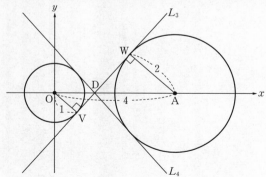

上図のように L_3 上の 3 点 D, V, W をとる．このとき，$L_3 \perp OV$, $L_3 \perp AW$ から，$\triangle OVD \backsim \triangle AWD$ である．したがって，

$$OD : DA = OV : AW = 1 : 2$$

$$\therefore \quad OD = \dfrac{1}{1+2} \cdot OA = \dfrac{1}{3} \cdot 4 = \dfrac{4}{3}$$

したがって，$D\left(\dfrac{4}{3},\ 0\right)$，$AD = 4 - \dfrac{4}{3} = \dfrac{8}{3}$ である．

次に，L_3 の傾きを調べる．

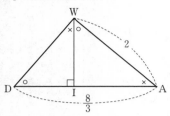

$DA : AW = \dfrac{8}{3} : 2 = 4 : 3$ であり，$\sqrt{4^2 - 3^2} = \sqrt{7}$ から $DW : WA = \sqrt{7} : 3$ である．上図のように W から AD に垂線 WI を下ろすと，$\triangle AWD \backsim \triangle WID$ より，

$\dfrac{IW}{DI} = \dfrac{WA}{DW} = \dfrac{3}{\sqrt{7}}$ であり，これが L_3 の傾きである．C_1，C_2 の x 軸に関する対称性より，L_4 の傾きは $-\dfrac{3}{\sqrt{7}}$ である．

したがって，共通内接線 L_3，L_4 の式は　$y = \pm\dfrac{3}{\sqrt{7}}\left(x - \dfrac{4}{3}\right)$

以上より，求める式は

$$y = \pm\dfrac{1}{\sqrt{15}}(x+4),\ \ y = \pm\dfrac{3}{\sqrt{7}}\left(x - \dfrac{4}{3}\right)\ \ \cdots\cdots \boxed{答}$$

38. 放物線と円の共有点 〈頻出度 ★★☆〉

a, b は実数で $a>0$ とする. 円 $x^2+y^2=1$ と放物線 $y=ax^2+b$ の共有点の個数を m とおく. 次の問いに答えよ.

(1) $m=2$ となるための a, b に関する必要十分条件を求めよ.

(2) $m=3$ となるための a, b に関する必要十分条件を求めよ.

(3) $m=4$ となるための a, b に関する必要十分条件を求めよ.

（大阪市立大）

着眼 VIEWPOINT

放物線と円の共有点に関する考察は，難関大では定番の内容です．曲線同士が接する，交差する状況を正しく把握できればよいのですが，「接する⇔連立して出てきた 2 次方程式で判別式 $D=0$」と早合点してしまうと足をすくわれます．さまざまな方針が考えられるところですが，解答では連立方程式の同値性に注意して進めていきます.

解答 ANSWER

$$x^2+y^2=1 \quad \cdots\cdots①$$
$$y=ax^2+b \ (a>0) \quad \cdots\cdots②$$

①と②をともに満たす実数の組 (x, y) の個数が，円①と放物線②の共有点の個数 m である． $a\neq0$ から，②より $x^2=\dfrac{1}{a}(y-b)$ なので

$$\begin{cases} x^2+y^2=1 \\ y=ax^2+b \end{cases} \Leftrightarrow \begin{cases} x^2+y^2=1 \\ \dfrac{1}{a}(y-b)+y^2=1 \end{cases}$$

$$\Leftrightarrow \begin{cases} x^2+y^2=1 & \cdots\cdots① \\ y^2+\dfrac{1}{a}y-\left(1+\dfrac{b}{a}\right)=0 & \cdots\cdots③ \end{cases}$$

③の解 y に対して，それぞれ対応する実数 x の個数は次のとおりである.

- $y<-1$, $1<y$ のとき， ①を満たす実数 x は 0 個
- $y=\pm1$ のとき， ①を満たす実数 x は 1 個
- $-1<y<1$ のとき， ①を満たす実数 x は 2 個

$\Big\}$ $\cdots\cdots④$

③の左辺を $f(y)$ とおくと，$f(y) = \left(y + \dfrac{1}{2a}\right)^2 - \left(1 + \dfrac{b}{a} + \dfrac{1}{4a^2}\right)$ である．

(1)　④より，$m = 2$ となるのは，$f(y) = 0$ の解が「$y = \pm 1$ をいずれも解にもつ」または「$-1 < y < 1$ に解をただ 1 つもち，$y = \pm 1$ のいずれも解でない（……⑤）」のいずれかを満たすときである．

$f(y) = 0$ が $y = \pm 1$ をいずれも解にもつとすれば
$$f(y) = (y-1)(y+1) = y^2 - 1$$
である．

しかし，③の y の係数について，$-\dfrac{1}{a} \neq 0$ なので，$f(y) \neq (y-1)(y+1)$ である．

以下，⑤のときについて考える．

(ⅰ)　$f(y) = 0$ が $-1 < y < 1$ に重解をもつとき
$$-\left(1 + \frac{b}{a} + \frac{1}{4a^2}\right) = 0 \quad \text{かつ} \quad -1 < -\frac{1}{2a} < 1 \quad \text{かつ} \quad a > 0$$

$$\Longleftrightarrow 1 + 4a^2 + 4ab = 0 \quad \text{かつ} \quad a > \frac{1}{2}$$

(ⅱ)　$f(y) = 0$ が $-1 < y < 1$ にただ 1 つのみ解をもち，他の解は $y < -1$ または $1 < y$ に含まれるとき
$f(1)$，$f(-1)$ の符号が異なることと同値である．つまり，$f(-1) \cdot f(1) < 0$ から

$$\left\{1 - \frac{1}{a} - \left(1 + \frac{b}{a}\right)\right\}\left\{1 + \frac{1}{a} - \left(1 + \frac{b}{a}\right)\right\} < 0 \quad \text{かつ} \quad a > 0$$

$$\Longleftrightarrow (b+1)(b-1) < 0 \quad \text{かつ} \quad a > 0$$
$$\Longleftrightarrow -1 < b < 1 \quad \text{かつ} \quad a > 0$$

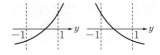

(ⅰ)，(ⅱ)より，求める条件は

$$\begin{cases} 1 + 4a^2 + 4ab = 0 \\ a > \dfrac{1}{2} \end{cases} \qquad \text{または} \qquad \begin{cases} -1 < b < 1 \\ a > 0 \end{cases} \quad \text{……答}$$

(2)　$m = 3$ となるのは，$f(y) = 0$ の解が「$y = 1$，-1 のいずれか一方に 1 個と，$-1 < y < 1$ の範囲に 1 個」のときである．

$y = 1$ が $f(y) = 0$ の解の 1 つとする．このとき，解と係数の関係から，他方の解は $-\dfrac{1}{a} - 1$ である．しかし，$a > 0$ より $-\dfrac{1}{a} - 1 < -1$ なので，$-1 < y < 1$ の範囲に存在せず，不適．

したがって，$m = 3$ となるならば，$y = -1$ が $f(y) = 0$ の解の 1 つである．
すなわち，$f(-1) = 0$ から

$$1 - \frac{1}{a} - \left(1 + \frac{b}{a}\right) = 0 \quad \therefore \quad b = -1$$

このとき，他方の解は $-\frac{1}{a} + 1$ なので，これが $-1 < y < 1$ に存在する条件は

$$\left(-1 < -\frac{1}{a} + 1 < 1 \quad かつ \quad a > 0\right) \Leftrightarrow a > \frac{1}{2}$$

以上から，求める条件は $\boldsymbol{a > \dfrac{1}{2}}$ かつ $\boldsymbol{b = -1}$ ……答

(3) $m = 4$ となるのは，$f(y) = 0$ が「$-1 < y < 1$ の範囲に異なる 2 個の解をもつとき」である．その条件は，

$$f(-1) > 0 \quad かつ \quad f(1) > 0 \quad かつ$$

$$-1 < -\frac{1}{2a} < 1 \quad かつ$$

$$-\left(1 + \frac{b}{a} + \frac{1}{4a^2}\right) < 0 \quad かつ \quad a > 0$$

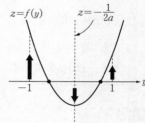

である．すなわち

$$-\frac{1+b}{a} > 0 \quad かつ \quad \frac{1-b}{a} > 0 \quad かつ$$

$$-1 < -\frac{1}{2a} < 1 \quad かつ \quad -\left(1 + \frac{b}{a} + \frac{1}{4a^2}\right) < 0 \quad かつ \quad a > 0$$

$$\Leftrightarrow b < -1 \quad かつ \quad b < 1 \quad かつ \quad a > \frac{1}{2} \quad かつ$$

$$1 + 4a^2 + 4ab > 0 \quad かつ \quad a > 0$$

$$\Leftrightarrow \boldsymbol{b < -1} \quad かつ \quad \boldsymbol{a > \dfrac{1}{2}} \quad かつ \quad \boldsymbol{1 + 4a^2 + 4ab > 0} ……答$$

39. 2直線のなす角

〈頻出度 ★★☆〉

$k>0$, $0<\theta<\dfrac{\pi}{4}$ とする. 放物線 $C:y=x^2-kx$ と直線 $l:y=(\tan\theta)x$ の交点のうち, 原点Oと異なるものをPとする. 放物線 C の点Oにおける接線を l_1 とし, 点Pにおける接線を l_2 とする. 直線 l_1 の傾きが $-\dfrac{1}{3}$ で, 直線 l_2 の傾きが $\tan 2\theta$ であるとき, 以下の問いに答えよ.

(1) k を求めよ.

(2) $\tan\theta$ を求めよ.

(3) 直線 l_1 と l_2 の交点をQとする. $\angle\mathrm{PQO}=\alpha$（ただし $0\le\alpha\le\pi$）とするとき, $\tan\alpha$ を求めよ.

(筑波大)

着眼 VIEWPOINT

座標平面上の2つの直線のなす角を調べる問題です. 一般に, 直線と x 軸正方向とのなす角を θ とするとき, 直線の傾きが $\tan\theta$ であることを利用します.

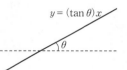

解答 ANSWER

(1) $f(x)=x^2-kx$, $f'(x)=2x-k$ である.

l_1 の傾きが $-\dfrac{1}{3}$ であることから,

$$f'(0)=-\frac{1}{3}$$

すなわち

$$-k=-\frac{1}{3} \quad \therefore \quad k=\frac{1}{3}$$

これは $k>0$ を満たす. $k=\dfrac{1}{3}$ ……**答**

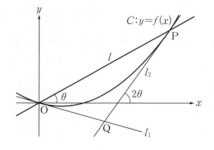

(2) C, l の式を連立すると

$$x^2 - \frac{1}{3}x = (\tan\theta)x \qquad \therefore \quad x\left\{x - \left(\frac{1}{3} + \tan\theta\right)\right\} = 0$$

したがって，$x \neq 0$ のとき，$x = \frac{1}{3} + \tan\theta$

ここで，$t = \tan\theta$ とおく．直線 l_2 の傾きが $\tan 2\theta = \dfrac{2\tan\theta}{1 - \tan^2\theta}$ であることより，

$f'\left(\dfrac{1}{3} + t\right) = \dfrac{2t}{1 - t^2}$ が成り立つ．つまり

$$2\left(\frac{1}{3} + t\right) - \frac{1}{3} = \frac{2t}{1 - t^2}$$

$$(1 + 6t)(1 - t^2) = 6t$$

$$(2t - 1)(3t^2 + 2t + 1) = 0$$

$0 < \theta < \dfrac{\pi}{4}$ より，$0 < t < 1$ なので，$3t^2 + 2t + 1 > 0$ である．

ゆえに，$t = \dfrac{1}{2}$ であり，これは $0 < t < 1$ すなわち $0 < \theta < \dfrac{\pi}{4}$ を満たす．

したがって，$t = \tan\theta = \dfrac{1}{2}$ ……①答

(3) l_1 と x 軸の正の向きとのなす角を β とする．l_1 の傾きが $-\dfrac{1}{3}$ であることから，

$\tan\beta = -\dfrac{1}{3}$ である．l_2 と x 軸の正の向きとのなす角は 2θ であり，①より，

$$\tan 2\theta = \frac{2\tan\theta}{1 - \tan^2\theta} = \frac{2 \cdot \dfrac{1}{2}}{1 - \left(\dfrac{1}{2}\right)^2} = \frac{4}{3}$$

$\alpha = \beta - 2\theta$ なので，求める値は

$$\tan\alpha = \tan(\beta - 2\theta)$$

$$= \frac{\tan\beta - \tan 2\theta}{1 + \tan\beta\tan 2\theta}$$

$$= \frac{-\dfrac{1}{3} - \dfrac{4}{3}}{1 - \dfrac{1}{3} \cdot \dfrac{4}{3}} = -3 \quad ……答$$

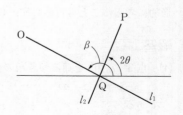

40. 弦の中点の軌跡 〈頻出度 ★★★〉

a は定数で $a > 1$ とし，点 $(a, 0)$ を通る傾き m の直線と円 $x^2 + y^2 = 1$ とが異なる 2 点 A，B で交わる．

このとき，次の各問いに答えよ．

(1)　m の値の範囲を求めよ．

(2)　(1)で求めた範囲を m が動くとき，線分 AB の中点の軌跡を求めよ．

(旭川医科大)

着眼 VIEWPOINT

パラメタ t により動く点 (x, y) の軌跡 W の求め方を確認しておきましょう.

点 $(f(t), g(t))$ の軌跡

$(x, y) = (f(t), g(t))$ とする．t が範囲 I を動くとき，点 (x, y) の描く軌跡を W とすると

$$(x, y) \in W$$
$$\Leftrightarrow x = f(t) \quad かつ \quad y = g(t) を満たす t \in I が存在する$$ ……(*)

　図形的に W が得られるときはそのようにすればよく（☞詳説），これが難しければ，上のように考えればよいでしょう.

　(1)は，直線と円の式を連立しても，点と直線の距離の公式を用いてもよいでしょう．(2)で，「AB の中点だから，A，B の座標の平均 $\dfrac{\alpha + \beta}{2}$ から説明しよう」と考えるのであれば，(1)で連立方程式から x の方程式を作っておき，そこから解と係数の関係を利用するのが自然な流れです．解答はこの方針で進めています．なお，図形的に考えることも可能です．（☞詳説）

解答 ANSWER

(1)　点 T$(a, 0)$ を通る傾き m の直線を L とする．L の方程式は
$$y = m(x - a) \quad ……①$$
である.

L と円 $C: x^2 + y^2 = 1$ が異なる 2 点で交わる条件は，①の式と連立して得られる x の方程式
$$x^2 + \{m(x - a)\}^2 = 1$$

すなわち,

$$(1+m^2)x^2-2m^2ax+m^2a^2-1=0 \quad \cdots\cdots②$$

が, 異なる 2 つの実数解をもつことである. ②の判別式を D とすると,
$D>0$ から

$$(-m^2a)^2-(1+m^2)(m^2a^2-1)>0$$

$$(a^2-1)m^2<1$$

$a>1$ より $a^2-1>0$ なので

$$m^2<\frac{1}{a^2-1}$$

$$-\frac{1}{\sqrt{a^2-1}}<m<\frac{1}{\sqrt{a^2-1}} \quad \cdots\cdots③\boxed{答}$$

(2) ③のもとで, ②の異なる 2 つの実数解を α, β とする. このとき, ②で解と係数の関係から

$$\alpha+\beta=\frac{2m^2a}{1+m^2}$$

が成り立つ. 線分 AB の中点の座標を (X, Y) とする.

$$X=\frac{\alpha+\beta}{2}=\frac{m^2a}{1+m^2} \quad \cdots\cdots④$$

$$Y=m(X-a) \quad \cdots\cdots⑤$$

点 (X, Y) が求める軌跡上にあることと, (③かつ④かつ⑤) を満たす実数 m が存在することは同値である.

$X<1<a$ なので, $X\neq a$ である. したがって, ⑤より $m=\dfrac{Y}{X-a}$ ($\cdots\cdots⑤'$) なので, (④かつ⑤) を満たす m の存在条件は, ④, ⑤' から

$$X=\frac{\left(\dfrac{Y}{X-a}\right)^2a}{1+\left(\dfrac{Y}{X-a}\right)^2}$$

$$\Leftrightarrow X=\frac{Y^2a}{(X-a)^2+Y^2} \quad \text{かつ} \quad X\neq a$$

$$\Leftrightarrow X\{(X-a)^2+Y^2\}=Y^2a \quad \text{かつ} \quad X\neq a$$

$$\Leftrightarrow (X-a)\{X(X-a)+Y^2\}=0 \quad \text{かつ} \quad X\neq a$$

$$\Leftrightarrow X(X-a)+Y^2=0 \quad \text{かつ} \quad X\neq a$$

$$\Leftrightarrow \left\{\left(X-\frac{a}{2}\right)^2+Y^2=\left(\frac{a}{2}\right)^2 \quad \text{かつ} \quad X\neq a\right\} \quad \cdots\cdots⑥$$

←X, Y に「具体的に値が入っている」ならば, m の値は⑤により求められているわけです. この値が④を満たすことが, 「m の存在条件」にあたります.

である. ③は L が図の網目部分を動くことを示すので, この部分と⑥との共通

部分が求める軌跡である．したがって，求める軌跡は図の太線部分で，

$$円 C' : \left(x-\frac{a}{2}\right)^2 + y^2 = \left(\frac{a}{2}\right)^2 \text{ のうち,} \ 0 \leqq x < \frac{1}{a} \text{ の部分} \quad \cdots\cdots \text{答}$$

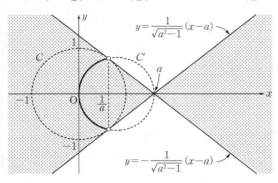

詳説 EXPLANATION

▶ 着眼の(∗)は理解できているでしょうか．

例　実数 t が $0 \leqq t \leqq 2$ を動くとき，$\begin{cases} x = t+1 \\ y = t^2 - 2t + 3 \end{cases}$ で与えられる点 (x, y) の

かく軌跡 W を図示せよ．

この W を考えるうえで，「ある点 (x, y) は W 上の点か？」を考えます．例えば，

・「点 $(1, 3)$ は W 上か？」

    ➡　「$\begin{cases} 1 = t+1 \\ 3 = t^2 - 2t + 3 \end{cases}$ を満たす t が $0 \leqq t \leqq 2$ に存在するか？」

    ➡「$t = 0$ が存在する！」

・「点 $(2, 3)$ は W 上か？」

    ➡　「$\begin{cases} 2 = t+1 \\ 3 = t^2 - 2t + 3 \end{cases}$ を満たす t が $0 \leqq t \leqq 2$ に存在するか？」

    ➡「存在しない！」

ということです．これを，「座標平面上のあらゆる点で考える」のです．つまり，結果的には「t を消す」とうまくいきます．$t = x - 1$ より，

$$0 \leqq x - 1 \leqq 2 \quad \text{かつ} \quad y = (x-1)^2 - 2(x-1) + 3$$

$$\Longleftrightarrow \ 1 \leqq x \leqq 3 \quad \text{かつ} \quad y = x^2 - 4x + 6$$

なので，W は「放物線 $y = x^2 - 4x + 6$ のうち，$1 \leqq x \leqq 3$ の部分」とわかります．

▶ 解答では(2)で解と係数の関係を用いることを見据えたうえで，(1)を連立方程式から解いています．次のように，点と直線の距離の公式から説明するのも自然な解答です．

別解

(1) 点 $T(a,\ 0)$ を通る傾き m の直線を L とする. L の方程式は
$$y=m(x-a)\quad すなわち\quad mx-y-ma=0$$
である.

 L と円 $C:x^2+y^2=1$ が異なる 2 点で交わる条件は, L と原点の距離が 1 未満であることである. したがって, 点と直線の距離の公式から
$$\frac{|m\cdot0-0-ma|}{\sqrt{m^2+(-1)^2}}<1 \iff |ma|<\sqrt{m^2+1}$$
$$\iff m^2a^2<m^2+1$$
$$\iff (a^2-1)m^2<1$$

以下,「解答」と同じ.

▶(2)は円周角の定理の逆から, 図形的に考えることもできます.

別解

(2) $C:x^2+y^2=1$ とする. また, 線分 AB の中点を M とする.

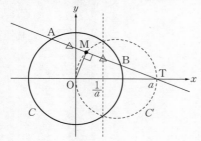

MはABの垂直二等分線上にあるので,
 ・$m=0$ のとき, 点 M は原点にある.
 ・$m\neq0$ のとき, 常に $OM\perp TM$ である.

したがって, MはOTを直径とする円 $C':\left(x-\dfrac{a}{2}\right)^2+y^2=\left(\dfrac{a}{2}\right)^2$ 上にある.

$$C:x^2+y^2=1 \qquad \cdots\cdots⑦$$
$$C':x^2+y^2-ax=0 \qquad \cdots\cdots⑧$$

として, $a>1$ から C と C' は交差する. これより, ⑦, ⑧の両辺の差をとり

$$ax=1\quad すなわち\quad x=\frac{1}{a}$$

は, C, C' の 2 つの交点を通る. したがって,

これらの交点の座標は $\left(\dfrac{1}{a}, \ \pm\sqrt{1-\dfrac{1}{a^2}} \right)$ である.

軌跡の図は「解答」と同じ.

また，$y=m(x-a)$ に対して直線 $y=-\dfrac{1}{m}x$ を考えれば，傾きの積が -1 なので，この 2 つは常に垂直です．これより，(2)の軌跡が円 C'，つまり 2 点 $(0,\ 0)$，$(a,\ 0)$ を直径の両端とする円周上であることがわかります.

41. 2直線の交点の軌跡 〈頻出度 ★★★〉

2直線 $x-ty=0$ と $tx+y=2$ の交点をPとする. t がすべての実数値をとって変化するとき，点Pの軌跡を求めよ.

(中央大)

着眼 VIEWPOINT

2直線の交点の軌跡です. 連立方程式を解いてPの座標を交点を求めたくなるところですが，やや面倒な処理を残します. 最初からパラメタ t の存在条件に帰着させれば解決するのですが，この辺りの判断は練習が必要でしょう. なお，図形的な性質を利用する方法もあります. (☞詳説)

解答 ANSWER

点 (X, Y) が求める軌跡上にあることと，

$$X-tY=0 \quad \cdots\cdots① \quad かつ \quad tX+Y=2 \quad \cdots\cdots②$$

を満たす実数 t が存在することは同値である. ①より，$Yt=X$ である.

(i) $Y=0$ のとき

①より $X=0$ だが，このとき②が $0=2$ となり不適.

(ii) $Y \neq 0$ のとき

①より $t=\dfrac{X}{Y}$ なので，これが②を満たすことから

$$\dfrac{X}{Y}\cdot X+Y=2$$

$$\Longleftrightarrow X^2+Y^2=2Y$$

$$\Longleftrightarrow X^2+(Y-1)^2=1$$

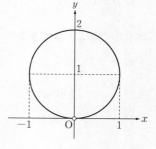

(i), (ii)より，求める軌跡は図の実線部分である.

つまり，

円 $x^2+(y-1)^2=1$ のうち，原点 $(0, 0)$ を除く部分 $\cdots\cdots$ **答**

詳説 EXPLANATION

▶ 2直線が直交することに気づけば，円周角の定理の逆から説明できます. ただ，「2直線の傾きの積が -1 なので……」という説明にすると，$t=0$ での場合分けが生じます. 場合分けして説明するか，次のようにベクトルの内積で説明するか，いずれにしても丁寧に議論したいところです.

別解

直線 $L_1 : x - ty = 0$ は，$\begin{pmatrix} 1 \\ -t \end{pmatrix} \cdot \begin{pmatrix} x-0 \\ y-0 \end{pmatrix} = 0$ と表せるので，原点 $\mathrm{O}(0,\ 0)$ を

通り，$\vec{n_1} = \begin{pmatrix} 1 \\ -t \end{pmatrix}$ に常に垂直である．また，

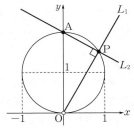

直線 $L_2 : tx + y = 2$ は，$\begin{pmatrix} t \\ 1 \end{pmatrix} \cdot \begin{pmatrix} x-0 \\ y-2 \end{pmatrix} = 0$

と表せるので，点 $\mathrm{A}(0,\ 2)$ を通り

$\vec{n_2} = \begin{pmatrix} t \\ 1 \end{pmatrix}$ に常に垂直である．

$\vec{n_1} \cdot \vec{n_2} = 1 \cdot t + (-t) \cdot 1 = 0$ なので，$\vec{n_1} \perp \vec{n_2}$，つまり $L_1 \perp L_2$ である．した

がって，L_1 と L_2 の交点 P は，線分 OA を直径とする円 C 上にある．

C 上の点のうち，点 $\mathrm{O}(0,\ 0)$ のみ，どのように t を動かしても L_2 が通らず，

他の点はすべて通る．一方，L_1 は C 上の点をすべて通る．

以下，図は「解答」と同じ．

▶ $x,\ y$ の連立方程式 $x - ty = 0$，$tx + y = 2$ を解くことで，2 直線の交点の座標

$(x,\ y) = \left(\dfrac{2t}{1+t^2},\ \dfrac{2}{1+t^2} \right)$ を得られます．ここから実数 t の存在する条件より軌

跡を求めることもできます．$t = \tan\dfrac{\theta}{2}$ $(0 \leqq \theta < \pi,\ \pi < \theta < 2\pi)$ とおき換えるこ

とで

$$x = \frac{2\tan\dfrac{\theta}{2}}{1+\tan^2\dfrac{\theta}{2}} = 2\tan\frac{\theta}{2} \cdot \cos^2\frac{\theta}{2} = 2\sin\frac{\theta}{2}\cos\frac{\theta}{2} = \sin\theta$$

$$y = \frac{2}{1+\tan^2\dfrac{\theta}{2}} = 2\cos^2\frac{\theta}{2} = 1 + \cos\theta$$

を得られます．これより，点 P が円 $x^2 + (y-1)^2 = 1$ 上にあることが確認できま

す．ただし，$\theta \neq \pi$ より，$(x,\ y) \neq (0,\ 0)$ に注意しましょう．

42. 反転

〈頻出度 ★★★〉

原点 $O(0, 0)$ を中心とする半径 1 の円に，円外の点 P から 2 本の接線を引く.

(1) 2 つの接点の中点を Q とするとき，$OP \cdot OQ = 1$ であることを示せ.

(2) 点 P が直線 $x + y = 2$ 上を動くとき，点 Q の軌跡を求めよ.

(名古屋大 改題)

着眼 VIEWPOINT

「円の外から 2 接線を引き，接点を結ぶ線分の中点の軌跡を考える」という，非常に複雑な状況を問われています. それなりによく出題されるのですが，経験なしに入試本番で出会うと面食らう設定です.

解答 ANSWER

(1) P から円 $x^2 + y^2 = 1$ に引いた 2 つの接線の接点を R，S とする.

OR = OS，PR = PS，QR = QS から，3 点 O，Q，P は，線分 RS の垂直二等分線上にあり，OP⊥RS.

△OPR と △ORQ において

$$\angle ORP = \angle OQR = 90°,$$
$$\angle POR = \angle ROQ$$

より，△OPR∽△ORQ. したがって，

$$OP : OR = OR : OQ \iff OP \cdot OQ = OR^2$$

であり，OR = 1 より $OP \cdot OQ = 1$ である.

（証明終）

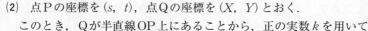

(2) 点 P の座標を (s, t)，点 Q の座標を (X, Y) とおく.

このとき，Q が半直線 OP 上にあることから，正の実数 k を用いて

$$\overrightarrow{OP} = k\overrightarrow{OQ}, \quad つまり \quad \begin{cases} s = kX \\ t = kY \end{cases} \quad (\cdots\cdots①) \quad と表される. また，(1)で示した$$

$OP \cdot OQ = 1$ より

$$(s^2 + t^2)(X^2 + Y^2) = 1 \quad \cdots\cdots②$$

①，②より

$$k^2(X^2 + Y^2)(X^2 + Y^2) = 1$$

点 Q は原点と重なることはない. すなわち，$X^2 + Y^2 \neq 0$ に注意して

$$k = \frac{1}{X^2 + Y^2} \quad \cdots\cdots③$$

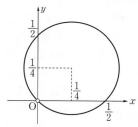

が成り立つ．ゆえに

$$\overrightarrow{\mathrm{OP}} = k\overrightarrow{\mathrm{OQ}} = \frac{1}{X^2+Y^2}\begin{pmatrix} X \\ Y \end{pmatrix}$$

より，

$$s = \frac{X}{X^2+Y^2}, \quad t = \frac{Y}{X^2+Y^2} \quad \cdots\cdots ④$$

ここで，直線 $x+y=2$ は円 $x^2+y^2=1$ の外側にあることから，点 P は直線 $x+y=2$ 上の全体を動きうる．このとき，$(s,\ t)$ は

$$s+t = 2 \quad \cdots\cdots ⑤$$

を満たす．④かつ⑤を満たす実数の組 $(s,\ t)$ の存在する条件が求めるものである．すなわち

$$\frac{X}{X^2+Y^2} + \frac{Y}{X^2+Y^2} = 2$$

$$\Leftrightarrow X^2+Y^2 = \frac{1}{2}X + \frac{1}{2}Y \quad \text{かつ} \quad X^2+Y^2 \neq 0$$

$$\Leftrightarrow \left(X-\frac{1}{4}\right)^2 + \left(Y-\frac{1}{4}\right)^2 = \frac{1}{8} \quad \text{かつ} \quad X^2+Y^2 \neq 0$$

ゆえに，点 Q の軌跡は，

点 $\left(\dfrac{1}{4},\ \dfrac{1}{4}\right)$ を中心とする半径 $\dfrac{\sqrt{2}}{4}$ の円のうち，

原点を除く全体 ……答

であり，図示すると右のとおり．

詳説 EXPLANATION

▶本問の変換は反転と呼ばれています．一般には次のように定めます．「点 O を中心とした半径 r の円 C に対し，『P の変換先を，半直線 OP 上の $\mathrm{OP}\cdot\mathrm{OQ}=r^2$ を満たす点 Q』と定める」．反転により，円，または直線をかく点 P が円，または直線に移されることが知られています．

▶解答の①から④の部分は，次のように処理してもよいでしょう．

点 Q は半直線 OP 上にあるので，

$$\overrightarrow{\mathrm{OP}} = |\overrightarrow{\mathrm{OP}}| \cdot \frac{\overrightarrow{\mathrm{OQ}}}{|\overrightarrow{\mathrm{OQ}}|}$$

であり，$|\overrightarrow{\mathrm{OP}}|^2 \cdot |\overrightarrow{\mathrm{OQ}}|^2 = 1$ より，

$$\overrightarrow{\mathrm{OP}} = \frac{1}{|\overrightarrow{\mathrm{OQ}}|^2} \cdot \overrightarrow{\mathrm{OQ}} = \frac{1}{X^2+Y^2}\overrightarrow{\mathrm{OQ}}$$

これより，$\begin{pmatrix} x \\ y \end{pmatrix} = \dfrac{1}{X^2+Y^2}\begin{pmatrix} X \\ Y \end{pmatrix}$ が得られます．

43. 領域と最大・最小①　　〈頻出度 ★★★〉

実数 x, y が $|x-1|+|y+1|\leqq1$ を満たして動く.

(1)　$-2x+y$ のとり得る値の範囲を求めよ.

(2)　$x^2-\dfrac{1}{2}x-y$ のとり得る値の範囲を求めよ.

（福岡大 改題）

着眼 VIEWPOINT

不等式の表す領域 D を図示して, 2変数関数 $f(x, y)$ の値域 I を考える問題です. 図形と方程式の分野で最もよく出題される問題の1つです. 次の読みかえが大切です.

$$k\in I \iff f(x, y)=k \text{ を満たす } (x, y)\in D \text{ が存在する}$$

「$f(x, y)$ はある値 k をとれるかどうか」を,「$f(x, y)=k$ となるような (x, y) が D 上にうまくとれるかどうか」で読みかえ, これを（数式だけで処理すると大変なので）「曲線（直線）$f(x, y)=k$ と領域 D が共有点をもつかどうか」によって考えます. (1), (2)ともこの方針で進められますが, (2)は最大（最小）となる状況が図だけでは判断できないため, 慎重に説明する必要があります. (☞詳説)

解答 ANSWER

領域 D : $|x-1|+|y+1|\leqq1$

は, 領域 $|x|+|y|\leqq1$ を x 軸方向に $+1$, y 軸方向に -1 だけ平行移動したものである. D を図示すると, 右図の太線で囲まれた網目部分である.（境界はすべて含む）

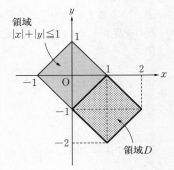

(1) $-2x+y$ のとり得る値の範囲を I とする.

$k \in I$

$\iff -2x+y=k$, $|x-1|+|y+1| \leqq 1$ をともに満たす (x, y) が存在する

$\iff$ 直線 $L : -2x+y=k$ と領域 D が共有点をもつ　……(*)

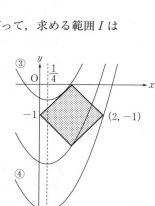

(*)が成り立つのは, 直線 L が図の①から②まで動くとき.

図の①, つまり L が点 $(0, -1)$ を通るとき, k は最大値をとり

$$k = -2 \cdot 0 + (-1) = -1 \quad \cdots\cdots ①'$$

図の②, つまり L が点 $(2, -1)$ を通るとき, k は最小値をとり

$$k = -2 \cdot 2 + (-1) = -5 \quad \cdots\cdots ②'$$

また, k は①′から②′まですべての値をとる. したがって, 求める範囲 I は

$$\boxed{-5 \leqq -2x+y \leqq -1} \quad \cdots\cdots 答$$

(2) (1)と同様に考え, $x^2 - \dfrac{1}{2}x - y = l$ とおく.

曲線 $C : y = \left(x - \dfrac{1}{4}\right)^2 - \dfrac{1}{16} - l$ と領域 D が共

有点をもつ (……(**)) l の範囲を考える.

③, つまり l が最小のときを考える.

D の境界 $y = x - 1$ と C の式を連立して y を消すと

$$x^2 - \frac{1}{2}x - x + 1 = l$$

$$x^2 - \frac{3}{2}x + 1 - l = 0$$

$$\left(x - \frac{3}{4}\right)^2 = l - \frac{7}{16} \quad \cdots\cdots ⑤$$

⑤が重解をもつのは $l = \dfrac{7}{16}$ $(\cdots\cdots ③')$ のときで, 重解は $x = \dfrac{3}{4}$ である. この x

は, $0 \leqq x \leqq 1$ を満たす.

また, l が最大となるのは C が点 $(1, -2)$, $(2, -1)$ のいずれかを通るときである.

$$(x, y) = (1, -2) \text{ とすれば, } l = \frac{5}{2}$$

$$(x, y) = (2, -1) \text{ とすれば, } l = 4$$

したがって, 最大値は 4（……④'）である.

(**)が成り立つのは, C が図の③から④まで動くときである. つまり, l は③'から④'まですべての値をとる. したがって, 求める範囲は

$$\frac{7}{16} \leqq x^2 - \frac{1}{2}x - y \leqq 4 \quad \cdots\cdots 答$$

詳説 EXPLANATION

▶(2)の最大値, 最小値の議論は, 先に図をかいて状況を確認することは大切ですが, 図だけで「l が最大となるのは C が点 $(2, -1)$ を通るとき, 最小は接するとき」とまではいい切れません.

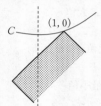 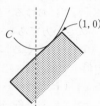

これらの図を見るとわかる通り, ((1)と異なり) 曲線の凹凸などから一概には判断できません. そのために, 解答のように接点を調べたり, 他の候補と比較したりする必要があります.

▶x, y は D の中で (一方の値が決まっても) それぞれ自由に動かすことができるので, 片方ずつ, 順に動かすことで値の範囲を調べることも可能です. (1)の別解として, この方針で解いてみます. (余力があれば, (2)で同様の方針で解けるか考えてみましょう.)

別解

(1) D を図示するところまでは「解答」と同じ.

$z = -2x + y$ について, D 上で $x = X$ に固定する.

(i)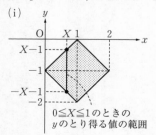

$0 \leqq X \leqq 1$ のときの y のとり得る値の範囲

(ii)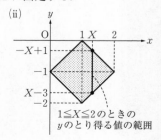

$1 \leqq X \leqq 2$ のときの y のとり得る値の範囲

このとき，y のとりうる値の範囲を考えることで，$-2x+y$ の変域を調べる．

(ⅰ) $0 \leqq X \leqq 1$ のとき

$-X-1 \leqq y \leqq X-1$ より，

$$-2X+(-X-1) \leqq -2X+y \leqq -2X+(X-1)$$
$$-3X-1 \leqq -2X+y \leqq -X-1 \quad \cdots\cdots①$$

(ⅱ) $1 \leqq X \leqq 2$ のとき

$X-3 \leqq y \leqq -X+1$ より，

$$-2X+(X-3) \leqq -2X+y \leqq -2X+(-X+1)$$
$$-X-3 \leqq -2X+y \leqq -3X+1 \quad \cdots\cdots②$$

①，②より，z の最大値は，

  ・$0 \leqq x \leqq 1$ における $-x-1$ の最大値 -1

  ・$1 \leqq x \leqq 2$ における $-3x+1$ の最大値 -2

のうち，大きい方である．したがって，

$(x, y) = (0, -1)$ のときに z は最大値 -1 をとる．

また，z の最小値は，①，②より

  ・$0 \leqq x \leqq 1$ における $-3x-1$ の最小値 -4

  ・$1 \leqq x \leqq 2$ における $-x-3$ の最小値 -5

のうち，小さい方である．したがって，

$(x, y) = (2, -1)$ のときに z は最小値 -5 をとる．

以上から，

$$-5 \leqq -2x+y \leqq -1 \quad \cdots\cdots\boxed{答}$$

44. 領域と最大・最小②

〈頻出度 ★★★〉

次の連立不等式の表す領域をDとする.

$$\begin{cases} x^2+y^2-1 \leqq 0 \\ x+2y-2 \leqq 0 \end{cases}$$

(1) 領域Dを図示せよ.

(2) aを実数とする. 点(x, y)がDを動くとき, $ax+y$の最小値をaを用いて表せ.

(3) aを実数とする. 点(x, y)がDを動くとき, $ax+y$の最大値をaを用いて表せ.

(広島大)

着眼 VIEWPOINT

問題**43**と同様に, 領域と直線$f(x, y)=k$の共有点の存在条件を考えます. こちらは$f(x, y)$に文字が入っているのでやや考えにくいかもしれません. 座標平面上で直線$f(x, y)=k$を(上下に)動かすとき, 傾き$-a$の値により, 領域上で「引っかかる」点が変わります. この点に応じて場合分けすると考えれば, 領域の境界の傾きと$-a$の大小に着目することがわかります.

解答 ANSWER

(1) $D : \begin{cases} x^2+y^2-1 \leqq 0 & \cdots\cdots① \\ x+2y-2 \leqq 0 & \cdots\cdots② \end{cases}$

①の境界は円$C : x^2+y^2=1$,

②の境界は直線$L : x+2y-2=0$である.

C, Lの式を連立することで, 共有点の座標

$(0, 1)$, $\left(\dfrac{4}{5}, \dfrac{3}{5}\right)$を得る. $\mathrm{A}\left(\dfrac{4}{5}, \dfrac{3}{5}\right)$とす

る. 領域Dは図の網目部分である. (境界を

すべて含む)

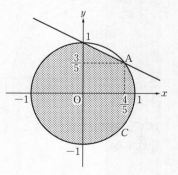

Chapter
4
図形と方程式

(2) $ax+y$ のとり得る値の範囲を I とする.

$k \in I$

$\Longleftrightarrow ax+y=k$ かつ①かつ②を満たす実数の組 (x, y) が存在する

$\Longleftrightarrow$ 直線 $m : ax+y=k$ と領域 D が共有点をもつ

k が最小値をとるのは，図のように，m と C が $y<0$ の範囲で接するときである．直線 m と円 C が接する条件は，点と直線の距離の

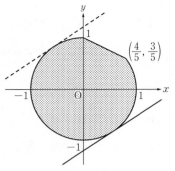

公式より，$\dfrac{|-k|}{\sqrt{a^2+1}}=1$，つまり $|k|=\sqrt{a^2+1}$（……③）のときである．③のうち，$k<0$ となる値が求める最小値なので，最小値は $-\sqrt{a^2+1}$ ……**答**

(3) 点 $A\left(\dfrac{4}{5}, \dfrac{3}{5}\right)$ における C の接線を m_1，点 $B(0, 1)$ における C の接線を $m_2 :$ $y=1$ とする．L，m_2 の傾きはそれぞれ $-\dfrac{1}{2}$，0 であり，直線 m_1 の傾きは，

傾き $\dfrac{3}{4}$ の直線 OA と m_1 が垂直であることから，$-\dfrac{4}{3}$ である．

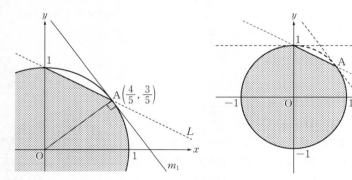

以下，直線 m の傾き $-a$ と，右上図の 3 直線 L，m_1，m_2 の傾きを比較して場合分けする．

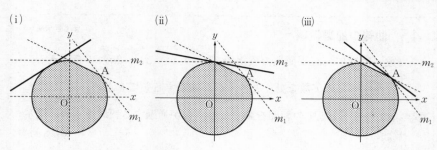

(i) $-a \geqq 0$ または $-a \leqq -\dfrac{4}{3}$ のとき $\left(a \leqq 0,\ a \geqq \dfrac{4}{3}\right)$

　k が最大となるのは，直線 L と，C の「$x \leqq 0$ かつ $y > 0$」または「$\dfrac{4}{5} \leqq x \leqq 1$ かつ $y > 0$」の部分に接するときである．③のうち，$k > 0$ となる値が最大値なので，最大値は

$$k = \sqrt{a^2 + 1}$$

(ii) $-\dfrac{1}{2} \leqq -a \leqq 0$ のとき $\left(0 \leqq a \leqq \dfrac{1}{2}\right)$

　k が最大となるのは，m が点 $(0,\ 1)$ を通るときである．最大値は

$$k = a \cdot 0 + 1 = 1$$

(iii) $-\dfrac{4}{3} \leqq -a \leqq -\dfrac{1}{2}$ のとき $\left(\dfrac{1}{2} \leqq a \leqq \dfrac{4}{3}\right)$

　k が最大となるのは，直線 m が点 $A\left(\dfrac{4}{5},\ \dfrac{3}{5}\right)$ を通るときである．最大値は

$$k = a \cdot \dfrac{4}{5} + \dfrac{3}{5} = \dfrac{4}{5}a + \dfrac{3}{5}$$

以上から，最大値は
$$\begin{cases} \sqrt{a^2 + 1} & \left(a \leqq 0,\ \dfrac{4}{3} \leqq a\ \text{のとき}\right) \\ 1 & \left(0 \leqq a \leqq \dfrac{1}{2}\ \text{のとき}\right) \\ \dfrac{4}{5}a + \dfrac{3}{5} & \left(\dfrac{1}{2} \leqq a \leqq \dfrac{4}{3}\ \text{のとき}\right) \end{cases}$$ ……答

45. 曲線の通過領域

〈頻出度 ★★☆〉

実数 a に対し，xy 平面上の放物線 $C : y = (x-a)^2 - 2a^2 + 1$ を考える.

(1)　a がすべての実数を動くとき，C が通過する領域を求め，図示せよ.

(2)　a が $-1 \leqq a \leqq 1$ の範囲を動くとき，C が通過する領域を求め，図示せよ.

（横浜国立大）

着眼 VIEWPOINT

直線や曲線 C の通過する領域 W を考える問題です．問題 40, 41 のような軌跡の問題と考えるべきことは同じです.

直線・曲線の通過領域

パラメタ t が区間 I を動くとき，曲線 $C : f(x, y) = 0$ が動く範囲を W とする．このとき，次が成り立つ.

　　$(x, y) \in W$

　$\Longleftrightarrow f(x, y) = 0$ を満たす $t \in I$ が存在する.

この問題のパラメタは a ですから，次のように考えればよいでしょう.

　　「ある点 (x, y) は W に含まれるか否か？」

➡　「a をいろいろと変えることで，点 (x, y) を通る曲線 C をとれるか？」

➡　「$(x, y$ に座標を代入した，と考えて) $f(x, y) = 0$ を満たす a が存在するか？」

これを，xy 平面上のあらゆる点で行っている，と考えればよいでしょう．軌跡の問題だからこの方法，通過領域の問題だからこの方法，と考えるのではなく，いずれも一貫した考え方で解けることを学びましょう.

解答 ANSWER

(1)　$y = (x-a)^2 - 2a^2 + 1$　を変形して，

　　　$a^2 + 2xa - x^2 + y - 1 = 0$　……①

求める領域を F_1 とすると，次が成り立つ.

　　　$(x, y) \in F_1 \Longleftrightarrow$ ①を満たす実数 a が存在する

a の 2 次方程式①の判別式を D とするとき，

求める条件は $D \geqq 0$ なので，

　　　$x^2 - (-x^2 + y - 1) \geqq 0$

　　$\Longleftrightarrow y \leqq 2x^2 + 1$

したがって，領域 F_1 は図の網目部分である.

（境界をすべて含む）

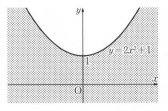

(2) 求める領域を F_2 とする.

$$(x,\ y) \in F_2$$

$\iff$ ①を満たす実数 a が, $-1 \le a \le 1$ の範囲に少なくとも1つ存在する

①の左辺を $f(a)$ とする. az 平面上の曲線 $z = f(a)$ と, a 軸が, $-1 \le a \le 1$ において少なくとも1つの共有点をもつ条件を考える. ……(*)

$$f(a) = a^2 + 2xa - x^2 + y - 1 = (a+x)^2 - 2x^2 + y - 1$$

より, 放物線 $z = f(a)$ の軸の方程式は $a = -x$ である.

(i) $f(a) = 0$ の2つの実数解 (重解含む) がともに $-1 < a < 1$ の範囲にあるとき

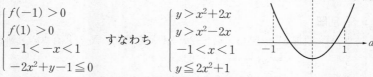

$$\begin{cases} f(-1) > 0 \\ f(1) > 0 \\ -1 < -x < 1 \\ -2x^2 + y - 1 \le 0 \end{cases} \quad \text{すなわち} \quad \begin{cases} y > x^2 + 2x \\ y > x^2 - 2x \\ -1 < x < 1 \\ y \le 2x^2 + 1 \end{cases}$$

(ii) $f(a) = 0$ の解のうち「1つが $-1 < a < 1$ の範囲, 他の解が $a < -1$ または $1 < a$ の範囲にある」または「$a = 1$ または $a = -1$ が解である」とき

$$f(-1)f(1) \le 0$$

すなわち

$$(y - x^2 - 2x)(y - x^2 + 2x) \le 0$$

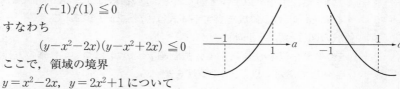

ここで, 領域の境界

$y = x^2 - 2x,\ y = 2x^2 + 1$ について

$$(2x^2 + 1) - (x^2 - 2x) = (x+1)^2$$

より, これらは点 $(-1,\ 3)$ で接する. 2曲線 $y = x^2 + 2x,\ y = 2x^2 + 1$ も同様に, 点 $(1,\ 3)$ で接する.

(i)(ii)より, 曲線 C が通過する領域 F_2 は図の網目部分, および斜線部分全体である. ただし, 境界をすべて含む.

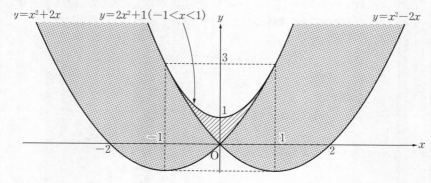

詳説 EXPLANATION

▶「解答」の(*)以降は，問題9の別解と同様に，放物線 $y = f(a)$ の軸の位置で場合分けして考えてもよいでしょう．

▶「一文字を固定する」方法でも説明できます．例えば，求める領域のうち，「$x = 1$ の部分だけ」調べたければ，与えられた曲線 C の式と $x = 1$ を連立すれば，交点の y 座標のとり得る値の範囲は容易に得られます．これをあらゆる x で行うということです．

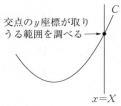

交点の y 座標が取りうる範囲を調べる ←

別解

(1) 曲線 $C : y = (x-a)^2 - 2a^2 + 1$ と直線 $x = X$ の共有点の y 座標は
$$y = (X-a)^2 - 2a^2 + 1$$
$$= -a^2 - 2Xa + X^2 + 1$$
$$= -(a+X)^2 + 2X^2 + 1 \quad \cdots\cdots(*)$$

したがって，a が実数全体を動くとき，y の値域は $y \leqq 2X^2 + 1$ である．
すなわち，求める領域を表す不等式は，$y \leqq 2x^2 + 1$ である．
領域の図は「解答」と同じ．

(2) (*)の最右辺を $g(a)$ とおく．放物線 $y = g(a)$ について，軸の方程式は $a = -X$ である．以下，y の値域を調べる．

(i) $-X \leqq -1$ のとき（$X \geqq 1$）

y の値域は，
$$g(1) \leqq y \leqq g(-1)$$
である．つまり，$X^2 - 2X \leqq y \leqq X^2 + 2X$．

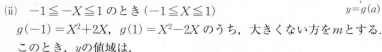

$a = -1$
$a = -X$
$a = 1$
$y = g(a)$

(ii) $-1 \leqq -X \leqq 1$ のとき（$-1 \leqq X \leqq 1$）

$g(-1) = X^2 + 2X$，$g(1) = X^2 - 2X$ のうち，大きくない方を m とする．
このとき，y の値域は，
$$m \leqq y \leqq g(-X)$$
であり，$g(-X) = 2X^2 + 1$ である．ここで，
$$g(-1) - g(1) = 4X$$
なので，

$-1 \leqq X \leqq 0$ のとき $g(-1) \leqq g(1)$ より，
$$m = g(-1) = X^2 + 2X$$

$0 \leqq X \leqq 1$ のとき $g(-1) \geqq g(1)$ より，
$$m = g(1) = X^2 - 2X$$

である．したがって，y の値域は

$$\begin{cases} -1 \leqq X \leqq 0 \text{ のとき} & X^2+2X \leqq y \leqq 2X^2+1 \\ 0 \leqq X \leqq 1 \text{ のとき} & X^2-2X \leqq y \leqq 2X^2+1 \end{cases}$$

である.

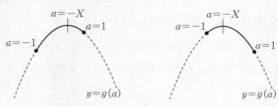

(iii)　$-X \geqq 1$ のとき $(X \leqq -1)$

　　$a=1$ で最大値　　$g(1)=X^2-2X$

　　$a=-1$ で最小値　　$g(-1)=X^2+2X.$

をとる. したがって, y の値域は $X^2+2X \leqq$

$y \leqq X^2-2X$

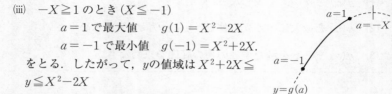

以上, (i)〜(iii)より, 求める領域は

$$\begin{cases} x \leqq -1 \text{ のとき} & x^2+2x \leqq y \leqq x^2-2x \\ -1 \leqq x \leqq 0 \text{ のとき} & x^2+2x \leqq y \leqq 2x^2+1 \\ 0 \leqq x \leqq 1 \text{ のとき} & x^2-2x \leqq y \leqq 2x^2+1 \\ x \geqq 1 \text{ のとき} & x^2-2x \leqq y \leqq x^2+2x \end{cases}$$

である. 領域の図は「解答」と同じ.

▶曲線 C の式をパラメタ a で整理することで,「C が接する曲線 (包絡線)」が読み
とれます. 解答の①から

　　$a^2+2xa-x^2+y-1=0$　……①

　　$(a+x)^2=2x^2+1-y$　……(**)

(**)の式より, 曲線 C は $y=2x^2+1$ のときに $x=-a$ 上の点 T で接することがわ
かります.

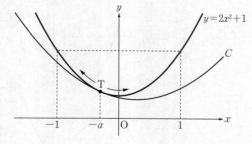

C は, $y=2x^2+1$ と
点 T$(x=-a)$ で接しつつ動く

46. 3次関数の最大値，最小値 〈頻出度 ★★★〉

正の実数 a に対し，3次関数 $f(x) = x^3 + 2ax^2 - 4a^2x + 10a^2$ を考える．$0 \leqq x \leqq 4$ における $f(x)$ の最小値を $g(a)$ とする．このとき，以下の問いに答えなさい．

(1) $g(a)$ を a の式で表しなさい．

(2) $g(a)$ を最大にする a の値と，$g(a)$ の最大値を求めなさい．

(3) $g(a) \geqq -6$ を満たす a の値の範囲を求めなさい． (首都大)

着眼 VIEWPOINT

グラフの位置による場合分けで最大値，最小値を求める問題です．$y = f(x)$ のグラフは線対称でないことには十分に注意しましょう．具体的には，次の点に注意して場合分けです．

　・極値をとる点（極大，極小）が定義域の中に入っているか否か
　・最大値，最小値となりうる点の候補が複数あるとき，差をとって大小を比較

2次関数と同様に，まずは簡単な図をかいて，場合分けの境界を探りましょう．(3)の不等式は，正直に数式のみで攻めると何を求めるのか見失いがちです．グラフが利用できるときはフル活用することを思い出しましょう．

解答 ANSWER

(1)
$$f(x) = x^3 + 2ax^2 - 4a^2x + 10a^2$$
$$f'(x) = 3x^2 + 4ax - 4a^2 = (3x - 2a)(x + 2a)$$

$a > 0$ より $-2a < 0 < \dfrac{2}{3}a$ であり，

$x = -2a$ で $f(x)$ は極大値，

$x = \dfrac{2}{3}a$ で $f(x)$ は極小値をとる．

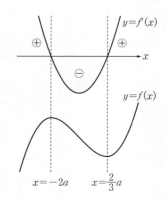

(i) 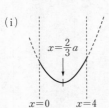   (ii)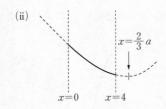

(i) $0 < \dfrac{2}{3}a \leqq 4$ のとき $(0 < a \leqq 6)$

$f(x)$ は $x = \dfrac{2}{3}a$ で極小かつ最小なので，最小値は

$$g(a) = f\left(\dfrac{2}{3}a\right) = -\dfrac{40}{27}a^3 + 10a^2$$

(ii) $4 \leqq \dfrac{2}{3}a$ のとき $(a \geqq 6)$

$f(x)$ は $x = 4$ で最小値をとるので
$$g(a) = f(4) = -6a^2 + 32a + 64$$

以上から $\quad \boldsymbol{g(a)} = \begin{cases} -\dfrac{\boldsymbol{40}}{\boldsymbol{27}}\boldsymbol{a^3 + 10a^2} & \boldsymbol{(0 < a \leqq 6 \text{ のとき})} \\[3mm] \boldsymbol{-6a^2 + 32a + 64} & \boldsymbol{(a \geqq 6 \text{ のとき})} \end{cases}$ ……答

(2) $0 < a < 6$ のとき

$$g'(a) = -\dfrac{40}{27}\cdot 3a^2 + 10\cdot 2a = -\dfrac{20}{9}a(2a - 9)$$

であり，この範囲での $g(a)$ は $a = \dfrac{9}{2}$ で極大値をもつ．また，$a \geqq 6$ のとき

$g(a) = -6\left(a - \dfrac{8}{3}\right)^2 + (\text{定数})$ より，この範囲で $g(a)$ は常に減少する．

以上から，$y = g(a)$ のグラフを ay 平面に図示すると，次のとおり．

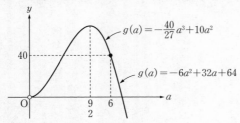

したがって，$a = \dfrac{9}{2}$ のときに $g(a)$ は最大であり，最大値は $g\left(\dfrac{9}{2}\right) = \dfrac{\boldsymbol{135}}{\boldsymbol{2}}$ ……答

(**3**) (**2**)より，$g(a_0) = -6$ となる a_0 は $a_0 \geqq 6$ を満たす.

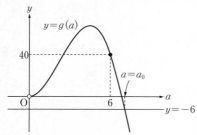

これより，

$$-6a_0{}^2 + 32a_0 + 64 = -6$$
$$6a_0{}^2 - 32a_0 - 70 = 0$$
$$2(a_0 - 7)(3a_0 + 5) = 0$$

$a_0 \geqq 6$ から，$a_0 = 7$ である.

したがって，求める範囲は　**$0 < a \leqq 7$**　……**答**

47. 極値をもつ条件，極値の差　　　〈頻出度 ★★★〉

　k を実数とする．3次関数 $y=x^3-kx^2+kx+1$ が極大値と極小値をもち，極大値から極小値を引いた値が $4|k|^3$ になるとする．このとき，k の値を求めよ．

〈九州大〉

着眼 VIEWPOINT

　極値の和，差に関する問題はしばしば出題されます．文字定数を含む式から，極値を直接求めて計算すると厄介な式になってしまいます．実質的には，いかにしてこの部分の計算の工夫を行うか，という問題です．$f(x)$ の極値をとる x 座標を $x=\alpha$ とすれば $f'(\alpha)=0$ が成り立ちますから，これを用いて極値の計算を少し楽に行うよう工夫しましょう．**うまい読みかえを見つけて，面倒な数値計算は可能な限り避ける**のは，あらゆる問題にとり組むときに意識しておきたいことです．なお，極値の差を定積分に読みかえる，巧妙な方法もあります．（☞詳説）

解答 ANSWER

　　　$f(x)=x^3-kx^2+kx+1$　とおくと，
　　　$f'(x)=3x^2-2kx+k$

$y=f(x)$ が極大値，極小値をもつための条件は，$f'(x)$ が正から負，負から正へ符号を変化させることである．つまり，x の2次方程式 $f'(x)=0$（……①）が相異なる2つの実数解をもつことと同値である．すなわち，①の判別式を D とすれば，求める条件は $D>0$ である．つまり，

　　　$k^2-3k>0 \iff k<0,\ 3<k$　……②

②のもとで，①の解を $\alpha,\ \beta\ (\alpha<\beta)$ とおく．（……(*)）

$f(x)$ は $x=\alpha$ で極大値，$x=\beta$ で極小値をとる．$f(x)$ を $f'(x)$ で割ると，

$$f(x)=\left(\frac{x}{3}-\frac{k}{9}\right)\cdot(3x^2-2kx+k)-\frac{2k^2-6k}{9}x+1+\frac{k^2}{9}$$

この式に $x=\alpha,\ x=\beta$ を代入すると，
$f'(\alpha)=f'(\beta)=0$ より，

$$f(\alpha)=-\frac{2k^2-6k}{9}\alpha+1+\frac{k^2}{9}$$

$$f(\beta)=-\frac{2k^2-6k}{9}\beta+1+\frac{k^2}{9}$$

なので，

$$f(\alpha)-f(\beta)=\frac{2k^2-6k}{9}(\beta-\alpha)\quad\cdots\cdots③$$

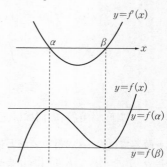

①について，解と係数の関係より $\alpha+\beta=\dfrac{2k}{3}$，$\alpha\beta=\dfrac{k}{3}$（……(**)）である．

ゆえに $\alpha<\beta$ に注意して，
$$\begin{aligned}\beta-\alpha&=\sqrt{(\beta-\alpha)^2}\\&=\sqrt{(\alpha+\beta)^2-4\alpha\beta}\\&=\sqrt{\left(\dfrac{2k}{3}\right)^2-4\cdot\dfrac{k}{3}}=\dfrac{2}{3}\sqrt{k^2-3k}\quad\cdots\cdots④\end{aligned}$$

したがって，③，④より，
$$f(\alpha)-f(\beta)=\dfrac{2k^2-6k}{9}\cdot\dfrac{2}{3}\sqrt{k^2-3k}=\dfrac{4}{27}(\sqrt{k^2-3k}\,)^3$$

この値が $4|k|^3$ と一致するので
$$\dfrac{\sqrt{k^2-3k}}{3}=|k|$$
$$k^2-3k=(3k)^2$$
$$k(8k+3)=0$$

②より，$k=-\dfrac{3}{8}$ ……**答**

詳説 EXPLANATION

▶面積計算でよく用いられる，次の式を用いる方法もあります．

> **積分の計算の工夫$\left(\dfrac{1}{6}$公式$\right)$**
> $$\int_\alpha^\beta(x-\alpha)(x-\beta)\,dx=-\dfrac{1}{6}(\beta-\alpha)^3\quad(\alpha,\ \beta は定数)$$

別解

(*)までは「解答」と同じ．極大値と極小値の差は，
$$f(\alpha)-f(\beta)=\Big[f(x)\Big]_\beta^\alpha=\int_\beta^\alpha f'(x)\,dx$$
◀ $f'(x)=3x^2-2kx+k=3(x-\alpha)(x-\beta)$
$$=3\int_\beta^\alpha(x-\alpha)(x-\beta)\,dx$$
$$=3\cdot\left(-\dfrac{1}{6}\right)(\alpha-\beta)^3=\dfrac{1}{2}(\beta-\alpha)^3$$

以下，「解答」と同様に，解と係数の関係などから計算できる．

▶解答では $\beta-\alpha$ の計算で解と係数の関係を利用していますが，解の公式で直接 $\alpha,\ \beta$ を求めても問題ありません．

別解

③までは「解答」と同じ.

$f'(x) = 0$ の解は $x = \dfrac{2k \pm \sqrt{(2k)^2 - 4 \cdot 3 \cdot k}}{6} = \dfrac{k \pm \sqrt{k^2 - 3k}}{3}$ であることから,

$$\alpha = \frac{k - \sqrt{k^2 - 3k}}{3}, \quad \beta = \frac{k + \sqrt{k^2 - 3k}}{3} \text{ となるので,}$$

$$\frac{2k^2 - 6k}{9}(\beta - \alpha) = \frac{2(k^2 - 3k)}{9} \cdot \frac{2\sqrt{k^2 - 3k}}{3} = \frac{4}{27}(\sqrt{k^2 - 3k})^3$$

以下, 「解答」と同じ.

▶ここまで考えた「計算の工夫」なしで進めても答えが出ないわけではありません. ただし, 極値をとる x を文字でおく, という最低限の工夫はしたいところです.

別解

③までは「解答」と同じ. 極大値は $f(\alpha)$, 極小値は $f(\beta)$ である.

ここで,

$$f(\alpha) = \alpha^3 - k\alpha^2 + k\alpha + 1$$
$$f(\beta) = \beta^3 - k\beta^2 + k\beta + 1$$

であり,

$$f(\alpha) - f(\beta) = (\alpha^3 - \beta^3) - k(\alpha^2 - \beta^2) + k(\alpha - \beta)$$
$$= (\alpha - \beta)\{(\alpha^2 + \alpha\beta + \beta^2) - k(\alpha + \beta) + k\}$$

ここで, (**), ④より

$$\alpha^2 + \alpha\beta + \beta^2 = (\alpha - \beta)^2 + 3\alpha\beta$$
$$= \frac{4}{9}(k^2 - 3k) + k$$
$$= \frac{1}{9}(4k^2 - 3k)$$

したがって,

$$f(\alpha) - f(\beta) = -\frac{2}{3}\sqrt{k^2 - 3k}\left\{\frac{1}{9}(4k^2 - 3k) - k \cdot \frac{2}{3}k + k\right\}$$
$$= \frac{2}{3}\sqrt{k^2 - 3k} \cdot \frac{2}{9}(k^2 - 3k)$$
$$= \frac{4}{27}(\sqrt{k^2 - 3k})^3$$

である. 以下, 「解答」と同じ.

48. 3次方程式の解の配置

〈頻出度 ★★★〉

実数 a, b に対して，$f(x)=x^3-3a^2x+2-b$ とする．ただし，$a>0$ である．方程式 $f(x)=0$ が $0\le x\le 1$ の範囲に実数解をもつための a, b についての条件を求め，その条件を満たす点 (a, b) の範囲を ab 平面上に図示せよ．

(滋賀大 改題)

着眼 VIEWPOINT

「方程式 $f(x)=0$ が区間 $p\le x\le q$ に解をもつ条件」を考える問題です．問題9 に代表されるように，2次方程式では十分に練習した，という人が多いでしょう．この問題も，**方程式の解をグラフの共有点の x 座標に読みかえる**，という方針で進めましょう．

解答 ANSWER

$$f(x)=x^3-3a^2x+2-b$$
$$f'(x)=3x^2-3a^2=3(x-a)(x+a)$$

$-a<0<a$ より，$f(x)$ の増減は次のとおり．

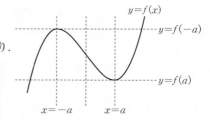

x	$\cdots$	$-a$	$\cdots$	a	$\cdots$
$f'(x)$	$+$	0	$-$	0	$+$
$f(x)$	$\nearrow$	$f(-a)$	$\searrow$	$f(a)$	$\nearrow$

$f(x)$ が極小となる $x=a$ が $0\le x\le 1$ に含まれるか否かで場合を分けて考える．

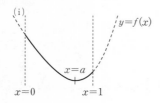

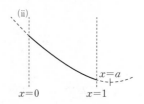

(i) $0<a<1$ のとき

求める条件は，$\{f(a)\le 0$ かつ $(f(0)\ge 0$ または $f(1)\ge 0)\}$ である．すなわち，

$$-2a^3+2-b\le 0 \quad \text{かつ} \quad (2-b\ge 0 \quad \text{または} \quad 3-3a^2-b\ge 0)$$
$$\Leftrightarrow b\ge -2a^3+2 \quad \text{かつ} \quad (b\le 2 \quad \text{または} \quad b\le -3a^2+3)$$

(ii) $a \geqq 1$ のとき

このとき，$0 \leqq x \leqq 1$ で $f'(x) \leqq 0$ であり，$f(x)$ は $0 \leqq x \leqq 1$ で常に減少する．

したがって，求める条件は $(f(0) \geqq 0$ かつ $f(1) \leqq 0)$ である．すなわち，

$$2 - b \geqq 0 \quad かつ \quad 3 - 3a^2 - b \leqq 0 \Longleftrightarrow -3a^2 + 3 \leqq b \leqq 2$$

ここで，境界 $b = -3a^2 + 3$，$b = -2a^3 + 2$ について

$$(-3a^2 + 3) - (-2a^3 + 2)$$
$$= 2a^3 - 3a^2 + 1$$
$$= (a-1)^2(2a+1)$$

◀ 「$-3a^2 + 3 = -2a^3 + 2$ を解く」ことでは，共有点の座標は得られますが，曲線の上下の説明に不十分です．

したがって，2つの曲線は $a = 1$ で接し，$a = -\dfrac{1}{2}$ で

交差する．

以上から，(a, b) の存在範囲は次の図の網目部分である．境界は b 軸上を除き，他は全て含む．

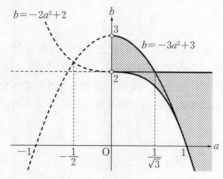

49. 3次方程式の解同士の関係

〈頻出度 ★★★〉

関数 $f(x) = x^3 + \dfrac{3}{2}x^2 - 6x$ について,

(1) 関数 $f(x)$ の極値をすべて求めよ.

(2) 方程式 $f(x) = a$ が異なる 3 つの実数解をもつとき,定数 a のとりうる値の範囲を求めよ.

(3) a が(2)で求めた範囲にあるとし,方程式 $f(x) = a$ の 3 つの実数解を α, β, γ $(\alpha < \beta < \gamma)$ とする.$t = (\alpha - \gamma)^2$ とおくとき,t を α,γ,a を用いず β のみの式で表し,t のとりうる値の範囲を求めよ. (関西学院大)

着眼 •••••••••••••••••••••••••••• VIEWPOINT

3 次方程式の解の存在,および解の差についての問題です.方程式 $f(x) = a$ を解くわけにはいきませんから,困ったらグラフの利用,と考えてほしいところです.解答の(2)で用いている,方程式において,**文字の定数を他方の辺へ分けてグラフの共有点から考えること**は入試問題の定番中の定番,ともいえる考え方です.

解答 ANSWER

(1) $\qquad f(x) = x^3 + \dfrac{3}{2}x^2 - 6x$

$\qquad f'(x) = 3x^2 + \dfrac{3}{2} \cdot 2x - 6 = 3(x+2)(x-1)$

したがって,$f(x)$ の増減は次表のとおり.

x	$\cdots$	-2	$\cdots$	1	$\cdots$
$f'(x)$	$+$	0	$-$	0	$+$
$f(x)$	↗		↘		↗

極大値は $f(-2) = 10$, 極小値は $f(1) = -\dfrac{7}{2}$ ……答

(2) (1)から，$y=f(x)$ のグラフは右
図のとおりである．

方程式 $f(x)=a$ の実数解は，座標平
面における $y=f(x)$ のグラフと直
線 $y=a$ の共有点の x 座標に一致す
る．したがって，求める範囲は $y=$
$f(x)$ と $y=a$ が3つの異なる共有点
をもつ a の範囲であるから

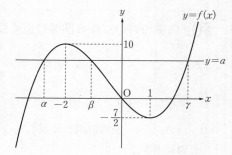

$$-\frac{7}{2} < a < 10 \quad \cdots\cdots\text{答}$$

(3) 方程式 $f(x)=a$，すなわち

$$x^3+\frac{3}{2}x^2-6x-a=0$$

の3つの解が α，β，$\gamma(\alpha<\beta<\gamma)$ なので，解と係数の関係から次が成り立つ．

$$\alpha+\beta+\gamma=-\frac{3}{2} \quad \cdots\cdots① , \qquad \alpha\beta+\beta\gamma+\gamma\alpha=-6 \quad \cdots\cdots②$$

したがって，①，②から

$$
\begin{aligned}
t=(\alpha-\gamma)^2 &= \alpha^2+\gamma^2-2\alpha\gamma \\
&= (\alpha+\gamma)^2-4\alpha\gamma \\
&= (\alpha+\gamma)^2-4\{-6-\beta(\alpha+\gamma)\} \\
&= \left(-\frac{3}{2}-\beta\right)^2-4\left(-6+\frac{3}{2}\beta+\beta^2\right) \\
&= -3\beta^2-3\beta+\frac{105}{4} \quad \cdots\cdots\text{答} \\
&= -3\left(\beta+\frac{1}{2}\right)^2+27
\end{aligned}
$$

①，②より，
$$\alpha\gamma=-6-\beta(\alpha+\gamma)$$
$$=-6-\beta\left(-\frac{3}{2}-\beta\right)$$

(2)の図より，β のとりうる値の範囲は
$-2<\beta<1$ である．

t は β の2次関数であり，t のとりうる値の
範囲は

$$\frac{81}{4} < t \leqq 27 \quad \cdots\cdots\text{答}$$

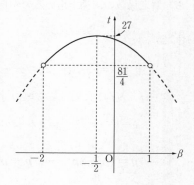

50. 曲線の外の点から曲線に引く接線

〈頻出度 ★★★〉

$f(x) = \dfrac{1}{3}x^3 - x^2$ とする. 曲線 $C : y = f(x)$ について, 次の問いに答えよ.

(1) 曲線 C 上の点 $P(p, f(p))$ における接線の方程式を求めよ.

(2) 点 $A(a, 0)$ から曲線 C に異なる 3 本の接線が引けるような実数 a の値の範囲を求めよ.

(3) 点 A から曲線 C に引いた異なる 3 本の接線のうち, 2 本の接線が垂直となるような a の値を求めよ.

(滋賀大)

着眼 VIEWPOINT

(2)のような,「曲線の外の点を通る, 曲線の接線」に関する問題は非常によく出題されます. **接線に関する問題は, 接点を文字でおき, 接線の方程式を立てるところから始める**ようにしましょう. いくらかの例外はありますが, まずは「接線の接点の座標をおくところから」と考えておくことです.

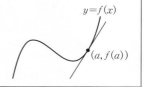

接線の方程式

関数 $y = f(x)$ のグラフ上の点 $(a, f(a))$ における接線の方程式は
$$y - f(a) = f'(a)(x - a)$$

(3)では, 接点の座標を α, β とすれば, 条件は α と β の対称式で得られることから, 解と係数の関係を用いるのが自然でしょう.

解答 ANSWER

(1) $f'(x) = \dfrac{1}{3} \cdot 3x^2 - 2x = x^2 - 2x$

点 $P(p, f(p))$ における接線の方程式は

$$y - \left(\frac{1}{3}p^3 - p^2 \right) = (p^2 - 2p)(x - p)$$

$$\boldsymbol{y = (p^2 - 2p)x - \frac{2}{3}p^3 + p^2} \quad \cdots\cdots①\text{答}$$

(2) ①で表された直線が点 $A(a, 0)$ を通るとき，

$$0 = (p^2-2p)\cdot a - \frac{2}{3}p^3 + p^2$$

$$2p^3 - 3(a+1)p^2 + 6ap = 0$$

$$p\{2p^2 - 3(a+1)p + 6a\} = 0 \quad \cdots\cdots②$$

$$p = 0 \quad \text{または} \quad 2p^2 - 3(a+1)p + 6a = 0 \quad \cdots\cdots③$$

3次関数 $y = f(x)$ は，接点と接線が1対1に対応する（……(*)）．したがって，求める条件は「②を満たす異なる実数 p が3個存在する」こと．つまり，「p の2次方程式③が異なる2つの実数解をもち，かつ，それらがいずれも0でないこと」である．

③の判別式を D，③の左辺を $g(p)$ とする．求める条件は $(D>0$ かつ $g(0) \neq 0)$ なので

$$\{3(a+1)\}^2 - 4\cdot 2\cdot 6a > 0 \quad \text{かつ} \quad 6a \neq 0$$

$$\Leftrightarrow (3a-1)(a-3) > 0 \quad \text{かつ} \quad a \neq 0$$

$$\Leftrightarrow a < 0,\ 0 < a < \frac{1}{3},\ a > 3 \quad \cdots\cdots\text{答}$$

(3) $p = 0$ のとき，すなわち原点における $y = f(x)$ の接線について考える．これは x 軸なので，他方の接線が存在するならば y 軸に平行であり，これが $y = f(x)$ の接線となることはない．

したがって，条件を満たすような2本の接線の組が存在するならば，それらの接点の x 座標は③の異なる2つの解である．これらの x 座標を $x = \alpha, \beta$ とする．$f'(x) = x^2 - 2x$ より，2つの接線が直交する条件は，

$$f'(\alpha)\cdot f'(\beta) = -1$$

$$(\alpha^2 - 2\alpha)(\beta^2 - 2\beta) = -1$$

$$(\alpha\beta)^2 - 2\alpha^2\beta - 2\alpha\beta^2 + 4\alpha\beta = -1$$

$$\alpha\beta\{\alpha\beta - 2(\alpha+\beta) + 4\} = -1 \quad \cdots\cdots④$$

また，③について，解と係数の関係より

$$\alpha + \beta = \frac{3}{2}(a+1),\ \alpha\beta = 3a \quad \cdots\cdots⑤$$

⑤を④に代入して，

$$3a\left\{3a - 2\cdot\frac{3}{2}(a+1) + 4\right\} = -1 \quad \text{すなわち} \quad a = -\frac{1}{3}$$

$a = -\frac{1}{3}$ は，(2)で求めた a の範囲に含まれる．以上より，　$a = -\frac{1}{3}$ $\cdots\cdots$**答**

詳説 EXPLANATION

▶解答の(*)は，2 次関数や 3 次関数であれば，明らかとしてよいでしょう．4 次
以上の多項式関数や，これ以外の関数では，「接点（の x 座標）と接線が 1 対 1 に
対応」は成り立つとは限りません．

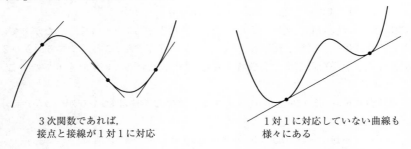

3 次関数であれば，
接点と接線が 1 対 1 に対応

1 対 1 に対応していない曲線も
様々にある

51. 放物線で囲まれた図形の面積 〈頻出度 ★★★〉

a, b を実数とする．座標平面上に $C_1 : y = x^2$ と $C_2 : y = -x^2 + ax + b$ がある．C_2 が点 $(1, 5)$ を通るとき，C_1，C_2 で囲まれる部分の面積 S が最小になる (a, b) を求めよ．また，S の最小値を求めよ． （東京薬科大 改題）

着眼 VIEWPOINT

いわゆる，「$\dfrac{1}{6}$ 公式」（☞ 問題 47 詳説）を用いる典型的な問題です．

積分の計算の工夫 ($\dfrac{1}{6}$ 公式)

$$\int_\alpha^\beta (x - \alpha)(x - \beta)\,dx = -\frac{1}{6}(\beta - \alpha)^3 \quad (\alpha, \beta は定数)$$

「普通に」上下の差をとって定積分すると，計算が複雑になりがちです．解答のように，**境界同士の交点の x 座標を文字でおいておくことで，面積の式が簡潔に表されます**．この流れに慣れておきましょう．

解答 ANSWER

C_2 が点 $(1, 5)$ を通るとき，次が成り立つ．

$$5 = -1^2 + a \cdot 1 + b \quad すなわち \quad b = -a + 6 \quad \cdots\cdots①$$

①のとき，C_2 の式は次のように表される．

$$y = -x^2 + ax + (-a + 6)$$

C_1，C_2 の式を連立して，

$$x^2 = -x^2 + ax + (-a + 6)$$
$$2x^2 - ax + (a - 6) = 0 \quad \cdots\cdots②$$

②の判別式を D とすると

$$D = (-a)^2 - 4 \cdot 2 \cdot (a - 6) = (a - 4)^2 + 32$$

a の値にかかわらず $D > 0$ であることより，C_1 と C_2 は常に異なる 2 点で交わる．これらの交点の x 座標を $x = \alpha$，$\beta (\alpha < \beta)$ とすれば，②について，解と係数の関係より

$$\alpha + \beta = \frac{a}{2}, \quad \alpha\beta = \frac{a - 6}{2} \quad \cdots\cdots③$$

求める面積は

$$S = \int_\alpha^\beta \{(-x^2 + ax - a + 6) - x^2\} \, dx$$

$$= -2 \int_\alpha^\beta (x - \alpha)(x - \beta) \, dx$$

$$= -2 \cdot \left(-\frac{1}{6}\right)(\beta - \alpha)^3$$

$$= \frac{1}{3}(\beta - \alpha)^3$$

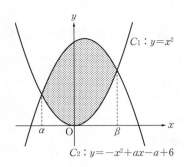

$C_1 : y = x^2$

$C_2 : y = -x^2 + ax - a + 6$

ここで，③より

$$(\beta - \alpha)^2 = (\alpha + \beta)^2 - 4\alpha\beta$$

$$= \left(\frac{a}{2}\right)^2 - 4 \cdot \frac{a - 6}{2}$$

$$= \frac{(a - 4)^2 + 32}{4}$$

◀ ③を利用するため，対称式の $(\beta - \alpha)^2$ を計算している.

したがって

$$S = \frac{1}{3}\left\{\frac{(a - 4)^2 + 32}{4}\right\}^{\frac{3}{2}} = \frac{1}{24}\{(a - 4)^2 + 32\}^{\frac{3}{2}}$$

であり，$a = 4$ のときに S は最小となる．このとき，①より $b = 2$.
したがって，$(\boldsymbol{a}, \boldsymbol{b}) = (\boldsymbol{4}, \boldsymbol{2})$ のときに S は最小となり，その値は

$$S = \frac{1}{24} \cdot 32^{\frac{3}{2}} = \frac{1}{2^3 \cdot 3} \cdot 2^{5 \cdot \frac{3}{2}} = \frac{2^{\frac{9}{2}}}{3} = \boldsymbol{\frac{16\sqrt{2}}{3}} \quad \cdots\cdots \boxed{\text{答}}$$

詳説 EXPLANATION

▶ $\beta - \alpha$ を解と係数の関係で書き換える部分は，②の解を求めて代入してもあまり手間はかかりません（☞問題 47 詳説）．x の方程式 $2x^2 - ax + (a - 6) = 0$ の 2 つの解は

$$x = \frac{a \pm \sqrt{a^2 - 4 \cdot 2 \cdot (a - 6)}}{4} = \frac{a \pm \sqrt{(a - 4)^2 + 32}}{4} \quad \cdots\cdots (*)$$

です．$(*)$ の小さい方の値を α，大きい方の値を β として，$\beta - \alpha$ は次のように計算されます．

$$\beta - \alpha = \frac{a + \sqrt{(a - 4)^2 + 32}}{4} - \frac{a - \sqrt{(a - 4)^2 + 32}}{4} = \frac{\sqrt{(a - 4)^2 + 32}}{2}$$

52. 3次関数のグラフと接線の囲む図形の面積　〈頻出度 ★★★〉

a, b, c, d を定数で $a \neq 0$ であるものとし，曲線 $y = ax^3 + bx^2 + cx + d$ と直線 $y = 2x - 1$ は，x 座標が2である点で接し，x 座標が -1 である点で交わるものとする.

(1) b, c, d を a で表せ.

(2) これらの曲線と直線で囲まれた図形の面積が $\dfrac{9}{2}$ であるとき，a の値を求めよ.

〈日本女子大〉

着眼 VIEWPOINT

(1)で，どう進めばよいか迷う人がいるかもしれません. 接点の x 座標は $f(x) = g(x)$ の重解，(接点でない)交点の x 座標は $f(x) = g(x)$ の解であることに着目をすれば簡潔です. **境界同士が接する点，交差する点のx座標から，積分される式の因数が決まる**，ということを押さえておきましょう. なお，未知数が a, b, c, d の4つなので，3つの条件式を作ろう，という発想で等式条件を導くのもよいでしょう（☞詳説）. (2)の定積分の計算も，「$(x-2)^n$ のカタマリ」を作りながら行うと簡単です.

積分の計算の工夫

$$\int (x+a)^n dx = \frac{1}{n+1}(x+a)^{n+1} + C \quad (Cは積分定数)$$

この式が成り立つことは，「座標平面上で $y = f(x)$ を x 軸方向に $+a$ 平行移動すれば，$y = f'(x)$ も同じだけ平行移動される」と考えれば明らかです.

解答 ANSWER

(1) $f(x) = ax^3 + bx^2 + cx + d$ とおく. $f(x) = 2x - 1$ の解が2（重解），-1 であることから

$$f(x) - (2x-1) = a(x-2)^2(x+1)$$

が成り立つ.

$$f(x) = a(x-2)^2(x+1) + (2x-1)$$
$$= ax^3 - 3ax^2 + 2x + (4a-1)$$

したがって，係数を比較することにより，

$$b = -3a, \quad c = 2, \quad d = 4a-1 \quad \cdots\cdots 答$$

◀「3次方程式 $f(x) = 2x+1$ の3解が2，2，-1 である」ので，解と係数の関係から説明しても同じことです.

(2)　$y=f(x)$ と $y=2x-1$ で囲まれた部分の面積を S とする.

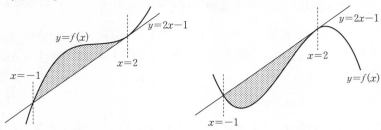

$$S = \left| \int_{-1}^{2} a(x-2)^2(x+1)\,dx \right|$$

$$= \left| a\int_{-1}^{2} (x-2)^2\{(x-2)+3\}\,dx \right|$$

$$= \left| a\int_{-1}^{2} \{(x-2)^3+3(x-2)^2\}\,dx \right|$$

$$= \left| a\left[\frac{1}{4}(x-2)^4+(x-2)^3 \right]_{-1}^{2} \right| = \frac{27}{4}|a|$$

したがって, $S=\dfrac{9}{2}$ より,

$$\frac{27}{4}|a| = \frac{9}{2}$$

$$\therefore \quad |a| = \frac{2}{3} \quad \text{すなわち} \quad a = \pm\frac{2}{3} \quad \cdots\cdots \text{答}$$

◀ 上図のように, $y=2x-1$ と $y=f(x)$ が「$x=2$ で接し, $x=-1$ で交差する」のは, 上下の関係に着目して 2 通り考えられます. 絶対値をつけることで, 2 つの場合をまとめて考えています.

詳説 EXPLANATION

▶(1)は, 次のように連立方程式から求めてもよいでしょう.

別解

(1)　$f(x)=ax^3+bx^2+cx+d$, $g(x)=2x-1$ とする.

　　$y=f(x)$ と $y=g(x)$ が $x=2$ で接することから
$$f(2)=g(2) \quad \text{かつ} \quad f'(2)=g'(2)$$
$$8a+4b+2c+d=3 \quad \cdots\cdots① \quad \text{かつ} \quad 12a+4b+c=2 \quad \cdots\cdots②$$

また, $y=f(x)$ と $y=g(x)$ が $x=-1$ で交差することから, $f(-1)=g(-1)$ が成り立つ. つまり,
$$-a+b-c+d=-3 \quad \cdots\cdots③$$

①, ②, ③より, （計算略）　**$b=-3a,\ c=2,\ d=4a-1$** $\cdots\cdots$ 答

▶一般に，次の関係が成り立ちます．

$$\int_\alpha^\beta (x-\alpha)(x-\beta)^2 dx = \frac{1}{12}(\beta-\alpha)^4$$

解答の(2)では，上の関係式が成り立つことを導きながら解いています．証明は解答のように $(x-\beta)^2$ のカタマリを作って計算すればよいでしょう．また，(数学Ⅲを学習済みなら) 部分積分でもできます．

53. 曲線と2接線の囲む部分の面積

〈頻出度 ★★★〉

放物線 $y=x^2$ 上の 2 点 $(t,\ t^2)$, $(s,\ s^2)$ における接線 l_1, l_2 が垂直に交わっているとき，以下の問いに答えよ．ただし，$t>0$ とする．

(1)　l_1 と l_2 の交点の y 座標を求めよ．

(2)　直線 l_1, l_2 および放物線 $y=x^2$ で囲まれた図形の面積 J を t の式で表せ．

(3)　(2)で定めた J の最小値を求めよ．

〈信州大 改題〉

着眼 VIEWPOINT

問題 52 とは状況が異なるものの，ポイントは同じです．**境界同士が接していることから，積分される式が読みとれる**，ということを理解したうえで計算を進めましょう．

(3)では分数式が登場するので，次の相加平均・相乗平均の大小関係を利用するとよいでしょう．

相加平均・相乗平均の大小関係

$a>0$, $b>0$ のとき

$$\frac{a+b}{2} \geqq \sqrt{ab}$$

が成り立つ．等号が成り立つのは，$a=b$ のときである．

解答 ANSWER

(1)　$C:y=x^2$ とする．$y'=2x$ より，点 $\mathrm{T}(t,\ t^2)$ における C の接線 l_1 の方程式は
$$y-t^2=2t(x-t)$$
すなわち
$$y=2tx-t^2 \quad \cdots\cdots ①$$
同様に，点 $\mathrm{S}(s,\ s^2)$ における C の接線 l_2 の方程式は
$$y=2sx-s^2 \quad \cdots\cdots ②$$
l_1 と l_2 が垂直に交わることから
$$2t\cdot 2s=-1$$

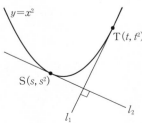

$$ts = -\frac{1}{4} \quad \cdots\cdots ③$$

③と $t>0$ より，$s<0$ である．①，②より，l_1，l_2 の交点の x 座標は

$$2tx - t^2 = 2sx - s^2$$
$$2(t-s)x = (t-s)(t+s)$$

$s<0<t$ より $t-s>0$ なので，$x = \dfrac{t+s}{2}$ である．①，③より，交点の y 座標は

$$y = 2t \cdot \frac{t+s}{2} - t^2 = ts = -\frac{1}{4} \quad \cdots\cdots\boxed{答}$$

(2)

$$J = \int_s^{\frac{t+s}{2}} \{x^2 - (2sx - s^2)\}\,dx + \int_{\frac{t+s}{2}}^t \{x^2 - (2tx - t^2)\}\,dx$$

$$= \int_s^{\frac{t+s}{2}} (x^2 - 2sx + s^2)\,dx + \int_{\frac{t+s}{2}}^t (x^2 - 2tx + t^2)\,dx$$

$$= \int_s^{\frac{t+s}{2}} (x-s)^2\,dx + \int_{\frac{t+s}{2}}^t (x-t)^2\,dx$$

$$= \left[\frac{1}{3}(x-s)^3\right]_s^{\frac{t+s}{2}} + \left[\frac{1}{3}(x-t)^3\right]_{\frac{t+s}{2}}^t$$

$$= \frac{1}{3}\left(\frac{t+s}{2} - s\right)^3 + \left\{0 - \frac{1}{3}\left(\frac{t+s}{2} - t\right)^3\right\}$$

$$= \frac{1}{3}\left(\frac{t-s}{2}\right)^3 - \frac{1}{3}\left(\frac{s-t}{2}\right)^3$$

$$= \frac{2}{3}\left(\frac{t-s}{2}\right)^3$$

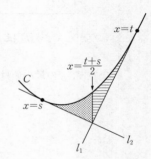

③より，$s = -\dfrac{1}{4t}$ なので，

$$J = \frac{2}{3} \cdot \frac{1}{2^3}\left(t + \frac{1}{4t}\right)^3 = \frac{1}{12}\left(t + \frac{1}{4t}\right)^3 \quad \cdots\cdots\boxed{答}$$

(3) $t>0$ から，相加平均・相乗平均の大小関係より

$$t + \frac{1}{4t} \geqq 2\sqrt{t \cdot \frac{1}{4t}} = 2 \cdot \frac{1}{2} = 1$$

が成り立つ．等号が成り立つのは，

$$t = \frac{1}{4t} \quad かつ \quad t>0 \iff t = \frac{1}{2}$$

のときである．したがって，J の最小値は $\quad J = \dfrac{1}{12} \cdot 1^3 = \dfrac{1}{12} \quad \cdots\cdots\boxed{答}$

> "$t + \dfrac{1}{4t} \geqq 1$" は "$t + \dfrac{1}{4t}$ の最小値が 1" であることの必要条件にすぎないので，等号成立する t が存在することを確認しなくてはなりません．

詳説 EXPLANATION

▶数学 Ⅲ を学習済みであれば，(3)は微分してもよいでしょう．

別解

(3) $f(t) = t + \dfrac{1}{4t}$ とする．$t > 0$ において

$$f'(t) = 1 - \frac{1}{4t^2} = \frac{(2t-1)(2t+1)}{4t^2}$$

であることから，$f'(t)$ の符号は $2t-1$ により決まる．$f(t)$ の増減は次のとおり．

t	(0)	$\cdots$	$\dfrac{1}{2}$	$\cdots$	(∞)
$f'(t)$		$-$	0	$+$	
$f(t)$		$\searrow$	極小	$\nearrow$	(∞)

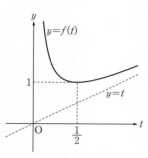

したがって，$f(t)$ は $t = \dfrac{1}{2}$ で極小かつ最小

なので，Jの最小値は $\dfrac{1}{12}\left\{f\left(\dfrac{1}{2}\right)\right\}^3 = \dfrac{1}{12} \cdot 1^3 = \boldsymbol{\dfrac{1}{12}}$ ……**答**

54. 定積分で表された関数の最小値 　　　　　　〈頻出度 ★★★〉

$x \geqq 0$ において，関数 $f(x)$ を $f(x) = \displaystyle\int_x^{x+2} |t^2-4|\,dt$ とするとき，次の

問いに答えよ．

(1) $f(2) = \displaystyle\int_2^4 (t^2-4)\,dt$ の値を求めよ．

(2) $f(x)$ を求めよ．

(3) $f(x)$ の最小値を求めよ． 　　　　　　　　　　（北里大 改題）

Chapter
5
微分・積分

着眼 VIEWPOINT

「定積分で表された関数」に関する問題は，本問のように，場合分けを必要とする絶対値つき関数で出題されることが非常に多いです．｜｜の「中身の正負」で積分区間を分けて計算を進めればよいのですが，数式のままだと場合分けする点が読みとりづらいです．解答のように，定積分を面積にみることで，状況が把握しやすくなるでしょう．後半の最小値の計算は，極小かつ最小値をとる $x = \alpha$ が $f'(x) = 0$ の解であることを利用すれば，多少は計算が簡単になります．

解答 ANSWER

(1) $f(2) = \displaystyle\int_2^4 (t^2-4)\,dt = \left[\dfrac{t^3}{3} - 4t\right]_2^4 = \dfrac{32}{3}$ 　……答

(2) 求める定積分は，以下の図の網目部分の面積である．

(i) $0 \leqq x \leqq 2$ のとき　　　　　　(ii) $x \geqq 2$ のとき

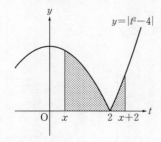
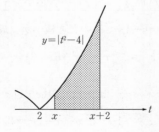

(i) $0 \leqq x \leqq 2$ のとき

$$f(x) = \int_x^2 \{-(t^2-4)\}\,dt + \int_2^{x+2} (t^2-4)\,dt$$

$$= -\left[\frac{t^3}{3}-4t\right]_x^2 + \left[\frac{t^3}{3}-4t\right]_2^{x+2}$$

$$= \frac{2}{3}x^3+2x^2-4x+\frac{16}{3}$$

(ⅱ) $x \geqq 2$ のとき

$$f(x) = \int_x^{x+2}(t^2-4)\,dt = \left[\frac{t^3}{3}-4t\right]_x^{x+2} = 2x^2+4x-\frac{16}{3}$$

(ⅰ), (ⅱ)より, $f(x) = \begin{cases} \dfrac{2}{3}x^3+2x^2-4x+\dfrac{16}{3} & (0 \leqq x \leqq 2 \text{ のとき}) \\ 2x^2+4x-\dfrac{16}{3} & (x \geqq 2 \text{ のとき}) \end{cases}$ ……**答**

(3) $x \geqq 2$ のとき,

$$f(x) = 2x(x+2) - \frac{16}{3}$$

◀ $x(x+2)$ は $x \geqq -1$ で常に増加する.

より, $f(x)$ は常に増加する. したがって, 最小値をとる x は $0 \leqq x < 2$ に含まれる.

$0 \leqq x < 2$ のとき,

$$f(x) = \frac{2}{3}x^3+2x^2-4x+\frac{16}{3}$$

$$f'(x) = 2x^2+4x-4 = 2(x^2+2x-2)$$

極値をとる x は, $x^2+2x-2=0$ かつ $0 \leqq x \leqq 2$ から, $x=-1+\sqrt{3}$ である. $f(x)$ の増減は次のとおり.

x	0	$\cdots$	$-1+\sqrt{3}$	$\cdots$	2
$f'(x)$		$-$	0	$+$	
$f(x)$		$\searrow$	極小	$\nearrow$	

$f(x)$ は $x=-1+\sqrt{3}$ のとき極小かつ最小となる. ここで

$$f(x) = \frac{2}{3}(x^3+3x^2-6x+8)$$

$$= \frac{2}{3}\{(x^2+2x-2)(x+1)-6x+10\}$$

であり, $\alpha = -1+\sqrt{3}$ が $(\alpha+1)^2=3$, すなわち $\alpha^2+2\alpha-2=0$ を満たすことから

◀
$$\begin{array}{r} x+1 \\ x^2+2x-2\ \overline{)\ x^3+3x^2-6x+8} \\ \underline{x^3+2x^2-2x} \\ x^2-4x+8 \\ \underline{x^2+2x-2} \\ -6x+10 \end{array}$$

$$f(-1+\sqrt{3}) = \frac{2}{3}\{0-6\cdot(-1+\sqrt{3})+10\}$$

$$= \frac{32}{3}-4\sqrt{3} \quad ……\text{答}$$

詳説 EXPLANATION

▶$0 \leqq x \leqq 2$ のとき，図のように x を $x = X$ から $x = X + \varDelta X (\varDelta X > 0)$ まで，少しだけ動かしてみます．（左下図）

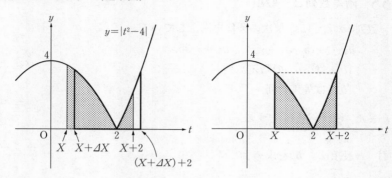

すると，図のように左側のすき間の分だけ面積が減少し，右側のすき間の分だけ増加します．$f(x)$ が最小となるのは，この増加分と減少分が釣り合ったとき，と考えられます．（右上図）

実際に計算します．$g(t) = |t^2 - 4|$ とするとき，$(g(x) = g(x+2)$ かつ $x < 2 < x+2)$ から

$$-x^2 + 4 = (x+2)^2 - 4 \quad \text{かつ} \quad 0 < x < 2$$
$$\Leftrightarrow x^2 + 2x - 2 = 0 \quad \text{かつ} \quad 0 < x < 2$$
$$\Leftrightarrow x = -1 + \sqrt{3}$$

となり，(3)の計算と一致しています．

55. 階差数列と一般項 〈頻出度 ★★★〉

数列 $\{a_n\}$, $\{b_n\}$ は次の条件を満たしている.

$a_1 = -15$, $a_3 = -33$, $a_5 = -35$,

$\{b_n\}$ は $\{a_n\}$ の階差数列,

$\{b_n\}$ は等差数列

また, $S_n = \displaystyle\sum_{k=1}^{n} a_k$ とする.

(1) 一般項 a_n, b_n を求めよ.

(2) S_n を求めよ.

(3) S_n が最小となるときの n を求めよ.

(和歌山大)

着眼 VIEWPOINT

階差数列の和から一般項を求める,典型的な問題です.よく,次の事実を「覚えて」使おうとする人がいます.

$a_{n+1} - a_n = b_n (n \geq 1)$ とするとき,

$n \geq 2$ で $a_n = a_1 + \displaystyle\sum_{k=1}^{n-1} b_k$ が成り立つ. ……(*)

(*) を無理に覚えても使いようがありません.(*)は,単に「初項に"すき間"の値を加えていく」と述べているにすぎず,覚えるような式ではありません.

$\begin{array}{ccccccc} a_1 & a_2 & a_3 & \cdots\cdots & a_{n-1} & a_n \\ & +b_1 & +b_2 & & +b_{n-1} & \end{array}$

a_1 に,ここをすべて加える

階差数列を中心とした問題では,**「何を,いくつ足しているのか」**を,必要に応じて図をかくなどして,**毎回確認した方がよいでしょう.**

解答 ANSWER

(1) 等差数列 $\{b_n\}$ の初項を b,公差を d とすると,$b_n = b + (n-1)d$ である.

$a_{n+1} - a_n = b_n (\cdots\cdots①)$ より,

$\begin{cases} a_3 - a_1 = b_1 + b_2 \\ a_5 - a_3 = b_3 + b_4 \end{cases}$ すなわち $\begin{cases} -18 = 2b + d & \cdots\cdots② \\ -2 = 2b + 5d & \cdots\cdots③ \end{cases}$

②, ③より $(b,\ d)=(-11,\ 4)$ なので,

$$b_n = -11+4(n-1) = \mathbf{4n-15} \quad \cdots\cdots \text{答}$$

また, ①より, $n\geqq 2$ のとき,

$$a_n = a_1 + \sum_{k=1}^{n-1} b_k$$

$$= -15 + \frac{-11+4(n-1)-15}{2}\cdot(n-1)$$

$$= 2n^2 - 17n \quad \cdots\cdots ④$$

④で $n=1$ とすると -15 なので, ④は $n=1$ でも成り立つ.

したがって,

$n\geqq 1$ で

$$a_n = \mathbf{2n^2 - 17n} \quad \cdots\cdots \text{答}$$

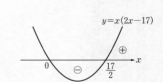

$-15,\quad a_2,\quad -33,\quad a_4,\quad -35$

$+b_1 \quad +b_2 \quad +b_3 \quad +b_4$

$+d \quad +d \quad +d$

◀ $\{b_n\}$ は初項 -11 の等差数列なので,「等差数列の和の公式」で

$$a_n = a_1 + \frac{b_1+b_{n-1}}{2}\cdot(n-1)$$

(2)
$$S_n = \sum_{k=1}^{n} a_k = \sum_{k=1}^{n}(2k^2 - 17k)$$

$$= 2\cdot\frac{n(n+1)(2n+1)}{6} - 17\cdot\frac{n(n+1)}{2}$$

$$= \frac{n(n+1)}{6}\{2(2n+1)-51\}$$

$$= \frac{\mathbf{n(n+1)(4n-49)}}{\mathbf{6}} \quad \cdots\cdots \text{答}$$

(3) $a_n = n(2n-17)$ より, $n\leqq 8$ のとき $a_n<0$,

$n\geqq 9$ のとき $a_n>0$ である.

$S_{n+1}-S_n = a_{n+1}$ であることに注意すると,

$$S_1 > S_2 > \cdots > S_8,\ \ S_8 < S_9 < \cdots$$

である. したがって,

S_n を最小とする n は $\quad \mathbf{n=8} \quad \cdots\cdots \text{答}$

$y=x(2x-17)$

$\oplus$

$0 \qquad \ominus \qquad \frac{17}{2} \qquad x$

詳説 EXPLANATION

▶(3)では, S_n の増減を調べるために, a_n の正負を調べています. 加えていく値の正負を見れば, それで増減が判断できるからです. (2)で得た S_n を実数値関数にみて微分するのも一手ですが, 極値をとる x の評価が少々面倒かもしれません.

別解

(3) $f(x)=x(x+1)(4x-49)$ とする.

$$f(x) = 4x^3 - 45x^2 - 49x$$

$$f'(x) = 12x^2 - 90x - 49$$

極値をとる x について,

$$f'(0) = -49 < 0, \quad f'(8) = -1 < 0,$$
$$f'(9) = 113 > 0$$

であることから, $8 < \alpha < 9$ を満たす

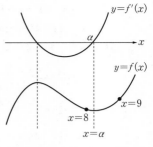

$x = \alpha$ で極小かつ最小である.

したがって, S_n が最小値をとる n は,
$n = 8$ または $n = 9$ のいずれかである.

$$S_8 = -204, \quad S_9 = -195$$

なので, これらを比較して, 最小値をとる n は $\boldsymbol{n = 8}$ ……答

56. 等差数列をなす項と和の計算 〈頻出度 ★★★〉

等差数列 $\{a_n\}$ が次の2つの式を満たすとする.
$$a_3 + a_4 + a_5 = 27, \quad a_5 + a_7 + a_9 = 45$$
初項 a_1 から第 n 項 a_n までの和 $a_1 + a_2 + \cdots\cdots + a_n$ を S_n とする. このとき, 次の問いに答えよ.

(1) 数列 $\{a_n\}$ の初項 a_1 を求めよ. また, 一般項 a_n を n を用いて表せ.

(2) S_n を n を用いて表せ.

(3) $\displaystyle\sum_{k=1}^{n}\left(\frac{1}{S_{2k-1}} + \frac{1}{S_{2k}}\right)$ を n を用いて表せ.

(4) $\displaystyle\sum_{k=1}^{n}\frac{1}{(k+1)S_k}$ を n を用いて表せ.

(山形大 改題)

Chapter
6
数列

着眼 VIEWPOINT

条件から等差数列の一般項を求め, 和の計算を行う問題です.

(1)のような形式の問題で, 等差数列の一般項の式 $a_n = a_1 + (n-1)d$ や, 3つの値がこの順に等差数列をなすときに成り立つ公式のようなもの(?)を強引に使おうとする人がいます. 隣り合う項の差が一定なのですから, 調べている項同士の「間」が公差いくつ分なのか, すぐに求められるのはどの部分だろうか, と考える癖をつけましょう.

(3), (4)の和の計算は, 分数式を差に分解する定番の問題です.

解答 ANSWER

(1) a_3, a_4, a_5 および a_5, a_7, a_9 は, それぞれがこの順に等差数列をなす. 与えられた条件
$$a_3 + a_4 + a_5 = 27 \quad \cdots\cdots① , \quad a_5 + a_7 + a_9 = 45 \quad \cdots\cdots②$$
から, 等差数列 $\{a_n\}$ の公差を d とすると,
$a_3 = a_4 - d$, $a_5 = a_4 + d$ なので, ①より
$$(a_4 - d) + a_4 + (a_4 + d) = 27$$
$$\therefore \quad a_4 = \frac{27}{3} = 9 \quad \cdots\cdots③$$

◀「中央の項から開く」イメージでとらえる.

同様に，②より，

$$(a_7 - 2d) + a_7 + (a_7 + 2d) = 45$$

$$\therefore \quad a_7 = \frac{45}{3} = 15 \quad \cdots\cdots④$$

③，④より，$\{a_n\}$ の公差は $d = \dfrac{15-9}{7-4} = 2$ である．

したがって，$\{a_n\}$ の初項，および一般項は

$$a_1 = a_4 - 3d = 9 - 3 \cdot 2 = \mathbf{3} \quad \cdots\cdots\text{答}$$

$$a_n = 3 + 2(n-1) = \boldsymbol{2n+1} \quad \cdots\cdots\text{答}$$

(2) $S_n = \dfrac{a_1 + a_n}{2} \cdot n = \dfrac{3 + (2n+1)}{2} \cdot n = \boldsymbol{n(n+2)} \quad \cdots\cdots\text{答}$

(3) $S_{2n-1} = (2n-1)\{(2n-1)+2\} = (2n-1)(2n+1)$，$S_{2n} = 2n(2n+2)$ なので，

$$\sum_{k=1}^{n} \left(\frac{1}{S_{2k-1}} + \frac{1}{S_{2k}} \right) = \sum_{k=1}^{n} \frac{1}{S_{2k-1}} + \sum_{k=1}^{n} \frac{1}{S_{2k}}$$

$$= \sum_{k=1}^{n} \frac{1}{(2k-1)(2k+1)} + \sum_{k=1}^{n} \frac{1}{2k(2k+2)}$$

$$= \frac{1}{2} \sum_{k=1}^{n} \left(\frac{1}{2k-1} - \frac{1}{2k+1} \right) + \frac{1}{4} \sum_{k=1}^{n} \left(\frac{1}{k} - \frac{1}{k+1} \right)$$

$$= \frac{1}{2} \left(1 - \frac{1}{2n+1} \right) + \frac{1}{4} \left(1 - \frac{1}{n+1} \right)$$

$$= \boldsymbol{\frac{3}{4} - \frac{1}{2(2n+1)} - \frac{1}{4(n+1)}} \quad \cdots\cdots\text{答}$$

(4) $\displaystyle \sum_{k=1}^{n} \frac{1}{(k+1)S_k} = \sum_{k=1}^{n} \frac{1}{k(k+1)(k+2)}$

$$= \frac{1}{2} \sum_{k=1}^{n} \left\{ \frac{1}{k(k+1)} - \frac{1}{(k+1)(k+2)} \right\}$$

$$= \frac{1}{2} \left\{ \left(\frac{1}{1 \cdot 2} - \frac{1}{2 \cdot 3} \right) + \left(\frac{1}{2 \cdot 3} - \frac{1}{3 \cdot 4} \right) + \cdots \right.$$

$$\left. \cdots + \left(\frac{1}{n(n+1)} - \frac{1}{(n+1)(n+2)} \right) \right\}$$

$$= \frac{1}{2} \left\{ \frac{1}{2} - \frac{1}{(n+1)(n+2)} \right\}$$

$$= \boldsymbol{\frac{1}{4} - \frac{1}{2(n+1)(n+2)}} \quad \cdots\cdots\text{答}$$

詳説 EXPLANATION

▶(4)の計算は，次のように値が打ち消しあっています．

$$\frac{1}{2}\sum_{k=1}^{n}\left\{\frac{1}{k(k+1)}-\frac{1}{(k+1)(k+2)}\right\}$$

$$=\frac{1}{2}\left\{\left(\frac{1}{1\cdot2}-\frac{1}{2\cdot3}\right)+\left(\frac{1}{2\cdot3}-\frac{1}{3\cdot4}\right)+\left(\frac{1}{3\cdot4}-\frac{1}{4\cdot5}\right)+\cdots\right.$$

$$\left.\cdots+\left(\frac{1}{n(n+1)}-\frac{1}{(n+1)(n+2)}\right)\right\}$$

$$=\frac{1}{2}\left\{\frac{1}{2}-\frac{1}{(n+1)(n+2)}\right\}$$

▶(3)は，次のように計算してもよいでしょう．

> **別解**
>
> $$\sum_{k=1}^{n}\left(\frac{1}{S_{2k-1}}+\frac{1}{S_{2k}}\right)=\sum_{k=1}^{2n}\frac{1}{S_k}$$
>
> $$=\sum_{k=1}^{2n}\frac{1}{k(k+2)}$$
>
> $$=\frac{1}{2}\sum_{k=1}^{2n}\left(\frac{1}{k}-\frac{1}{k+2}\right)$$
>
> $$=\frac{1}{2}\left(1+\frac{1}{2}-\frac{1}{2n+1}-\frac{1}{2n+2}\right)$$
>
> $$=\frac{3}{4}-\frac{1}{2(2n+1)}-\frac{1}{4(n+1)}\quad\cdots\cdots\text{答}$$

57. 複利計算

年利率 5 ％，1 年ごとの複利で資金を運用する．必要であれば，
$\log_{10}2 = 0.3010$，$\log_{10}3 = 0.4771$，$\log_{10}7 = 0.8451$ として用いてよい．

(1) 1 万円の元金を運用したとき，元利合計が初めて 2 万円を超えるのは
何年後か．

(2) 毎年 1 万円ずつ積み立てる．つまり，1 年後の時点の資金は，はじめ
の 1 万円の元利合計と，新たに積み立てた 1 万円の合計になり，2 年後
の時点の資金は，1 年後の時点の資金に対する元利合計と，新たに積み
立てた 1 万円の合計になる．このとき，資金が初めて 20 万円を超えるの
は何年後か． 〈上智大〉

着眼 VIEWPOINT

「元金」「複利」という言葉に馴染みがない人もいるのではないでしょうか．解答
のように，簡単な図をかくなどして理解すれば何ということもなく，「最初に入金
した 1 万円には ×1.05 が n 回」「2 年目に入金した 1 万円には ×1.05 が $n-1$
回」「3 年目に入金した 1 万円には ×1.05 が $n-2$ 回」……と並んでいるにすぎま
せん．あとは，基本的な和の計算のみです．

解答 ANSWER

(1) 1 万円を年利率 5 ％，1 年ごとの複利で運用するので，n 年後の元利合計は
1.05^n 万円である．この値が 2 万円を超えることから，$1.05^n > 2$（……①）が成
り立つ最小の n を求める．

$1.05 = \dfrac{105}{100} = \dfrac{21}{20}$ であり，①の両辺の常用対数をとると，

$$\log_{10}\left(\frac{21}{20}\right)^n > \log_{10}2$$

$$n\log_{10}\frac{3\cdot 7}{2\cdot 10} > \log_{10}2 \qquad \blacktriangleleft \log_a b^c = c\log_a b$$

$$n(\log_{10}3 + \log_{10}7 - \log_{10}2 - \log_{10}10) > \log_{10}2 \qquad \blacktriangleleft \begin{array}{l}\log_a XY = \log_a X + \\ \log_a Y \\ \log_a \dfrac{X}{Y} = \log_a X - \log_a Y\end{array}$$

$$\therefore \quad n > \frac{\log_{10}2}{\log_{10}3+\log_{10}7-\log_{10}2-1}$$

$$= \frac{0.3010}{0.4771+0.8451-0.3010-1}$$

$$= \frac{3010}{212} = 14.\cdots\cdots$$

したがって，①を満たす最小の n は，$n=15$.

したがって，**15年後** ……答

(2) k 年後（$k=0,\ 1,\ \cdots,\ n$）に積み立てた 1 万円は，n 年後に 1.05^{n-k} 万円となる．次の図は，○で 1 万円を入金し，●ごとに 1.05 倍されることを表す．

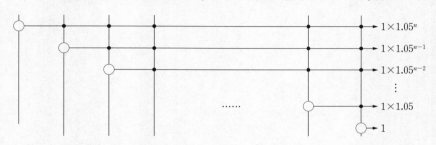

n 年後の資金の総額は，これらの合計である．すなわち，

$$1.05^n+1.05^{n-1}+1.05^{n-2}+\cdots+1.05^1+1.05^0 = \frac{1.05^{n+1}-1}{1.05-1}$$

$$= 20(1.05^{n+1}-1) \quad （万円）$$

これが 20 万円を超えるとき，

$$20(1.05^{n+1}-1) > 20 \quad すなわち \quad 1.05^{n+1} > 2$$

(1)より，$n+1 \geqq 15$ なので，最小の n は $n=14$. したがって，**14年後** ……答

詳説 EXPLANATION

▶(2)では，漸化式で説明することも可能です．漸化式を立てて説明するよう誘導がつくことも多く，いずれも練習しておくとよいでしょう．

> **別解**
>
> (2) n 年後の資金の総額を S_n（$n=0,\ 1,\ 2,\ \cdots$）とする．最初に 1 万円を入金するので，$S_0=1$ である．1 年が経過すると，前年の資金の総額に年利率 5 ％で利息がつき，別途 1 万円を入金することから
>
> $$S_{n+1} = \frac{21}{20}S_n+1 \quad (n=0,\ 1,\ 2,\ \cdots)$$

Chapter

6

数列

が成り立つ．すなわち

$$S_{n+1}+20 = \frac{21}{20}(S_n+20)$$

数列 $\{S_n+20\}$ は初項 $S_0+20 = 21$，公比 $\frac{21}{20}$ の等比数列なので

$$S_n+20 = 21 \cdot \left(\frac{21}{20}\right)^n$$

$$\therefore \quad S_n = 21 \cdot \left(\frac{21}{20}\right)^n - 20 = 20\left\{\left(\frac{21}{20}\right)^{n+1}-1\right\}$$

◀ S_0 を初項としているので，S_n までに "$\times\frac{21}{20}$" を n 回行う．

以下，「解答」と同じ．

58. 格子点の数え上げ 〈頻出度 ★★☆〉

(1) k を 0 以上の整数とするとき，$\dfrac{x}{3}+\dfrac{y}{2}\leqq k$ を満たす 0 以上の整数 x，y の組 $(x,\ y)$ の個数を a_k とする．a_k を k の式で表せ．

(2) n を 0 以上の整数とするとき，$\dfrac{x}{3}+\dfrac{y}{2}+z\leqq n$ を満たす 0 以上の整数 x，y，z の組 $(x,\ y,\ z)$ の個数を b_n とする．b_n を n の式で表せ．

（横浜国立大）

着眼 VIEWPOINT

　不等式を満たす整数の組 $(x,\ y)$ を数える問題です．まずは，視覚的に理解しやすく，また，説明しやすくするため，**座標平面上の領域における格子点（x座標，y座標がともに整数の点）を数える問題**，と読みかえてしまうことが大切です．また，このような組 $(x,\ y)$，すなわち領域中の格子点を数え上げる原則として，直線 $x=l$ または $y=l$ 上の点の個数を l の式で表し，$l=1$，2，……，n と，l がとりうる値の範囲で和をとる，と考えれば，数列の和の計算の問題に読みかえられます．解答の(1)では，$y=l$ 上の点の個数を調べて和をとっています．(2)は，うまくおき換えて(1)を利用したいところです．

解答 ANSWER

(1) $\dfrac{x}{3}+\dfrac{y}{2}\leqq k$（$k$ は 0 以上の整数）を満たす 0 以上の整数の組 $(x,\ y)$ で，$y=l$（$l=0$，1，$\cdots$，$2k$）となるものの個数を C_l とする．

C_l は，$0\leqq x\leqq 3k-\dfrac{3}{2}l$ を満たす 0 以上の整数 x の個数である．$3k-\dfrac{3}{2}l$ が整数か否かで場合分けして数える．

(ⅰ) $l=2m$（$m=0$，1，$\cdots$，k）のとき
$$C_{2m}=3(k-m)+1$$

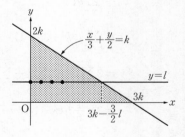

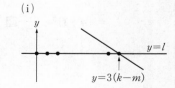

(ⅰ)

(ii)　$l=2m-1\,(m=0,\ 1,\ 2,\ \cdots,\ k)$

　のとき
$$C_{2m-1}=3(k-m)+2$$
　である.

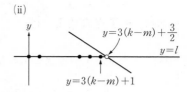

(i), (ii)より, 求める値は

$$a_k=\sum_{l=0}^{2k}C_l=C_0+\sum_{m=1}^{k}(C_{2m-1}+C_{2m})$$

$$=(3k+1)+3\sum_{m=1}^{k}\{2(k-m)+1\}$$

$$=(3k+1)+3\{(2k-1)+(2k-3)+\cdots\cdots+5+3+1\}$$

$$=(3k+1)+3\cdot\frac{k\{(2k-1)+1\}}{2}$$

$$=3k^2+3k+1\quad\cdots\cdots①$$

$a_0=1$ なので, ①は $k=0$ でも成り立つ. したがって, $k=0,\ 1,\ 2,\ \cdots\cdots$ で,

$$a_k=\boldsymbol{3k^2+3k+1}\quad\cdots\cdots\text{答}$$

(2)　$\dfrac{x}{3}+\dfrac{y}{2}+z\leqq n\,(n\text{ は }0\text{ 以上の整数})$ を満たす組 $(x,$

$y,\ z)$ のうち, $z=n-k\,(k=0,\ 1,\ \cdots,\ n)$ となるも

のの個数は, $\dfrac{x}{3}+\dfrac{y}{2}\leqq k$ となる 0 以上の整数の組 $(x,$

$y)$ の個数 a_k に等しい.

$z=n-k$ とすれば
$$\dfrac{x}{3}+\dfrac{y}{2}+(n-k)\leqq n$$
$$\dfrac{x}{3}+\dfrac{y}{2}\leqq k$$

(1)より, 求める値は

$$b_n=\sum_{k=0}^{n}a_k$$

$$=\sum_{k=0}^{n}(3k^2+3k+1)$$

$$=3\sum_{k=0}^{n}k^2+3\sum_{k=0}^{n}k+\sum_{k=0}^{n}1$$

$\sum_{k=0}^{n}k^2=\sum_{k=1}^{n}k^2,$

$\sum_{k=0}^{n}k=\sum_{k=1}^{n}k$

$$=3\times\frac{1}{6}n(n+1)(2n+1)+3\times\frac{1}{2}n(n+1)+(n+1)$$

$$=\frac{1}{2}(n+1)\{(2n^2+n)+3n+2\}$$

$$=\boldsymbol{(n+1)^3}\quad\cdots\cdots\text{答}$$

詳説 EXPLANATION

▶(2)の計算は，右図の座標空間上の領域を平面 $z=n-k$ で切断し，切り口ごとに（(1)の結果を利用して）格子点 $(x, y, n-k)$ を数えている，ということです．$k=0, 1, 2, \cdots\cdots,$ n で $n-k=n, n-1, \cdots\cdots, 1, 0$ と順に対応するので，「上から切って数えている」と考えるとわかりやすいでしょう．

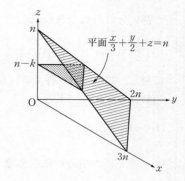

平面 $\dfrac{x}{3}+\dfrac{y}{2}+z=n$

▶4点 $(0, 0), (3k, 0), (3k, 2k), (0, 2k)$ を頂点とする長方形の領域（図の太線部分）に含まれる格子点の数は容易にわかります．これより，次のように格子点を数えることもできます．

> **別解**
>
> (1) $(0, 0), (3k, 0), (3k, 2k), (0, 2k)$ を頂点とする長方形の領域に含まれる格子点の数は $(3k+1)(2k+1)$ 個である．また，2点 $(3k, 0), (0, 2k)$ を両端とする線分（図の点線）上にある格子点の数は $k+1$ 個である．
>
>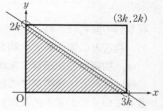
>
> したがって，求める点の個数は
> $$a_k=\frac{(3k+1)(2k+1)-(k+1)}{2}+(k+1)$$
> $$=3k^2+3k+1 \quad \cdots\cdots\text{答}$$

▶$(k+1)^3=k^3+3k^2+3k+1$ であることに気づけば，(2)は次のように計算することもできるでしょう．

> **別解**
>
> (2) $b_n=\displaystyle\sum_{k=0}^{n} a_k=\sum_{k=0}^{n}(3k^2+3k+1)$
> $$=\sum_{k=0}^{n}\{(k+1)^3-k^3\}$$
> $$=(n+1)^3 \quad \cdots\cdots\text{答}$$

59. 群数列

群に分けられた数列 $\{a_n\}$

$$1,1\left|\frac{1}{2},\frac{1}{2},\frac{1}{2},\frac{1}{2}\right|\frac{1}{4},\frac{1}{4},\frac{1}{4},\frac{1}{4},\frac{1}{4},\frac{1}{4},\frac{1}{4}\left|\frac{1}{8},\frac{1}{8},\frac{1}{8},\frac{1}{8},\frac{1}{8},\frac{1}{8},\frac{1}{8},\frac{1}{8},\frac{1}{8},\frac{1}{8},\frac{1}{8}\right|\frac{1}{16},\cdots\cdots$$

に対し，次の問いに答えよ．ただし，第 k 群について各項は 2^{-k+1} であり項数は $k+2^{k-1}$ である．

(1) a_{500} を求めよ．

(2) 第 k 群の項の総和を S_k とする．S_k を k で表し，$\displaystyle\sum_{i=1}^{k} S_i$ を求めよ．

(3) a_1 から a_{2022} までの和を求めよ． (名古屋市立大)

着眼 • • • • • • • • • • • • • • • • VIEWPOINT

群数列の問題は，群ごとの規則性を確認したうえで，

群ごとの項の数と総和を確認する

➡ **初項から第 m 群の末項までの項の数と総和を（$\sum$ をとり）確認する**

➡ **調べたい項の属する群を確認，個々の値を調べる**

と進めていくのが基本的な流れです．ざっくりと，"群の切れ目"までの様子を調べておいて，ちょっとずれた分はあとで調整する，という感覚で説明するとよいでしょう．解答のように，"切れ目"までの項の数を書き込んだ図をかいて考えると，数え間違いを防げます．

また，(2)で登場する $\displaystyle\sum_{k=1}^{n} kr^{k-1}$ 型の和の計算も頻出です．解答の「比の値 r を掛けた式との差をとる」考え方を十分練習しておきましょう．（☞詳説）

解答 ANSWER

(1) 数列 $\{a_n\}$ の初項から第 k 群の末項までの項数は

$$\sum_{j=1}^{k}(j+2^{j-1})=\frac{k(k+1)}{2}+\frac{1-2^k}{1-2}=\frac{1}{2}k(k+1)+2^k-1$$

である．したがって，a_{500} が第 k 群にあるならば，次が成り立つ．

$$\frac{1}{2}(k-1)k+2^{k-1}-1<500\le\frac{1}{2}k(k+1)+2^k-1 \quad \cdots\cdots①$$

ここで

$$\frac{1}{2}\cdot 8\cdot 9+2^8-1=291,\quad \frac{1}{2}\cdot 9\cdot 10+2^9-1=556$$

なので，①は $k=9$ でのみ成り立つ．
したがって，a_{500} は第 9 群にあるので，

$$a_{500}=2^{-9+1}=\frac{1}{256}\quad\cdots\cdots\boxed{答}$$

$\frac{1}{2}k(k+1)+2^k-1$ について，k が大きいとき，2^k に比べて他の値はあまり大きくない（影響が小さい）．
$2^8=256,\ 2^9=512$ なので，$k=8$ くらい？と判断できる．

(2) $$S_k=2^{-k+1}(k+2^{k-1})=\frac{k}{2^{k-1}}+1\quad\cdots\cdots\boxed{答}$$

また，求める和は $\displaystyle\sum_{i=1}^{k}S_i=\sum_{i=1}^{k}\left(\frac{i}{2^{i-1}}+1\right)=\sum_{i=1}^{k}\frac{i}{2^{i-1}}+k\ (\cdots\cdots②)$ である．ここ

で，$\displaystyle T=\sum_{i=1}^{k}\frac{i}{2^{i-1}}$ とすれば

$$T=1+2\cdot\frac{1}{2}+3\cdot\left(\frac{1}{2}\right)^2+\cdots+(k-1)\cdot\left(\frac{1}{2}\right)^{k-2}+\quad k\cdot\left(\frac{1}{2}\right)^{k-1}$$

$$-)\ \frac{1}{2}T=\quad 1\cdot\frac{1}{2}+2\cdot\left(\frac{1}{2}\right)^2+\cdots+(k-2)\cdot\left(\frac{1}{2}\right)^{k-2}+(k-1)\cdot\left(\frac{1}{2}\right)^{k-1}+k\cdot\left(\frac{1}{2}\right)^{k}$$

$$\frac{1}{2}T=1+1\cdot\frac{1}{2}+1\cdot\left(\frac{1}{2}\right)^2+\cdots+\quad 1\cdot\left(\frac{1}{2}\right)^{k-2}+\quad 1\cdot\left(\frac{1}{2}\right)^{k-1}-k\cdot\left(\frac{1}{2}\right)^{k}$$

～～部分は，初項 1，公比 $\frac{1}{2}$ の等比数列の和なので

$$\frac{1}{2}T=\frac{1-\left(\frac{1}{2}\right)^k}{1-\frac{1}{2}}-k\cdot\left(\frac{1}{2}\right)^k\quad\text{すなわち}\quad T=4-\frac{k+2}{2^{k-1}}$$

②より，求める値は $\displaystyle T+k=k+4-\frac{k+2}{2^{k-1}}\quad\cdots\cdots\boxed{答}$

(3) a_{2022} が第 k 群にあるならば，次が成り立つ．

$$\frac{1}{2}(k-1)k+2^{k-1}-1<2022\le\frac{1}{2}k(k+1)+2^k-1\quad\cdots\cdots③$$

ここで

$$\frac{1}{2}\cdot 10\cdot 11+2^{10}-1=1078,\quad \frac{1}{2}\cdot 11\cdot 12+2^{11}-1=2113$$

なので，③は $k=11$ でのみ成り立つ．したがって，a_{2022} は第 11 群にあり，
$2022-1078=944$ なので，第 11 群の 944 番目の値である．また，

Chapter 6 数列

$a_{2022} = 2^{-11+1} = \dfrac{1}{1024}$ である.

第1群　　　第2群　　　　　　　　第10群　　　　　　　　　　　第11群

$$1, \ 1 \left| \dfrac{1}{2}, \ \dfrac{1}{2}, \ \dfrac{1}{2}, \ \dfrac{1}{2} \right| \cdots \left| \cdots\cdots, \ a_{1078} \right| a_{1079}, \ \cdots\cdots, \ a_{2022}, \ \cdots\cdots, \ a_{2113} \right| \cdots$$

$$\underbrace{\qquad\qquad\qquad\qquad\qquad}_{2022-1078=944 \text{個}}$$

(2)より，求める和は

$$\sum_{i=1}^{10} S_i + \dfrac{1}{1024} \cdot 944 = \left(10+4-\dfrac{12}{2^9}\right) + \dfrac{944}{1024} = \boldsymbol{\dfrac{1907}{128}} \quad \cdots\cdots \text{答}$$

詳説 EXPLANATION

▶等比数列の和の式を，自力で導けるでしょうか.

等比数列の和

初項 a，公比 r の等比数列の初項から第 n 項までの和 S_n は

$$r \neq 1 \text{ のとき} \quad S_n = \dfrac{a - ar^n}{1-r} \quad \cdots\cdots (*)$$

$$r = 1 \text{ のとき} \quad S_n = na$$

$(*)$ は，次のように証明されます. $r=1$ のときは明らかです. $r \neq 1$ のとき，

$$\begin{aligned}
S &= a+ar+ar^2+ \quad \cdots\cdots \quad +ar^{n-2}+ar^{n-1} \\
-) \quad rS &= \quad\ \ ar+ar^2+ \quad \cdots\cdots \quad +ar^{n-2}+ar^{n-1}+ar^n \\
\hline
(1-r)S &= a \qquad\qquad\qquad\qquad\qquad\qquad\qquad\quad -ar^n
\end{aligned}$$

$1-r \neq 0$ から，$S = \dfrac{a-ar^n}{1-r}$ （証明終）

(2)の和の計算は，この証明と同じ発想に基づいていることがわかりますね. ずらして差をとる，という考え方が自然に出てくるように練習しておきましょう.

60. 2項間漸化式 〈頻出度 ★★★〉

1 数列 $\{a_n\}$ を,

$$a_1 = 1, \quad a_{n+1} = 3a_n + 2n - 4 \quad (n = 1, \ 2, \ 3, \ \cdots)$$

により定める. 数列 $\{a_n\}$ の一般項を求めなさい.

(秋田大)

2 次の条件によって定まる数列 $\{a_n\}$ の一般項を求めよ.

$$a_1 = 1, \quad a_{n+1} = \frac{a_n}{3^n a_n + 6} \quad (n = 1, \ 2, \ 3, \ \cdots)$$

(福井大)

着眼 VIEWPOINT

最も基本的な形の 2 項間漸化式である次の①, ②の形や, よく登場する③は練習したことがあるでしょう.

① $a_{n+1} = a_n + b_n$ （隣り合う 2 項の差が b_n の数列〔b_n が定数なら等差数列〕）

② $a_{n+1} = ra_n$ （隣り合う 2 項の比が一定, 等比数列）

③ $a_{n+1} = pa_n + q$

これらの形から「少しずらした」漸化式, あるいはもっと複雑な漸化式が登場するわけですが, その中でも最もよく出題されるのが, この**1**や**2**のような形です.

1 「n の 1 次式が余っている」ような状況です. この漸化式, 上の③の形（例えば, $a_{n+1} = 4a_n + 6$）の漸化式について十分に理解していれば, 問題なく解けるはずです. ところが, ③はできるけどこの問題**1**は難しい, という生徒が多いのです. ③も**1**も, 「うまいこと, おき換えて解ける漸化式に変形したい」という気持ちが大切です.

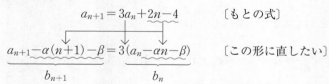

このように考えれば, 解答の発想も, ごく自然に感じることでしょう. （本来は③もこのように考えることから始めるべきです.）

2 シンプルに, 逆数をとり, $\dfrac{1}{a_n} = b_n$ とすれば基本的な漸化式に書き換えられる, という問題です. 理由をあれこれとつけても, 結局は経験していないと, 試験一発ではどうしようもない形です. それでも, 長いこと頻出問題の上位にある式ですので, 練習しておきましょう.

解答 ANSWER

1 $a_{n+1} = 3a_n + 2n - 4$ ……①

とする.

$$a_{n+1} - \alpha(n+1) - \beta = 3(a_n - \alpha n - \beta)$$
$$a_{n+1} = 3a_n - 2\alpha n + (\alpha - 2\beta)   ……②$$

①, ②より,

$$\begin{cases} 2 = -2\alpha \\ -4 = \alpha - 2\beta \end{cases}$$ すなわち $(\alpha, \beta) = \left(-1, \dfrac{3}{2}\right)$

つまり, ①は次のように変形できる.

$$a_{n+1} + (n+1) - \frac{3}{2} = 3\left(a_n + n - \frac{3}{2}\right)$$

数列 $\left\{a_n + n - \dfrac{3}{2}\right\}$ は初項 $a_1 + 1 - \dfrac{3}{2} = \dfrac{1}{2}$, 公比 3 の等比数列である. したがって,

$$a_n + n - \frac{3}{2} = \frac{1}{2} \cdot 3^{n-1}$$

$$\boldsymbol{a_n = \frac{1}{2} \cdot 3^{n-1} - n + \frac{3}{2}}   ……\text{答}$$

2 $a_{n+1} = \dfrac{a_n}{3^n a_n + 6}$ ……①

$a_1 > 0$ であり, ①より, $a_n > 0$ であれば $a_{n+1} > 0$ である.

したがって, $n = 1, 2, 3, ……$ で $a_n > 0$ である.

これより, ①の両辺の逆数をとることができて, $\dfrac{1}{a_{n+1}} = \dfrac{6}{a_n} + 3^n$ である.

$b_n = \dfrac{1}{a_n}$ とおくことで, 数列 $\{b_n\}$ は

$$b_1 = \frac{1}{a_1} = 1, b_{n+1} = 6b_n + 3^n   (n = 1, 2, 3, \cdots)   ……②$$

と定まる. ②の両辺を 3^{n+1} で割ると

$$\frac{b_{n+1}}{3^{n+1}} = 2 \cdot \frac{b_n}{3^n} + \frac{1}{3}$$

$$\frac{b_{n+1}}{3^{n+1}} + \frac{1}{3} = 2\left(\frac{b_n}{3^n} + \frac{1}{3}\right)$$

したがって, 数列 $\left\{\dfrac{b_n}{3^n} + \dfrac{1}{3}\right\}$ は初項 $\dfrac{b_1}{3^1} + \dfrac{1}{3} = \dfrac{2}{3}$, 公比 2 の等比数列なので

$$\frac{b_n}{3^n}+\frac{1}{3}=\frac{2}{3}\cdot 2^{n-1}$$

$$b_n=3^{n-1}(2^n-1)$$

ゆえに

$$a_n=\frac{1}{b_n}=\frac{1}{3^{n-1}(2^n-1)} \quad\cdots\cdots\boxed{答}$$

詳説 EXPLANATION

▶ $\boxed{1}$　次のように，n を1つずらした式との差をとることで，$\{a_n\}$ の階差数列 $\{b_n\}$ に関する漸化式を作れます.

別解

$$a_{n+2}=3a_{n+1}+2(n+1)-4 \quad\cdots\cdots①'$$
$$a_{n+1}=3a_n+2n-4 \quad\cdots\cdots①$$

①′，①の辺々の差をとると

$$a_{n+2}-a_{n+1}=3(a_{n+1}-a_n)+2$$

$b_n=a_{n+1}-a_n$ とおくと

$$b_{n+1}=3b_n+2$$
$$b_{n+1}+1=3(b_n+1)$$

数列 $\{b_n+1\}$ は初項 $b_1+1=a_2-a_1+1=(3\cdot1+2\cdot1-4)-1+1=1$，公比3の等比数列である. したがって，

$$b_n+1=3^{n-1}$$
$$b_n=3^{n-1}-1$$
$$a_{n+1}-a_n=3^{n-1}-1$$
$$a_{n+1}=a_n+3^{n-1}-1 \quad\cdots\cdots③$$

①，③から a_{n+1} を消去すると，

$$3a_n+2n-4=a_n+3^{n-1}-1$$

$$a_n=\frac{1}{2}\cdot3^{n-1}-n+\frac{3}{2} \quad\cdots\cdots\boxed{答}$$

③より，$n\geqq2$ のとき，
$$a_n=a_1+\sum_{k=1}^{n-1}(3^{k-1}-1)$$
が成り立つので，これを計算してもよい. ($n=1$は最後にチェックする.)

▶ この問題に限らず，数列の問題は計算が面倒で，また，解答の式が複雑になりがちです. 検算しようにも，間違えた計算をなぞるだけ，となりかねません. 本問のように一般項を求める問題であれば，**得た式に $n=1$ や $n=2$ を入れ，与えられた条件と矛盾していないか確認する**ことは忘れずに行いましょう.

▶ ② おき換えて階差数列が見える形にする，次の方法も考えられます．

別解

②までは「解答」と同じ．

②の両辺を6^{n+1}で割ると，

$$\frac{b_{n+1}}{6^{n+1}} = \frac{b_n}{6^n} + \frac{1}{6} \cdot \left(\frac{1}{2}\right)^n$$

ここで，$c_n = \dfrac{b_n}{6^n}$ とおく．数列 $\{c_n\}$ は次のように定められる．

$$c_1 = \frac{b_1}{6} = \frac{1}{6}, \qquad c_{n+1} = c_n + \frac{1}{6} \cdot \left(\frac{1}{2}\right)^n \quad (n=1,\ 2,\ 3,\ \cdots)$$

つまり，$n \geqq 2$ で

$$c_n = c_1 + \sum_{k=1}^{n-1} \frac{1}{6}\left(\frac{1}{2}\right)^k$$

$$= \frac{1}{6} + \frac{1}{12} \cdot \frac{1 - \left(\frac{1}{2}\right)^{n-1}}{1 - \frac{1}{2}}$$

$$= \frac{1}{3} - \frac{1}{3} \cdot \left(\frac{1}{2}\right)^n$$

$c_n = \dfrac{b_n}{6^n}$ より，

$$b_n = 6^n c_n = 2 \cdot 6^{n-1} - 3^{n-1} = 3^{n-1}(2^n - 1) \quad \cdots\cdots ③$$

③で $n=1$ とすると $3^0(2^1 - 1) = 1$ であり，$b_1 = 1$ なので，③は $n=1$ でも成り立つ．

以下，「解答」と同じ．

61. おき換えを伴う漸化式 〈頻出度 ★★★〉

$a_1 = 7,\ a_{n+1} = \dfrac{5a_n + 9}{a_n + 5}\ (n = 1,\ 2,\ \cdots)$ を満たしているとする.

(1) $a_2,\ a_3$ を求め，既約分数で表せ.

(2) $\alpha = \dfrac{5\alpha + 9}{\alpha + 5}$ を満たす正の実数 α を求めよ．また，この α を用いて，

$b_n = \dfrac{a_n - \alpha}{a_n + \alpha}$ とおいたとき，b_{n+1} と b_n の関係式を求めよ.

(3) 数列 $\{b_n\}$ の一般項を求めよ.

(4) 数列 $\{a_n\}$ の一般項を求めよ. 〈東京理科大 改題〉

着眼 VIEWPOINT

問題60②は，逆数をとることで解ける漸化式でしたが，本問の場合はそうはいきません（☞詳説）．ただし，この手のやや複雑な分数の漸化式の場合には，ほとんどの場合に(2)(3)のような誘導がつくので，誘導に従いおき換える練習はしておきたいものです.

解答 ANSWER

(1) $a_1 = 7,\ a_{n+1} = \dfrac{5a_n + 9}{a_n + 5}\ (n = 1,\ 2,\ \cdots)$ より，

$a_2 = \dfrac{5a_1 + 9}{a_1 + 5} = \dfrac{35 + 9}{7 + 5} = \dfrac{11}{3}$ ……**答**

$a_3 = \dfrac{5a_2 + 9}{a_2 + 5} = \dfrac{\frac{55}{3} + 9}{\frac{11}{3} + 5} = \dfrac{55 + 27}{11 + 15} = \dfrac{41}{13}$ ……**答**

(2) $\alpha = \dfrac{5\alpha + 9}{\alpha + 5}$ を満たす $\alpha > 0$ について

$\alpha^2 + 5\alpha = 5\alpha + 9 \qquad \therefore\ \alpha^2 = 9$

$\alpha > 0$ より，$\alpha = 3$ ……**答**

$$b_{n+1} = \frac{a_{n+1}-3}{a_{n+1}+3} = \frac{\dfrac{5a_n+9}{a_n+5}-3}{\dfrac{5a_n+9}{a_n+5}+3}$$

$$= \frac{5a_n+9-3a_n-15}{5a_n+9+3a_n+15} = \frac{2a_n-6}{8a_n+24}$$

$$= \frac{2}{8} \cdot \frac{a_n-3}{a_n+3} = \frac{1}{4}b_n$$

$$b_{n+1} = \frac{1}{4}\boldsymbol{b_n} \quad \cdots\cdots\boxed{答}$$

(3)　$b_1 = \dfrac{a_1-3}{a_1+3} = \dfrac{7-3}{7+3} = \dfrac{2}{5}$ である．$\{b_n\}$ は初項 $\dfrac{2}{5}$，公比 $\dfrac{1}{4}$ の等比数列である

から

$$b_n = b_1 \cdot \left(\frac{1}{4}\right)^{n-1} = \frac{2}{5 \cdot 4^{n-1}} \quad \cdots\cdots\boxed{答}$$

(4)　$\dfrac{a_n-3}{a_n+3} = \dfrac{2}{5 \cdot 4^{n-1}}$ より，

$$5 \cdot 4^{n-1}(a_n-3) = 2(a_n+3)$$

$$(5 \cdot 4^{n-1}-2)a_n = 15 \cdot 4^{n-1}+6$$

$$a_n = \frac{15 \cdot 4^{n-1}+6}{5 \cdot 4^{n-1}-2} \quad \cdots\cdots\boxed{答}$$

詳説 EXPLANATION

▶一般に，漸化式 $a_{n+1} = \dfrac{ra_n+s}{pa_n+q}$ $(n=1,\ 2,\ 3,\ \cdots)$ について，$x = \dfrac{rx+s}{px+q}$（$\cdots\cdots$

(*)）を満たす x をとると，次が導かれます．

$$a_{n+1}-x = \frac{ra_n+s}{pa_n+q}-x$$

$$= \frac{ra_n+s-x(pa_n+q)}{pa_n+q}$$

$$= \frac{(r-px)a_n+(s-qx)}{pa_n+q}$$

$$= \frac{(r-px)(a_n-x)+(rx+s)-x(px+q)}{p(a_n-x)+px+q}$$

$$= \frac{(r-px)(a_n-x)}{p(a_n-x)+px+q} \quad \cdots\cdots(**)$$

となり，$a_n - x = b_n$ とすれば，(**) から，$b_{n+1} = \dfrac{C'b_n}{pb_n + C}$（$C$，$C'$ は定数）と表されます．結局は問題 60 ② の形に帰着されます．（この問題であれば，$a_n - 3 = c_n$，などとおき換えてもうまくいくということです．）　また，(*) が異なる 2 つの実数解 α，β をもつとき，$\left\{ \dfrac{a_n - \alpha}{a_n - \beta} \right\}$ が等比数列となることも導かれます．本問ではこの性質を用いています．

62. $S_n - S_{n-1} = a_n$ の利用と3項間漸化式 〈頻出度 ★★★〉

数列 $\{a_n\}$ は $a_1 = 5$, $a_1{}^2 + a_2{}^2 + \cdots + a_n{}^2 = \dfrac{2}{3} a_n a_{n+1}$ $(n = 1, 2, 3, \cdots)$ を満たすとする. 次の問いに答えよ.

(1) a_2, a_3 を求めよ.

(2) a_{n+2} を a_n, a_{n+1} を用いて表せ.

(3) 一般項 a_n を求めよ.

(横浜国立大)

着眼 VIEWPOINT

和を含む漸化式から一般項を求める問題です. 次の例はすぐにわかりますか.

　　　例 $\{a_n\}$ について, 初項から第 n 項までの和を S_n とする.

　　　$S_n = n^2 + n$ のとき, $\{a_n\}$ の一般項 a_n を求めよ.

上の例であれば,「$n \geqq 2$ で $a_n = S_n - S_{n-1}$」であることを利用して a_n を求められるはずです.（試してみましょう.） この問題の漸化式も, 見た目が異なるだけで, すべきことは同じです. **n をずらして両辺の差をとれば, 厄介な和は解消される,** ということです. 後半では, 隣り合う3項の漸化式を扱います. まずは, 問題 60 ① のように,「うまく左辺, 右辺に分けて『解ける』漸化式にできるか?」を考えましょう. おき換えて等比数列にみるのが定石です.（☞詳説）

解答 ANSWER

$$a_1{}^2 + a_2{}^2 + \cdots\cdots + a_n{}^2 = \frac{2}{3} a_n a_{n+1} \quad (n = 1, 2, 3, \cdots) \quad \cdots\cdots ①$$

(1) ① で $n = 1$ とする.

$$5^2 = \frac{2}{3} \cdot 5 \cdot a_2 \quad \text{すなわち} \quad a_2 = \frac{15}{2} \quad \cdots\cdots \boxed{答}$$

次に, ① で $n = 2$ とする.

$$5^2 + \left(\frac{15}{2}\right)^2 = \frac{2}{3} \cdot \frac{15}{2} \cdot a_3 \quad \text{すなわち} \quad a_3 = \frac{65}{4} \quad \cdots\cdots \boxed{答}$$

(2) ① の n を $n+1$ として,

$$a_1{}^2 + a_2{}^2 + \cdots\cdots + a_n{}^2 + a_{n+1}{}^2 = \frac{2}{3} a_{n+1} a_{n+2} \quad \cdots\cdots ②$$

①, ② の辺々の差をとると,

$$a_{n+1}{}^2 = \frac{2}{3} a_{n+1}(a_{n+2} - a_n) \quad \cdots\cdots ③$$

ここで，a_1 が正の実数であり，また，①より

　　　a_1, a_2, ……, a_n がすべて正の実数ならば，a_{n+1} が正の実数

が成り立つ．したがって，数学的帰納法から，$n = 1$, 2, 3, ……で
$a_n > 0$ である．

これより，③の両辺を a_{n+1} で割ることができて，

$$a_{n+1} = \frac{2}{3}(a_{n+2} - a_n) \quad \text{すなわち} \quad \boldsymbol{a_{n+2} = \frac{3}{2}a_{n+1} + a_n} \quad \cdots\cdots ④ 答$$

(3)　　　$a_{n+2} - \alpha a_{n+1} = \beta(a_{n+1} - \alpha a_n)$ ……(∗)

　　　　　$a_{n+2} = (\alpha + \beta)a_{n+1} - \alpha\beta a_n$ ……⑤

④，⑤より，

$$\begin{cases} \alpha + \beta = \dfrac{3}{2} \\ \alpha\beta = -1 \end{cases} \quad \text{すなわち} \quad (\alpha,\ \beta) = \left(-\frac{1}{2},\ 2\right),\ \left(2,\ -\frac{1}{2}\right)$$

つまり，④は次のように変形できる．

$$a_{n+2} + \frac{1}{2}a_{n+1} = 2\left(a_{n+1} + \frac{1}{2}a_n\right) \quad \cdots\cdots ⑥$$

$$a_{n+2} - 2a_{n+1} = -\frac{1}{2}(a_{n+1} - 2a_n) \quad \cdots\cdots ⑦$$

である．⑥より，

$$a_{n+1} + \frac{1}{2}a_n = 2^{n-1}\left(a_2 + \frac{1}{2}a_1\right) = 10 \cdot 2^{n-1} \quad \cdots\cdots ⑧$$

また，⑦より，

$$a_{n+1} - 2a_n = \left(-\frac{1}{2}\right)^{n-1}(a_2 - 2a_1) = -\frac{5}{2} \cdot \left(-\frac{1}{2}\right)^{n-1} \quad \cdots\cdots ⑨$$

⑧，⑨の辺々の差をとると

$$\frac{5}{2}a_n = 10 \cdot 2^{n-1} + \frac{5}{2} \cdot \left(-\frac{1}{2}\right)^{n-1} \qquad \boldsymbol{a_n = 2^{n+1} + \left(-\frac{1}{2}\right)^{n-1}} \quad \cdots\cdots 答$$

詳説 EXPLANATION

▶ $\{a_n\}$ の漸化式が実数 p, q により $a_{n+2} = pa_{n+1} - qa_n$ （$n = 1$, 2, 3, ……）
（……(∗∗)）と与えられているとします．この式を(∗)のように変形することを考
えると，⑤，(∗∗)から

$$\begin{cases} \alpha + \beta = p \\ -\alpha\beta = -q \end{cases} \quad \text{すなわち} \quad \begin{cases} \alpha + \beta = p \\ \alpha\beta = q \end{cases}$$

つまり，$(a,\ b)$ は t の 2 次方程式 $t^2 - pt + q = 0$，つまり $t^2 = pt - q$ の 2 解です．
このことを覚えて解いている人もいることでしょう．

63. 連立漸化式

〈頻出度 ★★★〉

数列 $\{a_n\}$, $\{b_n\}$ は, $a_1 = -2$, $b_1 = -3$ であり,

$$a_{n+1} = 3a_n + 2b_n, \quad b_{n+1} = 3a_n - 2b_n \quad (n = 1, 2, 3, \cdots\cdots)$$

を満たす. このとき, 一般項 a_n, b_n を求めよ.

(同志社大)

着眼 VIEWPOINT

連立漸化式の問題です. 例えば, 数列 $\{a_n\}$, $\{b_n\}$ が次の条件で定まるとします.

$$a_1 = 1, \quad b_1 = 2, \quad \begin{cases} a_{n+1} = 2a_n + b_n \\ b_{n+1} = a_n + 2b_n \end{cases} \quad (n = 1, 2, 3, \cdots\cdots)$$

この例のような, 係数に対称性が見えるときならば, 2式の和, 差をとる方法が有効でしょう.

$$\begin{cases} a_{n+1} + b_{n+1} = 3(a_n + b_n) \\ a_{n+1} - b_{n-1} = a_n - b_n \end{cases}$$

とすることで, $a_n + b_n$, $a_n - b_n$ をそれぞれに求め, そこから a_n, b_n を得られます.

本問は係数の対称性がありません. そこで,

・数列 $\{a_n + pb_n\}$ をうまく等比数列にすること

・(通常の連立方程式のように) 一方の文字を消すこと (☞詳説)

の2つのアプローチで進めます.

解答 ANSWER

$$\begin{cases} a_{n+1} = 3a_n + 2b_n & \cdots\cdots① \\ b_{n+1} = 3a_n - 2b_n & \cdots\cdots② \end{cases}$$

ここで, p を実数として, ①, ②より,

$$\begin{aligned} a_{n+1} + pb_{n+1} &= (3a_n + 2b_n) + p(3a_n - 2b_n) \\ &= 3(1+p)a_n + 2(1-p)b_n \quad \cdots\cdots③ \end{aligned}$$

また, $r(a_n + pb_n) = ra_n + rpb_n$ より,

$$\begin{cases} 3(1+p) = r \\ 2(1-p) = rp \end{cases} \quad \text{すなわち} \quad (p, r) = \left(\frac{1}{3}, 4\right), \ (-2, -3) \quad \cdots\cdots④$$

④より, ①, ②は次のように変形できる.

$$a_{n+1} + \frac{1}{3}b_{n+1} = 4\left(a_n + \frac{1}{3}b_n\right),$$

$$a_{n+1} - 2b_{n+1} = -3(a_n - 2b_n)$$

したがって,

$$a_n + \frac{1}{3}b_n = 4^{n-1}\left(a_1 + \frac{1}{3}b_1\right) = -3 \cdot 4^{n-1} \quad \cdots\cdots ③$$

$$a_n - 2b_n = (-3)^{n-1}(a_1 - 2b_1) = 4(-3)^{n-1} \quad \cdots\cdots ④$$

$(③×6+④) \times \dfrac{1}{7}$, $(③-④) \times \dfrac{3}{7}$ より,

$$a_n = \frac{-18 \cdot 4^{n-1} + 4 \cdot (-3)^{n-1}}{7}$$

$$b_n = \frac{-9 \cdot 4^{n-1} - 12 \cdot (-3)^{n-1}}{7} \quad \cdots\cdots \boxed{答}$$

詳説 EXPLANATION

▶連立方程式の要領で,「一文字を消す」次の方針も考えられます.

別解

$$\begin{cases} a_{n+1} = 3a_n + 2b_n & \cdots\cdots ① \\ b_{n+1} = 3a_n - 2b_n & \cdots\cdots ② \end{cases}$$

①から

$$2b_n = a_{n+1} - 3a_n, \quad 2b_{n+1} = a_{n+2} - 3a_{n+1} \quad \cdots\cdots ⑤$$

である. ②から $2b_{n+1} = 6a_n - 2 \cdot 2b_n$ なので, ⑤より

$$a_{n+2} - 3a_{n+1} = 6a_n - 2(a_{n+1} - 3a_n)$$

$$a_{n+2} = a_{n+1} + 12a_n \quad \cdots\cdots ⑥$$

ここで,

$$a_{n+2} - \alpha a_{n+1} = \beta(a_{n+1} - \alpha a_n)$$

$$a_{n+2} = (\alpha + \beta)a_{n+1} - \alpha\beta a_n$$

なので,

$$\begin{cases} \alpha + \beta = 1 \\ -\alpha\beta = 12 \end{cases} \quad \text{すなわち} \quad (\alpha, \beta) = (4, -3), (-3, 4)$$

つまり, ⑥は次のように変形できる.

$$\begin{cases} a_{n+2} - 4a_{n+1} = -3(a_{n+1} - 4a_n) & \cdots\cdots ⑦ \\ a_{n+2} + 3a_{n+1} = 4(a_{n+1} + 3a_n) & \cdots\cdots ⑧ \end{cases}$$

$a_1 = -2$, $a_2 = -12$ であり, ⑦から

$$a_{n+1} - 4a_n = (a_2 - 4a_1) \cdot (-3)^{n-1} = -4 \cdot (-3)^{n-1} \quad \cdots\cdots ⑨$$

また, ⑧から

$$a_{n+1} + 3a_n = (a_2 + 3a_1) \cdot 4^{n-1} = -18 \cdot 4^{n-1} \quad \cdots\cdots ⑩$$

⑨, ⑩の辺々の差をとって

$$7a_n = -18 \cdot 4^{n-1} + 4 \cdot (-3)^{n-1}$$

$$a_n = \frac{-18 \cdot 4^{n-1} + 4 \cdot (-3)^{n-1}}{7} \quad \cdots\cdots \boxed{\text{答}}$$

また，①から

$$b_n = \frac{a_{n+1} - 3a_n}{2}$$

$$= \frac{1}{2}\left\{\frac{-18 \cdot 4^n + 4 \cdot (-3)^n}{7} - 3 \cdot \frac{-18 \cdot 4^{n-1} + 4 \cdot (-3)^{n-1}}{7}\right\}$$

$$= -\frac{9}{7}(4-3) \cdot 4^{n-1} + \frac{2}{7}(-3-3) \cdot (-3)^{n-1}$$

$$= \frac{-9 \cdot 4^{n-1} - 12 \cdot (-3)^{n-1}}{7} \quad \cdots\cdots \boxed{\text{答}}$$

64. 和の計算の工夫（和の公式の証明）

〈頻出度 ★★★〉

以下の問いに答えよ．答えだけでなく，必ず証明も記せ．

(1) 和 $1+2+\cdots+n$ を n の多項式で表せ．

(2) 和 $1^2+2^2+\cdots+n^2$ を n の多項式で表せ．

(3) 和 $1^3+2^3+\cdots+n^3$ を n の多項式で表せ． (九州大)

着眼 VIEWPOINT

誰もが知っている，和の公式の証明です．

和の公式

$$\sum_{k=1}^{n} k = 1+2+3+\cdots\cdots+n = \frac{n(n+1)}{2}$$

$$\sum_{k=1}^{n} k^2 = 1^2+2^2+3^2+\cdots\cdots+n^2 = \frac{n(n+1)(2n+1)}{6}$$

$$\sum_{k=1}^{n} k^3 = 1^3+2^3+3^3+\cdots\cdots+n^3 = \frac{n^2(n+1)^2}{4}$$

和の公式の証明はしばしば入試問題の題材とされてきています．この証明，実にさまざまな方法があるのですが，まずは「階差の和」の形に読みかえることです．この手の計算で有名なものは，分数を差の形に分解（部分分数分解）するものです．

$$\sum_{k=1}^{n} \frac{1}{k(k+1)} = \sum_{k=1}^{n}\left(\frac{1}{k}-\frac{1}{k+1}\right) = \left(\frac{1}{1}-\frac{1}{2}\right)+\left(\frac{1}{2}-\frac{1}{3}\right)+\cdots$$
$$\cdots+\left(\frac{1}{n}-\frac{1}{n+1}\right) = 1-\frac{1}{n+1}$$

同じ発想で，次の「連続する整数の積の分解」に慣れたいところです．

$$\sum_{k=1}^{n} k(k+1) = \frac{1}{3}\sum_{k=1}^{n}\{k(k+1)(k+2)-(k-1)k(k+1)\}$$

$$= \frac{1}{3}\{(1\cdot2\cdot3-0\cdot1\cdot2)+(2\cdot3\cdot4-1\cdot2\cdot3)+\cdots$$
$$\cdots+(n(n+1)(n+2)-(n-1)n(n+1))\}$$

$$= \frac{1}{3}n(n+1)(n+2)$$

解答 ANSWER

(1) 求める和をSとすると,

$$2S = \sum_{k=1}^{n} \{k + (n+1-k)\} = (n+1) \cdot n$$

$$\therefore \quad S = \frac{n(n+1)}{2} \quad （証明終）$$

$$
\begin{array}{l}
S = 1 + 2 + \cdots\cdots + (n-1) + n \\
+)S = n + (n-1) + \cdots\cdots + 2 + 1 \\
\hline
2S = n \times (1+n)
\end{array}
$$

(2) 求める和をTとする.

$$T = \sum_{k=1}^{n} k^2 = \sum_{k=1}^{n} \{k(k+1) - k\} = \sum_{k=1}^{n} k(k+1) - S \quad \cdots\cdots ①$$

ここで,

$$\sum_{k=1}^{n} k(k+1) = \frac{1}{3} \sum_{k=1}^{n} \{k(k+1)(k+2) - (k-1)k(k+1)\}$$

$$= \frac{1}{3} \{n(n+1)(n+2) - 0 \cdot 1 \cdot 2\}$$

$$= \frac{1}{3} n(n+1)(n+2)$$

したがって, ①から, (1)の結果と合わせて,

$$T = \frac{1}{3} n(n+1)(n+2) - \frac{1}{2} n(n+1)$$

$$= \frac{1}{6} n(n+1)\{2(n+2) - 3\}$$

$$= \frac{1}{6} n(n+1)(2n+1) \quad （証明終）$$

(3) 求める和をUとすると,

$$U = \sum_{k=1}^{n} k^3 = \sum_{k=1}^{n} \{k(k+1)(k+2) - 3k^2 - 2k\}$$

$$= \sum_{k=1}^{n} k(k+1)(k+2) - 3T - 2S \quad \cdots\cdots ②$$

ここで,

$$\sum_{k=1}^{n} k(k+1)(k+2) = \frac{1}{4} \sum_{k=1}^{n} \{k(k+1)(k+2)(k+3) - (k-1)k(k+1)(k+2)\}$$

$$= \frac{1}{4} \{n(n+1)(n+2)(n+3) - 0 \cdot 1 \cdot 2 \cdot 3\}$$

$$= \frac{1}{4} n(n+1)(n+2)(n+3)$$

したがって，②から，(1)，(2)の結果と合わせて，

$$U = \frac{1}{4}n(n+1)(n+2)(n+3) - 3 \cdot \frac{1}{6}n(n+1)(2n+1) - 2 \cdot \frac{1}{2}n(n+1)$$

$$= \frac{1}{4}n(n+1)\{(n+2)(n+3) - 2(2n+1) - 4\}$$

$$= \frac{1}{4}n^2(n+1)^2 \quad \text{（証明終）}$$

詳説 EXPLANATION

▶次のような方法も有名です．$\displaystyle\sum_{k=1}^{n} k = \frac{n(n+1)}{2}$ は認めたうえで，$\displaystyle\sum_{k=1}^{n} k^2$ の公式のみ示しておきます．

別解

(2)　$(k+1)^3 - k^3 = 3k^2 + 3k + 1 (\cdots\cdots③)$ は常に成り立つ．③で，$k = 1$，2，3，$\cdots\cdots$，n としたすべての式の辺々の和をとると

$$2^3 - 1^3 = 3 \cdot 1^2 + 3 \cdot 1 + 1$$
$$3^3 - 2^3 = 3 \cdot 2^2 + 3 \cdot 2 + 1$$
$$4^3 - 3^3 = 3 \cdot 3^2 + 3 \cdot 3 + 1$$
$$\vdots \qquad \vdots$$
$$+) \quad (n+1)^3 - n^3 = 3n^2 + 3n + 1$$

$$\overline{(n+1)^3 - 1^3 = 3\sum_{k=1}^{n} k^2 + 3 \cdot \frac{n(n+1)}{2} + 1 \cdot n} \qquad \longleftarrow \quad 1 + 2 + \cdots + n$$
$$= \frac{n(n+1)}{2}$$

したがって

$$3\sum_{k=1}^{n} k^2 = (n+1)^3 - \frac{3}{2}n(n+1) - n - 1$$

$$= \frac{n+1}{2}\{2(n+1)^2 - 3n - 2\}$$

$$= \frac{n(n+1)(2n+1)}{2}$$

$$\sum_{k=1}^{n} k^2 = \frac{n(n+1)(2n+1)}{6} \quad \text{（証明終）}$$

▶結果を知っているからこそ思いつく方法ではありますが，(2)であれば，$S_n = \dfrac{n(n+1)(2n+1)}{6}$ の階差数列を考える，という方法で難なく示せてしまいます．

別解

(2)　$n = 1, \ 2, \ 3, \ \cdots\cdots$ で，

$$\frac{n(n+1)(2n+1)}{6} - \frac{(n-1)n(2n-1)}{6}$$

$$= \frac{n}{6}\{(n+1)(2n+1) - (n-1)(2n-1)\}$$

$$= \frac{n \cdot 6n}{6} = n^2$$

である．したがって，

$$\sum_{k=1}^{n} k^2 = \sum_{k=1}^{n}\left\{\frac{k(k+1)(2k+1)}{6} - \frac{(k-1)k(2k-1)}{6}\right\}$$

$$= \frac{n(n+1)(2n+1)}{6} - \frac{0 \cdot 1 \cdot 1}{6} = \frac{n(n+1)(2n+1)}{6} \quad （証明終）$$

▶**正の整数に関する命題の証明なので，数学的帰納法で示そう**，と考えるのはごく自然です．（ただし，この問題は数学的帰納法「以外」でも示せることがとても大切です．）ここでは，$\displaystyle\sum_{k=1}^{n} k^2$ の公式のみ示しておくので，他の 2 つについては考えてみてください．

別解

(2)　$\displaystyle\sum_{k=1}^{n} k^2 = \frac{n(n+1)(2n+1)}{6}$　$(\cdots\cdots④)$ が $n = 1, \ 2, \ 3, \ \cdots\cdots$ で成り立つことを，数学的帰納法で示す．

(Ⅰ)　$1^2 = 1, \ \dfrac{1(1+1)(2 \cdot 1+1)}{6} = 1$ なので，$n = 1$ で④は成り立つ．

(Ⅱ)　$n = m$（m は正の整数）で④が成り立つとする．すなわち

$$\sum_{k=1}^{m} k^2 = \frac{m(m+1)(2m+1)}{6} \quad \cdots\cdots⑤$$

を仮定する．このとき

$$\sum_{k=1}^{m+1} k^2 = \sum_{k=1}^{m} k^2 + (m+1)^2$$

$$= \frac{m(m+1)(2m+1)}{6} + (m+1)^2 \quad （④より）$$

$$= \frac{(m+1)}{6}\{m(2m+1) + 6(m+1)\}$$

$$= \frac{(m+1)}{6} \cdot (2m^2+7m+6)$$

$$= \frac{(m+1)(m+2)(2m+3)}{6}$$

つまり，⑤のもとで，$n=m+1$ で④は成り立つ．

(I)，(II)より，$n=1$，2，……で④が成り立つことを示した． （証明終）

65. 漸化式と数学的帰納法

〈頻出度 ★★★〉

2つの数列 $\{a_n\}$, $\{b_n\}$ が次の条件を満たしている.

$$a_1 = 1, \quad b_1 = 0,$$

$$a_n = \frac{b_n + b_{n+1}}{2} \ (n = 1, 2, 3, \cdots), \quad b_{n+1} = \sqrt{a_n a_{n+1}} \ (n = 1, 2, 3, \cdots)$$

このとき, 次の問いに答えよ.

(1) a_2, a_3, a_4, b_2, b_3, b_4 の値を求めよ.

(2) a_n, b_n をそれぞれ推測し, それらが正しいことを数学的帰納法を用いて証明せよ.

(3) $S_n = \displaystyle\sum_{k=1}^{n} b_k$ を n を用いて表せ.

(香川大)

着眼 VIEWPOINT

漸化式を式変形しても, うまいこと「解ける」形にできないときは, $(a_1,) a_2, a_3,$ …の値を求め, これらより**一般項を推測する→**すべての n で成り立つことを, **数学的帰納法で証明する**, という流れで進めましょう. 多くの場合には, (本問のように) 問題の中で「推測せよ」「証明せよ」と導いてくれますが, ときにそうでない問題もあります. 漸化式の変形に行き詰まったら, 数学的帰納法, という逃げ道を用意しておくことです.

解答 ANSWER

$$a_n = \frac{b_n + b_{n+1}}{2}, \quad b_{n+1} = \sqrt{a_n a_{n+1}}$$

より,

$$b_{n+1} = 2a_n - b_n, \quad a_{n+1} = \frac{b_{n+1}{}^2}{a_n} \quad \cdots\cdots \text{①}$$

(1) ①と $a_1 = 1$, $b_1 = 0 (\cdots \text{②})$ より,

$$\boldsymbol{b_2 = 2, \quad a_2 = 4, \quad b_3 = 6, \quad a_3 = 9, \quad b_4 = 12, \quad a_4 = 16} \quad \cdots\cdots \text{答}$$

(2) (1)より, 一般項は

$$a_n = n^2 \quad \cdots\cdots \text{③}, \qquad b_n = n(n-1) \quad \cdots\cdots \text{④}$$

であると推測できる.

$$\begin{aligned} &a_1 = 1^2, \ a_2 = 2^2, \\ &a_3 = 3^2, \ a_4 = 4^2, \\ &b_1 = 1 \cdot 0, \ b_2 = 2 \cdot 1, \\ &b_3 = 3 \cdot 2, \ b_4 = 4 \cdot 3 \end{aligned}$$

②, ③が, $n = 1$, 2, 3, …で成り立つことを数学的帰納法で示す.

(i) $n=1$ のとき，①より②，③は成り立つ．

(ii) $n=k(k\geqq1)$ のとき，②，③が成り立つ．すなわち，

$$a_k=k^2,\ b_k=k(k-1)\ \ \cdots\cdots④$$

と仮定する．①，④より，

$$b_{k+1}=2a_k-b_k=2k^2-k(k-1)=(k+1)k$$

$$a_{k+1}=\frac{b_{k+1}{}^2}{a_k}=\frac{\{(k+1)k\}^2}{k^2}=(k+1)^2$$

であるから，$n=k+1$ で③，④が成り立つ．

(i)，(ii)より，どのような正の整数でも③，④

が成り立つ．　　　（証明終）

(3)　　　$\displaystyle S_n=\sum_{k=1}^{n}b_k$

$$=\sum_{k=1}^{n}(k-1)k$$

$$=\frac{1}{3}\sum_{k=1}^{n}\{(k-1)k(k+1)-(k-2)(k-1)k\}$$

$$=\frac{1}{3}(n-1)n(n+1)\ \ \cdots\cdots\boxed{答}$$

問題64参照．なお，

$$\sum_{k=1}^{n}(k-1)k$$

$$=\sum_{k=1}^{n}k^2-\sum_{k=1}^{n}k$$

$$=\frac{n(n+1)(2n+1)}{6}-\frac{n(n+1)}{2}$$

と計算することもできる．

Chapter

6

数列

66. 順列と組合せ

〈頻出度 ★★★〉

1 10個の文字，N，A，G，A，R，A，G，A，W，Aを左から右へ横1列に並べる．以下の問に答えよ．

(1) この10個の文字の並べ方は全部で何通りあるか．

(2) 「NAGARA」という連続した6文字が現れるような並べ方は全部で何通りあるか．

(3) N，R，Wの3文字が，この順に現れるような並べ方は全部で何通りあるか．ただしN，R，Wが連続しない場合も含める．

(4) 同じ文字が隣り合わないような並べ方は全部で何通りあるか．

(岐阜大)

2 8人を4組に分けることを考える．なお，どの組にも1人は属するものとする．

(1) 2人ずつ4組に分ける場合の数は何通りか．

(2) 1人，2人，2人，3人の4組に分ける場合の数は何通りか．

(3) 4組に分ける場合の数は何通りか．

(4) ある特定の2人が同じ組に入る場合の数は何通りか． (帝京大 改題)

着眼 VIEWPOINT

　条件を満たす並べ方，組合せの場合の数を求める典型的な問題です．場合の数を求める原則として，**あれこれと条件をつける人やものから，先に並べてしまう（組んでしまう）**という点を押さえておきましょう．「特に希望がない人は後回しにして，文句をいいそうな人の場所は先に決めてしまう」ことです．後は，よく出てくる考え方を，それぞれの問題を通じてマスターしましょう．

1 (2)のように隣り合う文字はセットにすることが原則です．(3)のように並び順が固定されているときは，（それらの文字の区別を捨てているのと同じことですから，）それらの文字のおき場所だけを決めてしまえばよいわけです．(4)のように隣り合わない文字があるときは，「先に他のものを並べてから間に挟み込む」か「隣り合う場所を数えてとり除く」が原則です．どちらがよいかは問題の条件

次第ですから，その都度判断しましょう．ただ，この問題は２つ以上ある文字が２種類あるので少々厄介です．**一度に処理せず，分けて考えることが大切です**．ＧかＡ，先に着目する文字を決めてしまうとよいでしょう．

2　同じ人数の組は，「いったん組を区別して組ませ，後で組の区別を除く」が原則です．「ある特定の２人」は，８人を出席番号１，２，……，８として，１番と２番の人，などと具体的にイメージするとよいでしょう．もちろん，この２人はあれこれ条件をつけているので，先に組に入れてしまいましょう．

解答 ANSWER

1　(1) A_1，A_2，A_3，A_4，A_5，G_1，G_2，N，R，Ｗの区別された10文字を横一列に並べ，$A_i(i=1, 2, \cdots, 5)$，$G_j(j=1, 2)$ の入れかえにより得られる $5!2!$ 通りを１つにみる．つまり，求める並べ方は

$$\frac{10!}{5!2!} = \textbf{15120（通り）} \quad \cdots\cdots \text{答}$$

(2) 文字をおく場所を，左から順に①，②，……，⑩とする．
"NAGARA" を並べる場所は　①〜⑥，②〜⑦，……，⑤〜⑩の５通りあり，残りの４カ所にＧ，Ｗ，Ａ，Ａを並べる．並べ方は，Ｇ，Ｗを並べる位置を順に決め，4×3 通りである．求める並べ方は

$$5 \times 12 = \textbf{60（通り）} \quad \cdots\cdots \text{答}$$

← ２つのＡをA_1，A_2と区別，$\frac{4!}{2!} = 12$ 通り，と考えてもよい．

(3) まずN，R，Ｗを配置する３カ所を選び，そこに左から順にN，R，Ｗを入れる．残りの７カ所にＡを５個，Ｇを２個並べる．したがって，求める並べ方は，

$$_{10}C_3 \times \frac{7!}{5!2!} = \frac{10 \cdot 9 \cdot 8}{3 \cdot 2} \times 21 = \textbf{2520（通り）} \quad \cdots\cdots \text{答}$$

(4) （Ａ以外の）Ｇ，Ｇ，N，Ｗ，Ｒを並べる並べ方は，N，Ｗ，Ｒを順に並べて

$$5 \times 4 \times 3 = 60 \text{（通り）}$$

← $\frac{5!}{2!} = 60$ 通り

ある．この文字列に対し，両端と文字の間の６カ所から異なる５つを選んでＡを入れると，Ａが隣り合わない文字列ができる．したがって，Ａが隣り合わない文字列は

$$60 \times {}_6C_5 = 360 \text{（通り）}$$

このうち，Ｇが隣り合うものは，$\boxed{\text{GG}}$，N，R，Ｗを並べたもの（$\boxed{\text{GG}}$ は１文字とみなす）の両端，および文字同士の間にＡを入れた文字列だから，そのようなものは $4! = 24$ 通りある．
ゆえに，ＡもＧも隣り合わない文字列は，

$$360 - 24 = \textbf{336（通り）} \quad \cdots\cdots \text{答}$$

2 (1) 4つの2人組にA, B, C, Dと名前をつけて区別する.

A, B, C, Dの順に入る2人を決めていくと, このような分け方は
$_8C_2 \cdot _6C_2 \cdot _4C_2$ 通り(……①)である.

4つの組の区別を除くと, 区別を除いたときの分け方1通りと, ①の4! 通り
(A, B, C, Dの入れかえ)が対応するから, 求める分け方は

$$\frac{_8C_2 \cdot _6C_2 \cdot _4C_2}{4!} = 105(通り) \quad \cdots\cdots 答$$

(2) 2個の2人の組にA, Bと名前をつけて区別する.

1人の組, A, B, 3人組の順に入る人を決めていくと, このような分け方
は $8 \cdot _7C_2 \cdot _5C_2$ 通り(……②)である.

A, Bの区別を除くと, 区別を除いたときの分け方1通りと, ②の2! 通り
(A, Bの入れかえ)が対応するから, 求める分け方は

$$\frac{8 \cdot _7C_2 \cdot _5C_2}{2!} = 840(通り) \quad \cdots\cdots 答$$

(3) 4組のうち, 最も人数の少ない組は2人組であり, このときは(1)で数えて
いる. 以下, 1人だけの組がいくつあるか, に注意して数える.

・1人, 1人, 1人, 5人と分ける
  8人から5人組を決めて,
  $$_8C_5 = _8C_3 = 56(通り)$$

・1人, 1人, 2人, 4人と分ける
  8人から2人組, 残り6人から4人組を決めて,
  $$_8C_2 \cdot _6C_4 = 420(通り)$$

・1人, 1人, 3人, 3人と分ける
  8人のうちどの2人が1人組かで $_8C_2$ 通り, 残り6人が3人ずつ分かれる
  方法は $\frac{_6C_3}{2!}$ 通りあるから,

  $$_8C_2 \cdot \frac{_6C_3}{2!} = 280(通り)$$

・1人, 2人, 2人, 3人と分ける
(2)より, 840(通り)
(1)の結果とあわせて, 求める分け方は,
$$105 + 56 + 420 + 280 + 840 = 1701(通り) \quad \cdots\cdots 答$$

(4) 問題文の「ある特定の2人」をX, Yとする.

・2人, 2人, 2人, 2人と分けるとき
  X, Y以外の6人が3個の2人組に分かれるから,

  $$\frac{_6C_2 \cdot _4C_2}{3!} = 15(通り)$$

・1人，2人，2人，3人と分けるとき
X，Yが2人組に入る場合，残り6人が1人，2人，3人に分かれるから，
$$6 \cdot {}_5C_2 = 60（通り）$$
X，Yが3人組に入る場合，残りの6人のうちどの人がX，Yと一緒かで

6通り．5人が1人，2人，2人に分かれる方法は$\frac{{}_5C_1 \cdot {}_4C_2}{2!}$通りあるから，

$$6 \times \frac{{}_5C_1 \cdot {}_4C_2}{2!} = 90（通り）$$

・1人，1人，1人，5人と分けるとき
X，Y以外の6人のうちどの3人がX，Yと一緒かで
$$_6C_3 = 20（通り）$$

・1人，1人，2人，4人と分けるとき
X，Yが2人組に入る場合，残り6人から4人組を作り，
$$_6C_4 = 15（通り）$$
X，Yが4人組に入る場合，残り6人のうちどの2人がX，Yと一緒か，どの2人が2人組かを考えて，
$$_6C_2 \cdot {}_4C_2 = 90（通り）$$

・1人，1人，3人，3人と分ける
残り6人のうち誰がX，Yと一緒かで6通り，他の5人から3人組を作ればよく，
$$6 \cdot {}_5C_3 = 60（通り）$$

以上から，求める分け方は，
$$15 + 60 + 90 + 20 + 15 + 90 + 60 = \mathbf{350}（通り） \quad \cdots\cdots\text{答}$$

詳説 EXPLANATION

▶① (4)では，次のように，先にGを入れておいても問題ありません．

別解

(4) G，G，N，W，Rを並べた文字列のうち，Gが隣り合うものは24通り，隣り合わないものは $60 - 24 = 36$（通り）である．

・G同士が隣り合うとき
2つのGの間にAを入れ，さらに，それ以外の文字列の両端，および文字同士の間の5カ所から4カ所を選んでAを入れる．

Aの入れ方は，それぞれ $_5C_4 = 5$（通り）である．

・Gが隣り合わないとき

6カ所の↑から5カ所を選んでAを入れる．Aの入れ方はそれぞれ

$_6C_5 = 6$（通り）．

したがって，

$24 \times 5 + 36 \times 6 = \mathbf{336}$（**通り**） ……**答**

▶ ② (3)は，（かなり面倒ですが，）いったん，4つの組に区別をつけたうえで，誰も入らない組（0人の組）を認めて8人を4組に分けてしまい，0人の組が存在する場合すべて除く，という考え方でもできるでしょう．

別解

(3) 組にA，B，C，Dと名前をつけて区別する．誰も入らない組を認めれば，それぞれの人についてどの組に入るかは4通りずつある．つまり，8人の入り方は4^8通り．このうち，

・1つの組にのみ人が入るとき

4（通り）

・2つの組にのみ人が入るとき

A〜Dのうちどの2組かで$_4C_2$通り．AとBに入る場合は$2^8 - 2$通り．他の場合も同様だから，全部で

$_4C_2 \cdot (2^8 - 2)$（通り）

・3つの組にのみ人が入るとき

A〜Dのうちどの3組かで$_4C_3$通り．A，B，Cに入る場合は

$3^8 - 3 - _3C_2 \cdot (2^8 - 2)$（通り）

他の場合も同様だから，全部で

$_4C_3 \cdot \{3^8 - 3 - _3C_2 \cdot (2^8 - 2)\}$（通り）

以上から，A〜Dそれぞれ1人以上入るものは，

$4^8 - 4 - _4C_2 \cdot (2^8 - 2) - _4C_3 \cdot \{3^8 - 3 - _3C_2 \cdot (2^8 - 2)\}$

$= 4^8 - 4 \cdot 3^8 + 6 \cdot 2^8 - 4 = 40824$（通り）

4つの組A〜Dの区別をとり除くと，求める場合の数は

$$\frac{40824}{4!} = \mathbf{1701}（\textbf{通り}） \quad ……\textbf{答}$$

(4)では，「ある2人」を1人にみて，(2)と同様に考えることもできます．

別解

(4) X，Yを1人にみる．このとき，求めるのは「7人を4組に分ける場合の数」である．

・1人，1人，1人，4人と分けるとき

$$_7C_4 = 35\,(通り)$$

・1人，1人，2人，3人と分けるとき

$$_7C_3 \cdot {}_4C_2 = 210\,(通り)$$

・1人，2人，2人，2人と分けるとき

$$_7C_2 \cdot {}_5C_2 \cdot {}_3C_2 \cdot \frac{1}{3!} = 105\,(通り)$$

以上から，求める分け方は

$$35 + 210 + 105 = \mathbf{350\,(通り)} \quad \cdots\cdots 答$$

67. 値の大小が決まった組の数え上げ

〈頻出度 ★★☆〉

n を3以上の整数とし，a, b, c は1以上 n 以下の整数とする．このとき，以下の問いに答えよ.

(1) $a<b<c$ となる a, b, c の組は何通りあるか.

(2) $a\leqq b\leqq c$ となる a, b, c の組は何通りあるか.

(3) $a<b$ かつ $a\leqq c$ となる a, b, c の組は何通りあるか.

(岡山大)

着眼 VIEWPOINT

値同士の大小が定まった組を数え上げる問題です．このテーマ自体が単独で出題されることも多いですし，他の問題の中で同種のアイデアが必要なこともあります.

(3)の解答のように「地道に，すべて数え上げる」イメージで，パラメタを設定して和をとることがあります．また，(2)の解答のように，組同士のうまい対応関係を考えて説明できることもあります（☞詳説）．いずれにしても，一通りの発想には触れておいてほしいものです.

解答 ANSWER

(1) 1，2，3，…，n から異なる3つの数を選び，小さい順に a, b, c とすれば，条件を満たす a, b, c の組に対応する．求める組は，

$$_n\mathrm{C}_3 = \frac{1}{6}n(n-1)(n-2)\ (\text{通り})\ \cdots\cdots 答$$

(2) $(A, B, C) = (a, b+1, c+2)$ とする．このとき，(1)と同様に考えて，(A, B, C) は

「$1\leqq A<B<C\leqq n+2$ であり，1から $n+2$ までの整数から異なる3つを選び，小さい方から順に A, B, C と定める」組である．このような組は

$$_{n+2}\mathrm{C}_3 = \frac{(n+2)!}{(n-1)!\,3!} = \frac{1}{6}n(n+1)(n+2)\ (\text{通り})$$

であり，$(a, b, c) = (A, B-1, C-2)$ と対応するので，条件を満たす (a, b, c) の組の数と同じである.

したがって，求める組は $\dfrac{1}{6}n(n+1)(n+2)\ (\text{通り})$ $\cdots\cdots 答$

(3)　$a=k\,(1\leqq k\leqq n-1)$ のとき，$k<b\leqq n$ を満たす b は $n-k$ 通りあり，$k\leqq c\leqq n$ を満たす c は $n-k+1$ 通りあるから，$a=k$ のもとで条件を満たす組 $(b,\ c)$ は $(n-k)(n-k+1)$ 通りある．

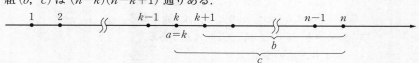

したがって，求める組 $(a,\ b,\ c)$ の総数は $\displaystyle\sum_{k=1}^{n}(n-k)(n-k+1)$ 通りである．

$n-k=i$ とおき換えると，i は $n-1$ から 1 まで動くので，求める組は

$$\sum_{k=1}^{n-1}(n-k)(n-k+1)=\sum_{i=1}^{n-1}i(i+1)$$

$$=\frac{1}{3}\sum_{i=1}^{n-1}\{i(i+1)(i+2)-(i-1)i(i+1)\}$$

$$=\frac{1}{3}\{(n-1)n(n+1)-0\cdot1\cdot2\}\qquad\text{◀ 問題64を参照}$$

$$=\frac{1}{3}n(n-1)(n+1)\ (通り)\quad\cdots\cdots\text{答}$$

詳説 EXPLANATION

▶(2)の対応関係は，例えば $a<b=c$ であれば，次の図のように理解するとよいでしょう．

1～n+2から異なる整数を3つ選ぶ

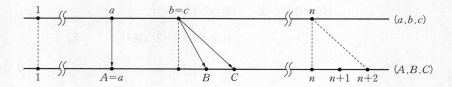

このように，$(A,\ B,\ C)=(a,\ b+1,\ c+2)$ と対応づけることで，「重なりをほぐす」ことを行っているのです．

▶ $a,\ b,\ c$ のいくつかが値が一致している，と考え，場合分けするのも堅実な方法でしょう．

別解

(2) (i)　$1 \leqq a < b < c \leqq n$ のとき，$(a,\ b,\ c)$ は ${}_nC_3$ 通りある.

(ii)　$1 \leqq a = b < c \leqq n$ のとき，${}_nC_2$ 通りある.

(iii)　$1 \leqq a < b = c \leqq n$ のとき，${}_nC_2$ 通りある.

(iv)　$a = b = c$ のとき，${}_nC_1 = n$ 通りある.

(i)〜(iv)より，求める組は，

$$ {}_nC_3 + 2 \cdot {}_nC_2 + n = \frac{1}{6} n(n+1)(n+2) \text{（通り）} \quad \cdots\cdots \text{答} $$

(3)　$a,\ b,\ c$ の大小で分類する. 1 から n の整数から 2 つ，または 3 つの数を選び，それを $a,\ b,\ c$ に対応づける.

(i)′　$a = c < b$ のとき，$(a,\ b)$ は ${}_nC_2$ 通りある.

(ii)′　$a < b = c$ のとき，$(a,\ b)$ は ${}_nC_2$ 通りある.

(iii)′　$a < b < c$ のとき，$(a,\ b,\ c)$ は ${}_nC_3$ 通りある.

(iv)′　$a < c < b$ のとき，$(a,\ b,\ c)$ は ${}_nC_3$ 通りある.

(i)′〜(iv)′より，求める組は，

$$ 2 \cdot {}_nC_2 + 2 \cdot {}_nC_3 = \frac{1}{3} n(n+1)(n-1) \text{（通り）} \quad \cdots\cdots \text{答} $$

▶次のように，○と仕切りの順列に帰着させることもできます. やや巧妙に感じるかもしれません.

別解

(2)　○と仕切りで考える. まず，○を $n-1$ 個，仕切りを 3 枚並べる. 次に，左側に○を 1 個加えて，左から 1 本目の仕切りよりも左の○の個数を a，2 本目の仕切りよりも左の○の個数を b，3 本目の仕切りよりも左の○の個数を c とする. このとき，○の仕切りの並べ方は，求める組と 1 対 1 に対応する. つまり，求める組は

$$ {}_{(n-1)+3}C_3 = {}_{n+2}C_3 = \frac{1}{6} n(n+1)(n+2) \text{（通り）} \quad \cdots\cdots \text{答} $$

68. 組分けに帰着

〈頻出度 ★★☆〉

K を 3 より大きな奇数とし，$l+m+n=K$ を満たす正の奇数の組 (l, m, n) の個数 N を考える．ただし，例えば，$K=5$ のとき，$(l, m, n) = (1, 1, 3)$ と $(l, m, n) = (1, 3, 1)$ とは異なる組とみなす．

(1) $K=99$ のとき，N を求めよ．

(2) $K=99$ のとき，l, m, n の中に同じ奇数を 2 つ以上含む組 (l, m, n) の個数を求めよ．

(3) $N>K$ を満たす最小の K を求めよ．

(東北大)

着眼 VIEWPOINT

与えられた式のままでは数え上げにくいので，正の整数の組と対応づけられるよう，おき換えてしまうのがよいでしょう．このように，**数えにくいものは，数えやすいものに対応づける**考え方は重要です．おき換えてしまえば，「区別のないものを，区別ある組に分ける」典型的な問題になります．(2)は，3 つとも同じ奇数のときとちょうど 2 つだけが同じ奇数のときで分けてしまうのが数えやすいでしょう．

解答 ANSWER

$$l+m+n=K \quad \cdots\cdots ①$$

$l=2a-1, \ m=2b-1, \ n=2c-1$（$a, b, c$ は正の整数）とおくと，① より

$$2(a+b+c)-3=K \quad \text{すなわち} \quad a+b+c=\frac{K+3}{2} \quad \cdots\cdots ②$$

(1) $K=99$ のとき，② は

$$a+b+c=51 \quad \cdots\cdots ③$$

求める N の値は，③ を満たす正の整数の組 (a, b, c) の個数と同じ．

③ を満たす組 (a, b, c) と，「51 個の○を 1 列に並べ，○同士の 50 カ所のすき間から 2 カ所を選んで仕切りを入れ，仕切られた 3 カ所にある○の個数を左から順に a, b, c とする」分け方は 1 対 1 に対応する．

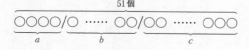

したがって，求める値は

$$N = {}_{50}C_2 = 25 \cdot 49 = \mathbf{1225} \quad \cdots\cdots \text{答}$$

(2)・$a = b = c$ のとき

　　③より，$a = b = c = 17$ となり，1 個ある．

・$a = b \neq c,\ a = c \neq b,\ b = c \neq a$ のとき

　　③より，$a = b \neq c$ となるのは，$2a + c = 51$ より，$a = 1,\ 2,\ \cdots,\ 25$ から

$a = 17$ を除いた $25 - 1 = 24$ 個ある．

これは，$a = c \neq b,\ b = c \neq a$ でも同様である．

以上より，求める組の数は

$$1 + 24 \times 3 = \mathbf{73}\,(\text{個}) \quad \cdots\cdots \text{答}$$

(3)　(1)と同様に，$N = {}_{\frac{K+1}{2}}C_2$ だから，$N > K$ を書き換えると

$$\frac{\dfrac{K+1}{2} \cdot \dfrac{K-1}{2}}{2} > K \iff (K+1)(K-1) > 8K$$

$$\iff K(K-8) > 1 \quad \cdots\cdots ④$$

④を満たす最小の K が求める値である．

$K = 5,\ 7$ のときは，$K(K-8)$ は負である．

$K = 9$ のとき，$K(K-8) = 9 > 1$ なので，求める値は　$K = \mathbf{9}$　$\cdots\cdots$答

69. 立体の塗り分け 〈頻出度 ★★★〉

(1) 赤, 青, 緑, 黄の4色で正四面体の各面を塗り分ける. 回転してすべての面の色の配置が同じになれば同じ塗り方とみなすと, 塗り方は何通りか.

(2) 赤, 青, 緑, 黄, 茶の5色から4色選んで(1)と同様に正四面体の各面を塗り分けるとき, 塗り方は何通りか.

(3) (2)と同じ5色で底面が正三角形の三角柱の各面を塗り分ける. 回転してすべての面の色の配置が同じになれば同じ塗り方とみなすと, 塗り方は何通りか.

(4) 赤, 青, 緑, 黄, 茶, 橙の6色で, 立方体の各面を塗り分ける. 回転してすべての面の色の配置が同じになれば同じ塗り方とみなすと, 塗り方は何通りか.

(東京理科大)

着眼 VIEWPOINT

立体の塗り分けの問題は, いわゆる円順列の問題と同じように考えます.「いずれか1つの面に着目して, 他の面の塗り方を考える」「面を区別して塗り分け, 面の区別をとり除く (☞詳説)」のどちらの立場で考えているかを明確にしましょう.

解答 ANSWER

(1) 1つの面を赤で塗る. 残る3つの面は,(既に塗った赤の面から見て)円形に青, 緑, 黄色を配置することと同じである.

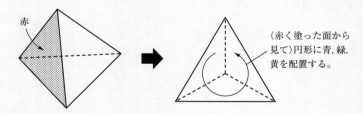

赤

(赤く塗った面から見て)円形に青, 緑, 黄を配置する。

したがって, $\dfrac{3!}{3} = 2$ (通り) ……**答**

(2) 5色のうちどの4色を用いるかで, 選び方は $_5C_4$ 通り.(1)より,

$$_5C_4 \times 2 = 10 \text{(通り)} \quad \cdots\cdots 答$$

(3) 上面と下面に塗る 2 色を先に選ぶ. 色の組み合わせは $_5C_2$ 通り. 例えば赤と青とする.

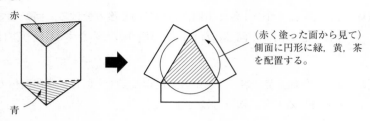

（赤く塗った面から見て）側面に円形に緑, 黄, 茶を配置する.

このとき, 側面の塗り方は（例えば, 既に塗った赤の面から見て）(1)と同様に 2 通りである. 上面, 下面が他の色の場合にも同じだけ塗り方があるので,

$$_5C_2 \cdot 2 = 20 \text{（通り）} \quad \cdots\cdots 答$$

(4) 立方体の 1 つの面を赤で塗る. このとき, 赤で塗った面と向かい合う面の塗り方は 5 通り.

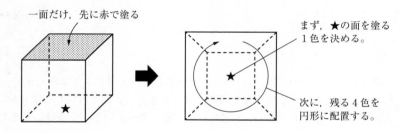

一面だけ, 先に赤で塗る

まず, ★の面を塗る 1 色を決める.

次に, 残る 4 色を円形に配置する.

残る 4 つの面の塗り方は（例えば, 既に塗った赤の面から見て）, 4 色を円形に配置することと同じなので, $\dfrac{4!}{4} = 6$ 通りである. したがって, 求める塗り方は

$$5 \times 6 = 30 \text{（通り）} \quad \cdots\cdots 答$$

詳説 EXPLANATION

▶「塗り分ける場所を区別し，色を塗り，区別をとり除く」という手順で理解することもできます．いくつかの問題に説明をつけるので，他の設問でも可能か考えてみましょう．

別解

(1) 右図のように，4つの面を①，②，③，④と区別しておく．

このとき，4面の塗り方は4! 通り．

ここで，面を区別せずに4面を塗り分けた1つの正四面体に着目する．これを，①〜④の面に区別すると，①の面の色の選び方が4通り，②の選び方が3通りで③，④の色はこの段階で決まる．

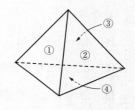

つまり，求める塗り方は $\dfrac{4!}{4\cdot 3}=2$ (通り) ……答

(4) 右図のように，6つの面を①，②，……，⑥と区別しておく．

このとき，6面の塗り方は6! 通り．

ここで，面を区別せずに6面を塗り分けた1つの立方体に着目する．

これを，①〜⑥の面に区別する．①の面の色の選び方が6通り，このときに⑥の色は同時に決まる．②の選び方が4通りで，③，④，⑤の色はこの段階で決まる．

つまり，求める塗り方は

$$\dfrac{6!}{6\cdot 4}=30 \text{ (通り)} \quad \text{……答}$$

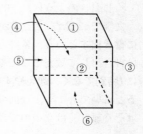

◀ 面の区別により，「本来」の数え方で1通りとする塗り方を，6×4＝24通りに見ている．

70. 確率の計算①

〈頻出度 ★★★〉

　n を自然数とするとき，1 から $2n$ までの相違なる自然数が 1 つずつ書かれた $2n$ 個の玉が袋の中に入っている．袋から 1 個の玉をとり出したときに書かれている数を a とする．この玉を袋に戻さずに，再び袋から 1 個の玉をとり出したときに書かれている数を b とするとき，以下の問いに答えなさい．

(1)　$2a = b$ または $a = 2b$ となる確率を求めなさい．

(2)　$a \geqq b$ となる確率を求めなさい．

(3)　$2a \geqq b$ となる確率を求めなさい．

(都立大)

着眼 VIEWPOINT

　くじ引きのように，「モノを戻さずに，順に並べる」型の問題です．

　文字で n，$2n$ などと書かれると身構える人がいます．**条件を満たす組を具体的に書き出す**という，素朴な方法で多くの場合は解決します．解答でも，基本的には書き出して数えることを中心に進めています．それでも理解が難しい人は，**n に（特別でなく，数えやすい）具体的な値を代入して，状況を調べることから始める**とよいでしょう．今回の問題なら，$n = 5$ や $n = 6$ くらいなら，組を書き出すのはそう難しくはないのではないでしょうか．

解答 ANSWER

組 $(a,\ b)$ の総数は $2n(2n-1)$ 通り（……①）であり，これらは同様に確からしい．

(1)　①のうち，$2a = b$ となるものは，

$$(1,\ 2),\ (2,\ 4),\ \cdots,\ (n,\ 2n)$$

の n 組である．同様に，$a = 2b$ となる組も n 組ある．したがって，求める確率は，

$$\frac{2n}{2n(2n-1)} = \frac{1}{2n-1} \quad \cdots\cdots\text{答}$$

(2)　①のうち，$a \geqq b$ となる組を数える．$a = k$（$2 \leqq k \leqq 2n$）とすると，この k に対して，$(k,\ b)$ は

$$(k,\ k-1),\ (k,\ k-2),\ (k,\ k-3),\ \cdots\cdots,\ (k,\ 2),\ (k,\ 1)$$

の $k-1$ 組ある．求める確率は，

$$\frac{\sum\limits_{k=2}^{2k}(k-1)}{2n(2n-1)}=\frac{\sum\limits_{m=1}^{2n-1}m}{2n(2n-1)}\quad(m=k-1 \text{とおいた})$$

$$=\frac{(2n-1)\cdot 2n}{2n(2n-1)\cdot 2}$$

$$=\frac{1}{2}\quad\cdots\cdots\text{答}$$

(3) ①のうち, $2a<b$ となる組は, $a=k$ $(1\leqq k\leqq n-1)$ とおくと,

$$(k,\ 2k+1),\ \cdots,\ (k,\ 2n)$$

の $2(n-k)$ 個ある. したがって $2a<b$ となる確率は,

$$\frac{\sum\limits_{k=1}^{n-1}2(n-k)}{2n(2n-1)}=\frac{\sum\limits_{m=n-1}^{n-1}2m}{2n(2n-1)}\quad(m=n-k \text{とおいた})$$

$$=\frac{\sum\limits_{m=1}^{n-1}2m}{2n(2n-1)}$$

$$=\frac{2\cdot\dfrac{(n-1)n}{2}}{2n(2n-1)}$$

$$=\frac{n-1}{2(2n-1)}$$

◀ $\displaystyle\sum_{k=1}^{n-1}(n-k)$
$= (n-1)+(n-2)+\cdots+2+1$
なので,「逆順」で和をとっても同じことです.

ゆえに, $2a\geqq b$ となる確率は,

$$1-\frac{n-1}{2(2n-1)}=\frac{3n-1}{2(2n-1)}\quad\cdots\cdots\text{答}$$

詳説 EXPLANATION

▶(2)の答は $\dfrac{1}{2}$ ですが, これを当然と思えるでしょうか. 次のように解答をまとめても, 問題ないでしょう.

別解

(2) $a\neq b$ である. したがって, 求める組は $a>b$ を満たすものである.

①のうち, $a>b$ となる組の個数と, $a<b$ となる組の個数は等しい. 求める確率は $\dfrac{1}{2}$ $\cdots\cdots$答

▶また, (3)は直接数えても, 解答の手間はあまり変わらないでしょう.

別解

(3) $2a \geqq b$ となる場合を数える. $a = k$ $(1 \leqq k \leqq 2n)$ とおくと, b は $b \leqq 2k$ を満たす. つまり,

　　　　　・$1 \leqq k \leqq n$ のとき,

　　　　　$(k, 1), \cdots, (k, 2k)$ から (k, k) を除いた $2k - 1$ 個.

　　　　　・$n+1 \leqq k \leqq 2n$ のとき,

　　　　　$(k, 1), \cdots, (k, 2n)$ から (k, k) を除いた $2n - 1$ 個.

求める確率は, $\dfrac{\displaystyle\sum_{k=1}^{n}(2k-1) + (2n-1) \times n}{2n(2n-1)}$ である.

以下, 「解答」と同じ.

71. 確率の計算②　　　　　　　　　　〈頻出度 ★★★〉

　1から12までの数がそれぞれ1つずつ書かれた12枚のカードがある.
これら12枚のカードから同時に3枚のカードをとり出し, 書かれている
3つの数を小さい順に並べかえ, $X<Y<Z$ とする. このとき, 以下の問
いに答えよ.

(1) $3 \leqq k \leqq 12$ のとき, $Z=k$ となる確率を, k を用いて表せ.

(2) $2 \leqq k \leqq 11$ のとき, $Y=k$ となる確率を, k を用いて表せ.

(3) $2 \leqq k \leqq 11$ のとき, $Y=k$ となる確率が最大になる k の値を求めよ.

（中央大）

着眼 VIEWPOINT

　値の大小などの条件を満たす組に関する問題です. 解答のように, 番号の並び
を図にかいてしまい, どこからとり出しているのか, を具体的にイメージした方
が間違いは少ないでしょう.

　後半のような, 確率の最大値を求める問題では, 解答のように**隣り合う2項の
差か比に着目して, 値の増減を調べる**ことが一般的です. ただし, 本問の場合は
2次関数ととらえて最大値を調べても, さほど苦労はありません. (☞詳説)

解答 ANSWER

(1)　3枚のカードのとり出し方の総数は,

$$_{12}C_3 = \frac{12 \cdot 11 \cdot 10}{3 \cdot 2 \cdot 1} = 220 \,(通り) \quad \cdots\cdots①$$

であり, これらは同様に確からしい.
①のうち, $Z=k$ となるのは, 残り2枚のカードを1以上 $k-1$ 以下からとり出

すときである. したがって, とり出し方は $_{k-1}C_2 = \dfrac{(k-1)(k-2)}{2}\,(通り)$ なので,

$Z=k$ となる確率は

$$\frac{_{k-1}C_2}{_{12}C_3} = \frac{(k-1)(k-2)}{440} \quad \cdots\cdots\text{答}$$

(2)　①のうち, $Y=k$ となるとり出し方は, 残り2枚のカードを「1以上 $k-1$ 以
下」「$k+1$ 以上12以下」から1枚ずつとり出すときである.

このようなとり出し方は，$(k-1)(12-k)$ 通りである．したがって，$Y=k$ となる確率を p_k とすると，

$$p_k = \frac{(k-1)(12-k)}{220} \quad \cdots\cdots ② 答$$

(3) $Y=k$ となる確率を p_k とする．② より，$2 \leqq k \leqq 11$ で

$$p_{k+1} - p_k = \frac{1}{220}\Big[k\cdot\{12-(k+1)\} - (k-1)(12-k) \Big]$$

$$= \frac{1}{220}\Big\{ k(11-k) - (k-1)(12-k) \Big\}$$

$$= \frac{1}{220}\Big\{ (-k^2+11k) - (-k^2+13k-12) \Big\}$$

$$= \frac{-k+6}{110}$$

つまり，$k<6$ で $p_{k+1}>p_k$，$k=6$ で $p_{k+1}=p_k$，$k>6$ で $p_{k+1}<p_k$ である．
したがって，$\{p_k\}$ の増減は次のようになる．

$$p_2 < p_3 < \cdots\cdots < p_6 = p_7 > p_8 > \cdots\cdots > p_{12}$$

ゆえに，$Y=k$ となる確率が最大となる k の値は　$k=6,\ 7$ 　$\cdots\cdots$答

詳説 EXPLANATION

> **別解**
>
> **(3)** $Y=k$ となる確率を p_k とする．② より，$2 \leqq k \leqq 11$ で
>
> $$\frac{p_{k+1}}{p_k} = \frac{220}{(k-1)(12-k)} \cdot \frac{k\cdot\{12-(k+1)\}}{220} = \frac{k(11-k)}{(k-1)(12-k)}$$
>
> であり，$\dfrac{p_{k+1}}{p_k} \geqq 1$ となる k を求める．$\dfrac{k(11-k)}{(k-1)(12-k)} \geqq 1$ から
>
> $$k(11-k) \geqq (k-1)(12-k)$$
> $$-k^2+11k \geqq -k^2+13k-12$$
> $$\therefore \quad k \leqq 6$$
>
> したがって，$\{p_k\}$ の増減は次のようになる．
>
> $$p_2 < p_3 < \cdots\cdots < p_6 = p_7 > p_8 > \cdots\cdots > p_{12}$$
>
> ゆえに，$Y=k$ となる確率が最大となる k の値は　$k=6,\ 7$ 　$\cdots\cdots$答

▶解答の(3)では p_k の増減に着目していますが，素朴に，k の 2 次関数ととらえて

もよいでしょう.

別解

(3) $p_k = \dfrac{-k^2+13k-12}{220}$

$= -\dfrac{1}{220}\left\{\left(k-\dfrac{13}{2}\right)^2-\left(\dfrac{13}{2}\right)^2+12\right\}$

つまり，$Y=k$ となる確率が最大となる k
の値は

$k=\mathbf{6},\ \mathbf{7}$　……**答**

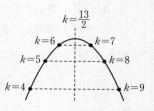

72. 確率の計算③ 〈頻出度 ★★★〉

数直線の原点上にある点が，以下の規則で移動する試行を考える．

（規則）　さいころを振って出た目が奇数の場合は，正の方向に
　　　　　1 移動し，出た目が偶数の場合は，負の方向に 1 移動する．

k 回の試行の後の，点の座標を $X(k)$ とする．

(1)　$X(10) = 0$ である確率を求めよ．

(2)　$X(1) \neq 0,\ X(2) \neq 0,\ \cdots,\ X(5) \neq 0$ であって，かつ，$X(6) = 0$
　　となる確率を求めよ．

(3)　$X(1) \neq 0,\ X(2) \neq 0,\ \cdots,\ X(9) \neq 0$ であって，かつ，$X(10) = 0$
　　となる確率を求めよ．

（千葉大）

着眼 VIEWPOINT

数直線上を動く点に関する，確率の問題です．(1)は直接考えても難しくありません が，(2)や(3)のように加えられる条件が複雑なときは，解答のように座標とステップ数でグラフ化してしまうと，経路数を数える問題に帰着され，考えやすくなります．

解答 ANSWER

各回のさいころの出目により，+1 移動する確率，−1 移動する確率は，それぞれ $\dfrac{3}{6} = \dfrac{1}{2}$ である．

(1)　$X(10) = 0$ となるのは，+1 の移動，−1 の移動が 5 回ずつのときに限られる．

このような移動の方法は $_{10}\mathrm{C}_5$ 通りであり，それぞれの確率は $\dfrac{1}{2^{10}}$ であることから，求める確率は

$$\frac{_{10}\mathrm{C}_5}{2^{10}} = \frac{63}{256} \quad \cdots\cdots \boxed{\text{答}}$$

(2)　以下，横軸に試行の回数，縦軸に座標をとる．すなわち，「正の方向に 1 進むときは↗，負の方向に 1 進むときは↘」とする．

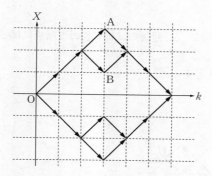

　1回目の移動が＋1のとき，条件を満たす進み方は，図のAを通るときとB
を通るときで2通りである．同様に，1回目の移動が－1のときも2通りで，合
計で4通りの進み方がある．したがって，求める確率は

$$\frac{4}{2^6} = \frac{1}{16} \quad \cdots\cdots 答$$

(3)　1回目の移動が＋1のときのみ考える．

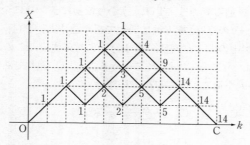

条件を満たす進み方は図の実線上を通ってOからCに行く経路に対応するので，
14通りである．これは，1回目の移動が－1のときも同様に14通りなので，全
部で28通りの進み方がある．したがって，求める確率は

$$\frac{28}{2^{10}} = \frac{7}{256} \quad \cdots\cdots 答$$

詳説 EXPLANATION

▶次のように，(2)，(3)の確率をまとめて考えることもできます．このような，正
方形状の格子を，対角線で交差することなく向こうの点まで進む経路の総数を考
える問題は，カタラン数と呼ばれる数で与えられます．

別解

(2), (3)をまとめて考えるために,「$2n$回目の試行で初めて原点に戻る(……
(*))」確率を考える.

1回目の移動が$+1$のときを考える.

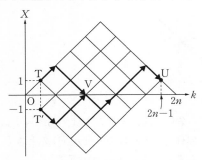

$n \geqq 2$で考える.このとき,点は図中の点$\mathrm{T}(1, 1)$に動き,最後の移動
は点$\mathrm{U}(2n-1, 1)$から$(2n, 0)$へと動く.この間の道順を考えると,↗
に$n-1$回,↘に$n-1$回動くことから,進み方は$_{2n-2}\mathrm{C}_{n-1}$通り.この進
み方のうち,$X \leqq 0$を通るものは,$\mathrm{T}(1, 1)$から最初に$X=0$に至る部分
の進み方(図中の$\mathrm{T}'{\to}\mathrm{V}$の経路)を$k$軸に関して折り返すと,$\mathrm{T}'(1, -1)$か
らVに至る進み方(図中の$\mathrm{T}{\to}\mathrm{V}$の経路)と1対1に対応する.このような
進み方は,↗にn回,↘に$n-2$回動くことから,$_{2n-2}\mathrm{C}_n$通りである.し
たがって,$X>0$のみを通るTからUへの経路は

$$_{2n-2}\mathrm{C}_{n-1} - {}_{2n-2}\mathrm{C}_n = {}_{2n-2}\mathrm{C}_{n-1} - \frac{n-1}{n} \cdot {}_{2n-2}\mathrm{C}_{n-1}$$

$$= \frac{{}_{2n-2}\mathrm{C}_{n-1}}{n}$$

1回目の移動が-1のときも,同様に$\dfrac{{}_{2n-2}\mathrm{C}_{n-1}}{n}$通りである.つまり,(*)
の確率は,

$$2 \cdot \frac{{}_{2n-2}\mathrm{C}_{n-1}}{n} \cdot \frac{1}{2^{2n}} = \frac{{}_{2n-2}\mathrm{C}_{n-1}}{n \cdot 2^{2n-1}} \quad \cdots\cdots (**)$$

である.

(2) (**)で$n=3$として,$\dfrac{1}{16}$ ……**答**

(3) (**)で$n=5$として,$\dfrac{7}{256}$ …**答**

73. 確率の計算④　　　　〈頻出度 ★★★〉

4個のさいころを同時に投げるとき，出る目すべての積をXとする．以下の問いに答えよ．

(1) Xが25の倍数になる確率を求めよ．

(2) Xが4の倍数になる確率を求めよ．

(3) Xが100の倍数になる確率を求めよ．　　　　(九州大)

着眼 VIEWPOINT

「さいころの目の積がNの倍数」は，非常によく出題されるテーマです．

この問題は見た目よりもずっと解きにくく，確率が苦手な人からすれば「答えを見ればわかるけど，自分では解けない」典型的な問題です．自分で考え，解き進める際には，**できるだけ具体的に場合を分けること**，に注意してください．解答を見るとわかる通り，「m回以上はnの目が出る」ではなく，「nの目がm回，Nの目がM回，…」と，具体的な場合分けになっていることがわかります．細かく分けることで，それぞれの数え上げを容易にします．

Chapter 7 場合の数と確率

解答 ANSWER

さいころをD_1，D_2，D_3，D_4と区別する．また，それらに出る目を順にx_1，x_2，x_3，x_4とする．組(x_1, x_2, x_3, x_4)は全部で6^4通りであり，これらは同様に確からしい．

(1) Xが25の倍数になるのは，4つのさいころの目のうち「5の目が2個以上出るとき」である．

x_1，x_2，x_3，x_4のうち，条件を満たすのは次のいずれかのとき．

- 5がちょうど2つ，5以外が2つ
- 5がちょうど3つ，5以外が1つ
- 5が4つ

このような組(x_1, x_2, x_3, x_4)は，「どのさいころに5が出たか」「5以外の目は何か」に注意して

$$_4C_2 \cdot 5^2 + _4C_3 \cdot 5 + 1 = 171 \text{（通り）}$$

である．したがって，求める確率は，

$$\frac{171}{6^4} = \frac{19}{144} \quad \cdots\cdots \text{答}$$

← 「5がちょうど2つ，5以外が2つ」のときであれば，5が出たさいころの選び方で$_4C_2$通り，5以外の目は5通りなので，残る2つのさいころの目の出方が5^2通り．

(2)　「X が 4 の倍数になる」余事象を考える．すなわち，

　　　・X が奇数：4 つの目がすべて奇数

　　　・X が 4 で割って 2 余る整数：1 つの目だけ 2 または 6 で，他の 3 つが
　　　　すべて奇数

のいずれかとなる確率を考えると，$\dfrac{3^4 + {}_4C_1 \cdot 2 \cdot 3^3}{6^4} = \dfrac{11}{48}$ である．

したがって，求める確率は　$1 - \dfrac{11}{48} = \dfrac{\mathbf{37}}{\mathbf{48}}$　……**答**

(3)　4 つのさいころのうち，5 の目がいくつ出たかで場合を分けて考える．

　(i)　5 がちょうど 2 つ，5 以外が 2 つのとき

　　(ア)　「5 以外」が偶数 2 つのとき

　　　どの 2 つが 5 となるか，その組み合わせが ${}_4C_2$ 通り．「5 以外」の 2 つの目
　　　は，それぞれに 2，4，6 のどれかで 3 通りずつある．つまり，このときの
　　　組 $(x_1,\ x_2,\ x_3,\ x_4)$ は ${}_4C_2 \cdot 3^2$ 通りある．

　　(イ)　「5 以外」の一方が 4，他方が 5 でない奇数のとき

　　　どの 2 つの目が 5 か，その組み合わせが ${}_4C_2$ 通り．残る 2 つについて，一
　　　方が 4 であり，他方は 1，3 のいずれかである．つまり，このときの $(x_1,$
　　　$x_2,\ x_3,\ x_4)$ は ${}_4C_2 \cdot 2^2$ 通りある．

　(ii)　5 がちょうど 3 つ，5 以外が 1 つのとき

　　「5 以外」の目は 4 となる他ない．$x_1,\ x_2,\ x_3,\ x_4$ のどの 3 個が 5 かで決まる．
　　つまり，このときの $(x_1,\ x_2,\ x_3,\ x_4)$ は ${}_4C_3$ 通りある．

　(i)，(ii)から，求める確率は

$$\frac{{}_4C_2 \cdot 3^2 + {}_4C_2 \cdot 2^2 + 4}{2^4 \cdot 3^4} = \frac{27 + 12 + 2}{2^3 \cdot 3^4} = \frac{\mathbf{41}}{\mathbf{648}}　\text{……}\textbf{答}$$

74. 確率と漸化式① 〈頻出度 ★★★〉

整数 a_1, a_2, a_3, … を，さいころを繰り返し投げることにより，以下のように定めていく．まず，$a_1 = 1$ とする．そして，正の整数 n に対し，a_{n+1} の値を，n 回目に出たさいころの目に応じて，次の規則で定める．

（規則） n 回目に出た目が 1，2，3，4 なら $a_{n+1} = a_n$ とし，5，6 なら
$a_{n+1} = -a_n$ とする．

例えば，さいころを 3 回投げ，その出た目が順に 5，3，6 であったとすると，$a_1 = 1$，$a_2 = -1$，$a_3 = -1$，$a_4 = 1$ となる．

$a_n = 1$ となる確率を p_n とする．ただし，$p_1 = 1$ とし，さいころのどの目も，出る確率は $\frac{1}{6}$ であるとする．

(1) p_2，p_3 を求めよ．

(2) p_{n+1} を p_n を用いて表せ．また，p_n を求めよ． (筑波大 改題)

着眼 VIEWPOINT

漸化式を立式することで，確率を求める典型的な問題です．

本問のように，漸化式を立てるよう誘導がついていることが多いですが，必要に応じて，自力で漸化式を立てることが求められる問題もあります．漸化式を立てることでうまくいく問題は，「直前の状況により，今の状況が決まること」「数少ない状況を行き来していること」が挙げられます．"樹形図をかいたときに，同じ枝が繰り返される"といえば，イメージできるでしょうか．

このように，$1 \begin{smallmatrix}1\\-1\end{smallmatrix}$，$-1\begin{smallmatrix}-1\\1\end{smallmatrix}$ の 2 種類の枝が延々と続くのが，この問題における推移の過程です．この，「繰り返される枝」を式にしてしまおう，というのが，漸化式を立てて考える根拠です．

解答 ANSWER

(1) さいころの目の出方は 6 通りで，これらはすべて同様に確からしい．$a_2=1$ となるのは 1 回目に出た目が 1，2，3，4 のときであるから，

$$p_2=\frac{4}{6}=\frac{2}{3} \quad \cdots\cdots \boxed{答}$$

$a_3=1$ となるのは，

　　　・$a_2=1$ であり，2 回目に出た目が 1，2，3，4 のいずれかのとき
　　　・$a_2=-1$ であり，2 回目に出た目が 5，6 のいずれかのとき

のいずれかである．

したがって，求める確率は

$$p_3=p_2\cdot\frac{4}{6}+(1-p_2)\cdot\frac{2}{6}=\frac{5}{9} \quad \cdots\cdots \boxed{答}$$

(2) $a_{n+1}=1$ となるのは，

　　　・$a_n=1$ であり，n 回目に出た目が 1，2，3，4 のいずれかのとき
　　　・$a_n=-1$ であり，n 回目に出た目が 5，6 のいずれかのとき

のいずれかである．$a_n=1$ となる事象を A_n，$a_n=-1$ となる事象を B_n とすれば，A_n，B_n から A_{n+1}，B_{n+1} へ，次のように推移する．

$$\left(\begin{array}{l}\longrightarrow : \times\dfrac{2}{3} \\ \cdots\cdots : \times\dfrac{1}{3}\end{array}\right)$$

◀ A_{n+1} に「入ってくる矢印」にのみ着目して，式を立てている

つまり，p_{n+1} を p_n で表すと

$$p_{n+1}=p_n\cdot\frac{2}{3}+(1-p_n)\cdot\frac{1}{3} \quad \text{すなわち}$$

$$p_{n+1}=\frac{1}{3}p_n+\frac{1}{3} \quad \cdots\cdots \boxed{答}$$

したがって，

$$p_{n+1}=\frac{1}{3}p_n+\frac{1}{3}$$

$$p_{n+1}-\frac{1}{2}=\frac{1}{3}\left(p_n-\frac{1}{2}\right)$$

◀ $x=\frac{1}{3}x+\frac{1}{3}$ より $x=\frac{1}{2}$，
$p_{n+1}=\frac{1}{3}p_n+\frac{1}{3}$ と，
辺々の差をとっている

となる．数列 $\left\{p_n-\frac{1}{2}\right\}$ は初項 $p_1-\frac{1}{2}=\frac{1}{2}$，公比 $\frac{1}{3}$ の等比数列である．よって，

$$p_n-\frac{1}{2}=\frac{1}{2}\cdot\left(\frac{1}{3}\right)^{n-1} \quad \text{すなわち} \quad p_n=\frac{1}{2}\left(\frac{1}{3}\right)^{n-1}+\frac{1}{2} \quad \cdots\cdots \boxed{答}$$

75. 確率と漸化式②　　　　〈頻出度 ★★★〉

　3人でジャンケンをする．各人はグー，チョキ，パーをそれぞれ $\frac{1}{3}$ の確率で出すものとする．負けた人は脱落し，残った人で次回のジャンケンを行い（あいこのときは誰も脱落しない），勝ち残りが1人になるまでジャンケンを続ける．このとき各回の試行は独立とする．3人でジャンケンを始め，ジャンケンが n 回目まで続いて n 回目終了時に2人が残っている確率を p_n，3人が残っている確率を q_n とおく．

(1)　p_1，q_1 を求めよ．

(2)　p_n，q_n が満たす漸化式を導き，p_n，q_n の一般項を求めよ．

(3)　ちょうど n 回目で1人の勝ち残りが決まる確率を求めよ．　　（名古屋大）

着眼 VIEWPOINT

　問題74と同様に，漸化式を立て，これを解くことで確率を求めるよう誘導された問題です．「3人残っている」「2人残っている」の状況しかないので，漸化式を立てて説明するのに都合がよい問題ということでしょう．前問と同様に，状況の推移を図で表すことで整理し，立式しましょう．

解答 ANSWER

　3人でジャンケンを1回行うとき，すべての手の出し方は 3^3 通りであり，これらは同様に確からしい．

　　3人のうち1人だけが勝つ確率は，

　　どの1人がどの手で勝つかに着目して，$\dfrac{3 \cdot 3}{3^3} = \dfrac{1}{3}$

　　3人のうち2人が勝つ確率は，

　　どの2人がどの手で勝つかに着目して，$\dfrac{3 \cdot 3}{3^3} = \dfrac{1}{3}$　　……①

　　あいこになる確率は，全員が同じ手になるか，

　　異なる手になるかで場合分けして，$\dfrac{3 + 3!}{3^3} = \dfrac{1}{3}$

である．また，2人でジャンケンを1回行うとき，すべての手の出し方は 3^2 通りであり，これらは同様に確からしい．
①と同様に考えることにより，

$$\left.\begin{array}{l}\text{勝敗が決まる確率は，}\ \dfrac{3\cdot 2}{3^2}=\dfrac{2}{3}\\[2mm]\text{あいこになる確率は，}\ \dfrac{3}{3^2}=\dfrac{1}{3}\end{array}\right\}\ \cdots\cdots ②$$

である．

(1)　①より，　$p_1=\dfrac{1}{3}$，$q_1=\dfrac{1}{3}$　……答

(2)　n 回目のジャンケンの結果，

$\qquad$ 3 人が残っていることを　事象 A_n，

$\qquad$ 2 人が残っていることを　事象 B_n

とする．①より，A_n，B_n から A_{n+1}，B_{n+1} へ次のように推移する．

$$\begin{array}{ccc} A_n & \longrightarrow & A_{n+1} \\ & \searrow & \\ B_n & \longrightarrow & B_{n+1} \end{array} \qquad \left(\longrightarrow : \times\dfrac{1}{3}\right)$$

したがって，次が成り立つ．

$$p_{n+1}=p_n\cdot\dfrac{1}{3}+q_n\cdot\dfrac{1}{3}=\dfrac{1}{3}p_n+\dfrac{1}{3}q_n\ \ \cdots\cdots③$$

$$q_{n+1}=q_n\cdot\dfrac{1}{3}=\dfrac{1}{3}q_n\qquad\qquad\qquad\cdots\cdots④$$

$p_0=0$，$q_0=1$ と定めると，③，④は $n\geqq 0$ に対して成り立つ．

$\blacktriangleleft$ $n=1$ を初項とすると $p_1=\dfrac{1}{3}$，$q_1=\dfrac{1}{3}$

④より，数列 $\{q_n\}$ は初項 $q_0=1$，公比 $\dfrac{1}{3}$ の等比数列だから，

$$q_n=1\cdot\left(\dfrac{1}{3}\right)^n=\dfrac{1}{3^n}\ \ \cdots\cdots答$$

である．③に代入すると，

$$p_{n+1}=\dfrac{1}{3}p_n+\dfrac{1}{3^{n+1}}\ \ \text{すなわち}$$

$$3^{n+1}p_{n+1}=3^np_n+1\ \ \cdots\cdots⑤$$

$\blacktriangleleft$ $3^1p_1=1$，を初項としてもよい．

⑤より，数列 $\{3^np_n\}$ は初項 $3^0p_0=0$，公差 1 の等差数列なので，

$\blacktriangleleft$ $r_n=3^np_n$ とおくと，$r_0=0$，$r_{n+1}=r_n+1$

$$3^np_n=n\cdot 1\ \ \text{すなわち}\ \ p_n=\dfrac{n}{3^n}\ \ \cdots\cdots答$$

(3)　$n\geqq 2$ とする．ちょうど n 回目のジャンケンで勝者が 1 人に決まるのは，次のいずれかのときである．

・$n-1$ 回目のジャンケンで 3 人が残り，次のジャンケンで 1 人のみが勝利する．

・$n-1$ 回目のジャンケンで 2 人が残り，次のジャンケンで勝敗がは同時に起きない．①，②と(2)の結果より，求める確率は，

$$p_{n-1} \cdot \frac{2}{3} + q_{n-1} \cdot \frac{1}{3} = \frac{n-1}{3^{n-1}} \cdot \frac{2}{3} + \frac{1}{3^{n-1}} \cdot \frac{1}{3} = \frac{2n-1}{3^n} \quad \cdots\cdots ⑥$$

また，⑥で $n=1$ とすると $\frac{1}{3}$ となり，1 回のジャンケンで勝者が 1 人に決まる

確率は①より $\frac{1}{3}$ なので，⑥は $n=1$ でも成り立つ．

以上から，求める確率は $\dfrac{2n-1}{3^n}$ ……**答**

詳説 EXPLANATION

▶問題では，人数の推移から漸化式を立て，「ちょうど n 回目に勝者が 1 人に決まる確率」を求めるよう誘導されています．しかし，(立てた式を使わないのは不自然ではありますが)「2 人の状態を経由するか否か」「3 人から 2 人になるジャンケンが何回目に起こるか」に着目すれば，漸化式を立てなくても解答には至ります．

別解

(3) $n \geqq 2$ とする．n 回目のジャンケンで勝者が 1 人に決まるのは，次のいずれかのときである．

(ⅰ) 1 回目から $n-1$ 回目までの 3 人であいこを続ける．n 回目のジャンケンで勝者が 1 人に決まる．

(ⅱ) 1 回目から $j-1$ 回目までは 3 人であいこ，j 回目に 3 人から 2 人となり，以降 $n-1$ 回目まで 2 人であいこを続け，n 回目のジャンケンで勝者が 1 人に決まる．($j = 1, 2, \cdots\cdots, n-1$)

(ⅰ)の確率は，解答の①から $\left(\dfrac{1}{3}\right)^{n-1} \cdot \dfrac{1}{3} = \dfrac{1}{3^n}$

(ⅱ)の確率は，解答の①，②から

$$\sum_{j=1}^{n-1} \left(\frac{1}{3}\right)^{j-1} \cdot \frac{1}{3} \cdot \left(\frac{1}{3}\right)^{(n-1)-j} \cdot \frac{2}{3} = \sum_{j=1}^{n-1} \frac{2}{3^n} = \frac{2(n-1)}{3^n}$$

(ⅰ)，(ⅱ)の確率を合わせて，$\dfrac{1}{3^n} + \dfrac{2(n-1)}{3^n} = \dfrac{2n-1}{3^n}$

これは，$n=1$ でも成り立つ．よって，求める確率は $\dfrac{2n-1}{3^n}$ ……**答**

76. 条件つき確率（原因の確率） 〈頻出度 ★★☆〉

　ある感染症の検査について，感染していると判定されることを陽性といい，また，感染していないと判定されることを陰性という．そして，ここで問題にする検査では，感染していないのに陽性（偽陽性）となる確率が10％あり，感染しているのに陰性（偽陰性）となる確率が30％ある．全体の20％が感染している集団から無作為に1人を選んで検査するとき，以下の問いに答えよ．なお，(1)〜(4)では，1回だけこの検査を行うものとする．

(1)　検査を受ける者が感染していない確率を求めよ．

(2)　検査を受ける者が感染しており，かつ陽性である確率を求めよ．

(3)　検査を受ける者が陽性である確率を求めよ．

(4)　検査の結果が陽性であった者が実際に感染している確率を求めよ．

(5)　1回目の検査で陰性であった者に対してのみ，2回目の検査を行うものとする．このとき，1回目または2回目の検査で陽性と判定された者が，実際には感染していない確率を求めよ． （成蹊大）

着眼 VIEWPOINT

　条件つき確率の問題はもとより出題頻度は高いのですが，新型コロナウイルスの蔓延をきっかけに，感染症の検査，あるいは感染の拡大を題材とした入試問題が医学部，薬学部を中心に非常に多くなりました．

　条件つき確率は，次のように定義されます．

条件つき確率

　2つの事象A，Bについて，Aが起こったときにBの起こる確率を，Aが起こったときのBが起こる条件つき確率といい，$P_A(B)$で表す．このとき

$$P_A(B) = \frac{P(A \cap B)}{P(A)}$$

　ただし，これを覚えて解こう，というのは土台無理な話です．（無理に覚えても理解が伴いません．）条件つき確率$P_A(B)$とは，「AかつBが起こる確率」ではな

く，「もう A が起こっていて，そのもとで B も起こる確率」です．

解答 ANSWER

(1) 全体の20％が感染していることから，感染していない確率は，

$$1-\frac{1}{5}=\frac{4}{5} \quad \cdots\cdots\text{答}$$

(2) (1)の結果と問いの条件より，次の表を得る．

	感染者	非感染者
陽性	$\frac{1}{5}\cdot\frac{7}{10}$ ①	$\frac{4}{5}\cdot\frac{1}{10}$ ②
陰性	$\frac{1}{5}\cdot\frac{3}{10}$ ③	$\frac{4}{5}\cdot\frac{9}{10}$ ④

表の①の確率が求めるものである．したがって，$\frac{1}{5}\cdot\frac{7}{10}=\frac{7}{50}$ $\cdots\cdots$答

(3) 「実際に感染していて，陽性」「実際には感染しておらず，陽性」の2つの場合を考える．つまり，表の①＋②が求める確率である．$\frac{7}{50}+\frac{4}{5}\cdot\frac{1}{10}=\frac{11}{50}$ $\cdots\cdots$答

(4) 陽性である確率は①＋②であり，また，「実際に感染していて，陽性」である確率は①である．

したがって，求める条件つき確率は $\dfrac{①}{①+②}=\dfrac{\frac{7}{50}}{\frac{11}{50}}=\dfrac{7}{11}$ $\cdots\cdots$答

(5) 表の③と④にあたる人に再検査を行う．「再検査を行い，かつ，2回目の検査で陽性」の確率は，$③\times\frac{7}{10}+④\times\frac{1}{10}$ である．したがって，求める条件つき確率は $\dfrac{（感染していないかつ1回目または2回目で陽性の確率）}{（1回目で陽性の確率）＋（2回目で陽性の確率）}$ であるから，

$$\frac{②+④\times\frac{1}{10}}{①+②+③\times\frac{7}{10}+④\times\frac{1}{10}}=\frac{\frac{4}{50}+\frac{4}{5}\cdot\frac{9}{10}\cdot\frac{1}{10}}{\frac{11}{50}+\frac{1}{5}\cdot\frac{3}{10}\cdot\frac{7}{10}+\frac{4}{5}\cdot\frac{9}{10}\cdot\frac{1}{10}}$$

$$=\frac{76}{167} \quad \cdots\cdots\text{答}$$

詳説 EXPLANATION

▶次のような例だと,「条件つき確率」を理解できるでしょうか.
「どこかに行くたびにサイフを $\frac{1}{5}$ の確率で落とす T くんが,家を出発し,学校,コンビニ,公園,と寄り道して帰ったら,サイフを落としていたとします.学校にある確率は?」
求めるのは「学校にサイフを落とした確率」ではありません.「もうサイフはどこかに落としていて,そのサイフが学校に落ちている確率」ということですね.

　無理なく $P_A(B)$ などの記号を使える人はそれでよいですが,実践的には,解答のように,起こりうる場合を表にまとめ,どの値の比をとっているかを書いてしまう,という形が良いでしょう.

▶1回の検査で「陽性だが,感染していない」条件つき確率は

$\dfrac{②}{①+②} = \dfrac{4}{11}$ ($= 0.36\cdots\cdots$)です.(5)の結果 $\dfrac{76}{167}$ ($= 0.45\cdots\cdots$)の方が大きくなっています.回数を増やせば「陽性だが感染していない」人の割合は増えていく,ということです.

77. 期待値①

〈頻出度 −−−〉

　文字A，B，C，D，Eが1つずつ書かれた5個の箱の中に，文字A，B，C，D，Eが書かれた5個の玉を1個ずつでたらめに入れ，箱の文字と玉の文字が一致した組の個数を得点とする．得点が k である確率を p_k で表すとき，次の問いに答えよ．

(1)　p_3 を求めよ．

(2)　p_2 を求めよ．

(3)　得点の期待値を求めよ．

(東北学院大)

着眼 VIEWPOINT

期待値の基本的な問題です．まず，定義を確認しておきましょう．

期待値

　ある試行の結果に応じて，x_1, x_2, x_3, ……, x_n のどれか1つの値をとる数量 X（確率変数）があり，各値をとる確率が次の表のように対応するとする．

X	x_1 x_2 x_3 …… x_n
確率	p_1 p_2 p_3 …… p_n

（ただし，$\displaystyle\sum_{k=1}^{n} p_k = 1$）

このとき，

$$E = \sum_{k=1}^{n} x_k p_k = x_1 p_1 + x_2 p_2 + x_3 p_3 + \cdots\cdots + x_n p_n$$

を数量 X の**期待値**といい，$E(X)$ と表す．

まずは基本通りに計算してみます．さまざまなことが学べる問題です．

解答 ANSWER

　区別された5つの玉を区別された5つの箱に入れるとき，その入れ方は $5! = 120$（通り）ある．これらは同様に確からしい．以降，区別のために玉に書かれたアルファベットはa，b，c，d，e，箱はA，B，C，D，Eとする．

(1)　得点がちょうど3点になる入れ方を考える．箱A，B，Cが入っている玉のアルファベットと一致し，箱D，Eが一致していないとき，Dは玉e，Eには玉d

が入るような入れ方しかない.

箱と玉が同じアルファベットとなる文字の決め方は $_5C_3 = 10$（通り）なので，求める確率は

$$p_3 = \frac{10}{120} = \boldsymbol{\frac{1}{12}} \quad \cdots\cdots\text{①}\text{答}$$

(2)　得点がちょうど 2 点となる入れ方を考える.　箱 A，B が入っている玉のアルファベットと一致し，箱 C，D，E が一致していないとすると，玉 c，d，e を箱 C，D，E に入れる方法は，

　　　(イ)　C−d，D−e，E−c

　　　(ロ)　C−e，D−c，E−d

の 2 通りである.　箱と玉のアルファベットが一致する文字の決め方は $_5C_2 =$ 10（通り）なので，求める確率は

$$p_2 = \frac{10 \times 2}{120} = \boldsymbol{\frac{1}{6}} \quad \cdots\cdots\text{②}\text{答}$$

(3)・得点が 5 となるような玉の入れ方は 1 通りなので，$p_5 = \dfrac{1}{120}$　$\cdots\cdots$③

　・4 つの箱で，玉とのアルファベットが一致していれば，残りの 1 つも一致するので，得点が 4 点となることはない.　$p_4 = 0$　$\cdots\cdots$④

箱 A だけが入っている玉のアルファベットと一致し，他は一致しない入れ方を考える.

箱 B に玉 c を入れるとする，残りの玉の入れ方は次の 3 通りある.

　　　(ハ)　(B−c,)C−b，D−e，E−d

　　　(ニ)　(B−c,)C−d，D−e，E−b

　　　(ホ)　(B−c,)C−e，D−b，E−d

「箱 B に玉 d を入れるとき」「箱 B に玉 e を入れるとき」も，それぞれ 3 通りずつある.　したがって，A だけが一致するような玉の入れ方は 3×3 = 9 通りである.　B〜E についても同様に考えることで，得点が 1 になる玉の入れ方は 9×5 = 45 通りあるので，$p_1 = \dfrac{45}{120}$　$\cdots\cdots$⑤

以上，①〜⑤より，求める期待値 E は，

$$E = 1 \cdot \frac{45}{120} + 2 \cdot \frac{20}{120} + 3 \cdot \frac{10}{120} + 4 \cdot 0 + 5 \cdot \frac{1}{120} = \boldsymbol{1} \quad \cdots\cdots\text{答}$$

詳説 EXPLANATION

▶(3)の「得点が 1 点のとき」は，例えば次のように地味に書き出してもよいでしょう.（他にもさまざまな考え方があります.）

別解

④までは「解答」と同じ.

・得点が 1 点となるような球の入れ方を考える.

箱 A だけが入っている玉のアルファベットと一致し,他は一致しない入れ方を考える.残る箱 B ~ E と玉 b ~ e の組合せを考える.最初に,4 つすべての箱で入っている玉のアルファベットと一致している状態として,条件を満たすように球を入れかえることを考える.

(ⅰ) アルファベットを 2 つずつ 2 組に分けて,
それぞれに玉を入れかえる
このような分け方は

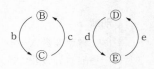

$$_4C_2 \cdot \frac{1}{2!} = 3 \,(通り)$$

(ⅱ) アルファベット 4 つで円形に並び,左回りに玉を渡す
このような分け方は(右図の○に C,D,E が入る.)

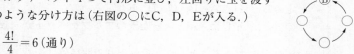

$$\frac{4!}{4} = 6 \,(通り)$$

(ⅰ),(ⅱ)より,「箱 A のみ入っている玉のアルファベットと一致する」分け方は 3+6=9 通り.箱 B,C,D,E の場合も同様で,5×9=45 通りである.

したがって,$p_1 = \dfrac{45}{120}$ ……⑤

▶この問題では(解答を得るために必要がないので),得点が 0 点となる場合の確率を直接求めてはいません.本問で得点が 0 点となるような分け方,つまり「文字を並べ直したとき,どの文字も最初の位置にない」ような並びは,撹乱(かくらん)順列,あるいは完全順列と呼ばれています.

$n \geqq 2$ として,「n 個の異なる文字を横一列に並べ,これを並べかえたとき,どの文字ももとの位置にない」並べ方の総数を a_n とすると,

$$a_2 = 1,\ a_3 = 2,\ a_{n+2} = (n+1)(a_{n+1} + a_n) \quad (n = 2,\ 3,\ 4,\ \cdots\cdots)$$

が成り立ちます.(左端にあった文字が k 番目に移るとして,左から k 番目にあった文字の移る先,に着目することで,この式を得る.)

これより,$a_n = n! \displaystyle\sum_{k=0}^{n} \frac{(-1)^k}{k!}$ を得られます.したがって,n 文字の撹乱順列が

起こる確率は $\displaystyle\sum_{k=0}^{n} \frac{(-1)^k}{k!}$ であり,(数学Ⅲの極限まで学習済みであれば,)$n \to \infty$

とすると,自然対数の底 e の逆数 $\dfrac{1}{e}$ に収束することが知られています.

▶一般に，次が成り立ちます.

> **期待値の線形性**
>
> 確率変数 X, Y の期待値に関し，次が成り立つ.
> $$E(X+Y) = E(X) + E(Y)$$

これは，「値の和」の期待値と，「それぞれが得る値の期待値」の和が一致する，ということです．これを用いれば，(3)の期待値は簡単に求めることができます.

別解

(3) 確率変数 X_U を

「箱Uは，箱と入った玉のアルファベットが一致」しているときに1，

「箱Uは，箱と入った玉のアルファベットが一致」していないときに0

と定める．（U=A, B, C, D, E）

このとき，「箱Uは，箱と入った玉のアルファベットが一致」する確率は

いずれも $\dfrac{1}{5}$ であることから，それぞれの期待値は

$$E(X_A) = \cdots = E(X_E) = 1 \cdot \frac{1}{5} = \frac{1}{5}$$

である．求める得点は $X_A + X_B + X_C + X_D + X_E$ なので，期待値は

$$E(X_A + X_B + X_C + X_D + X_E)$$
$$= E(X_A) + E(X_B) + E(X_C) + E(X_D) + E(X_E)$$
$$= \frac{1}{5} \times 5 = 1 \quad \cdots\cdots \boxed{答}$$

また，この別解の考え方により，箱の数によらず期待値が常に1となることがわかります.

78. 期待値②

〈頻出度 －－－〉

1, 2, $\cdots$, n と書かれたカードがそれぞれ 1 枚ずつ合計 n 枚ある. ただし, n は 3 以上の整数である. この n 枚のカードからでたらめに抜きとった 3 枚のカードの数字のうち最大の値を X とする. 次の問いに答えよ.

(1) $k = 1$, 2, $\cdots$, n に対して, $X = k$ である確率 p_k を求めよ.

(2) $\displaystyle\sum_{k=1}^{n} k(k-1)(k-2)$ を求めよ.

(3) X の期待値を求めよ.

(名古屋市立大)

着眼 VIEWPOINT

「とり出した複数のカードの最大値」を考える頻出問題です. 解答のように, 実際にカードが並んでいる状況をイメージするとよいでしょう.

解答 ANSWER

(1) n 枚のカードから 3 枚をとるとき, とり方は $_n\mathrm{C}_3$ 通りであり, これらは同様に確からしい.

$k = 1$, 2 のとき, 明らかに $X = k$ とならない.

$k \geqq 3$ とする. 3 枚のうち, 最大の数字が k であるのは, 残り 2 枚のカードの数字が $1 \sim (k-1)$ のいずれかのときだから, $_{k-1}\mathrm{C}_2$ 通りである.

$$\underbrace{\boxed{1}\ \boxed{2}\ \boxed{3}\ \cdots\cdots\ \boxed{k-1}}_{2\text{枚とる}}\ \underset{\underset{最大}{\uparrow}}{\boxed{k}}\ \boxed{k+1}\ \cdots\cdots\ \boxed{n-1}\ \boxed{n}$$

この確率は $\dfrac{_{k-1}\mathrm{C}_2}{_n\mathrm{C}_3} = \dfrac{3(k-1)(k-2)}{n(n-1)(n-2)}$ であり, $k = 1$, 2 で 0 なのでこのときも成り立つ.

したがって, 求める確率は

$$P_k = \frac{_{k-1}\mathrm{C}_2}{_n\mathrm{C}_3} = \frac{3(k-1)(k-2)}{n(n-1)(n-2)} \quad \cdots\cdots \boxed{答}$$

(2) $\displaystyle\sum_{k=1}^{n} k(k-1)(k-2) = \frac{1}{4}\sum_{k=1}^{n}\{(k+1)k(k-1)(k-2) - k(k-1)(k-2)(k-3)\}$

$$= \frac{1}{4}(n+1)n(n-1)(n-2) \quad \cdots\cdots \boxed{答}$$

(3) 求める期待値は，(1)，(2)より，

$$\sum_{k=1}^{n} k \cdot \frac{3(k-1)(k-2)}{n(n-1)(n-2)} = \frac{3}{n(n-1)(n-2)} \sum_{k=1}^{n} k(k-1)(k-2)$$

$$= \frac{3}{n(n-1)(n-2)} \cdot \frac{1}{4}(n+1)n(n-1)(n-2)$$

$$= \frac{3(n+1)}{4} \quad \cdots\cdots \text{答}$$

詳説 EXPLANATION

▶(2)の計算は，数列でもしばしば登場する，「互いに打ち消しあう」和の計算です．

$$\sum_{k=1}^{n} \{(k+1)k(k-1)(k-2) - k(k-1)(k-2)(k-3)\}$$

◀ 問題64，65(3)参照．

$$= (2 \cdot 1 \cdot 0 \cdot (-1) - 1 \cdot 0 \cdot (-1) \cdot (-2))$$
$$+ (3 \cdot 2 \cdot 1 \cdot 0 - 2 \cdot 1 \cdot 0 \cdot (-1))$$
$$+ (4 \cdot 3 \cdot 2 \cdot 1 - 3 \cdot 2 \cdot 1 \cdot 0)$$
$$+ (5 \cdot 4 \cdot 3 \cdot 2 - 4 \cdot 3 \cdot 2 \cdot 1)$$
$$+ \cdots\cdots$$
$$+ \{(n+1)n(n-1)(n-2) - n(n-1)(n-2)(n-3)\}$$

もちろん，$\displaystyle\sum_{k=1}^{n} k(k-1)(k-2) = \sum_{k=1}^{n} k^3 - 3\sum_{k=1}^{n} k^2 + 2\sum_{k=1}^{n} k$ として$\sum$の和の公式から

計算しても答えは得られますが，上のような計算には慣れておきたいところです．

▶感覚的には，「1からnまでのn枚のカードから3枚をとる」ので，3枚がおおよそ均等にとられたと考えれば，(3)の結果にも納得が行きます．

n枚のカードを●で3等分する

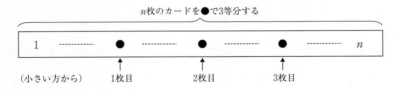

（小さい方から）　　1枚目　　　2枚目　　　3枚目

79. 期待値③ 〈頻出度 －－－〉

　１枚の硬貨を表を上にしておく．ここで「１個のさいころを振り，１，２，３，４，５のいずれかの目が出れば硬貨を裏返し，６の目が出れば硬貨をそのままにする」という試行を何回か繰り返す．すべての試行を終えたとき，硬貨の表が上であれば１点，裏が上であれば－１点が得点となるものとしよう．

(1)　この試行を３回で終えたときの得点の期待値を求めよ．

(2)　この試行を n 回で終えたときの得点の期待値を n の式で表せ．

(慶應義塾大)

着眼 VIEWPOINT

　硬貨が表か裏かの２つの状況を行き来しています．裏返す回数を考えていく方針でいくか，漸化式を立てるか（☞詳説），という方針が考えられるでしょう．

　(2)は，二項展開を用いているので，不慣れな人は少々戸惑うかもしれません．

> **二項展開**
>
> 　n を正の整数とするとき，次が成り立つ．
> $$(a+b)^n = {}_nC_0 a^n + {}_nC_1 a^{n-1}b + {}_nC_2 a^{n-2}b^2 + \cdots\cdots$$
> $$+ {}_nC_r a^{n-r}b^r + \cdots\cdots + {}_nC_{n-1}ab^{n-1} + {}_nC_n b^n \left(= \sum_{k=0}^{n} {}_nC_k \cdot a^{n-k} \cdot b^k \right)$$
>
> また，各項の係数
> $$\,_nC_0, \ {}_nC_1, \ {}_nC_2, \ \cdots, \ {}_nC_r, \ \cdots, \ {}_nC_{n-1}, \ {}_nC_n$$
> を**二項係数**という．

　まずは，${}_nC_r$ を含む値の和が出てきたら，**二項展開で読みかえられる可能性を疑ってみてもよいでしょう．**

解答 ANSWER

(1)　３回のうち

　　　・「３回とも６が出る」「２回が１〜５，１回は６が出る」ときは，１点

　　　・「１回が１〜５，２回は６が出る」「３回とも１〜５が出る」ときは，－１点

である．求める期待値は

$$1 \cdot \left\{ \left(\frac{1}{6} \right)^3 + {}_3C_2 \left(\frac{5}{6} \right)^2 \cdot \frac{1}{6} \right\} + (-1) \cdot \left\{ {}_3C_1 \cdot \frac{5}{6} \left(\frac{1}{6} \right)^2 + \left(\frac{5}{6} \right)^3 \right\} = -\frac{8}{27} \quad \cdots\cdots \boxed{答}$$

(2)　n 回のうち

　　　・1 ～ 5 の目が出る回数が偶数，残りの回に 6 が出るときは 1 点

　　　・1 ～ 5 の目が出る回数が奇数，残りの回に 6 が出るときは－1 点

である．したがって，求める期待値は，二項定理から

$$1 \cdot \left\{\left(\frac{1}{6}\right)^n + {}_n\mathrm{C}_2\left(\frac{5}{6}\right)^2\left(\frac{1}{6}\right)^{n-2} + {}_n\mathrm{C}_4\left(\frac{5}{6}\right)^4\left(\frac{1}{6}\right)^{n-4} + \cdots\cdots\right\}$$

$$+ (-1) \cdot \left\{{}_n\mathrm{C}_1\frac{5}{6} \cdot \left(\frac{1}{6}\right)^{n-1} + {}_n\mathrm{C}_3\left(\frac{5}{6}\right)^3\left(\frac{1}{6}\right)^{n-3} + \cdots\cdots\right\}$$

$$= {}_n\mathrm{C}_0\left(\frac{1}{6}\right)^n + {}_n\mathrm{C}_1\left(-\frac{5}{6}\right) \cdot \left(\frac{1}{6}\right)^{n-1} + {}_n\mathrm{C}_2\left(-\frac{5}{6}\right)^2\left(\frac{1}{6}\right)^{n-2}$$

$$+ {}_n\mathrm{C}_3\left(-\frac{5}{6}\right)^3\left(\frac{1}{6}\right)^{n-3} + {}_n\mathrm{C}_4\left(-\frac{5}{6}\right)^4\left(\frac{1}{6}\right)^{n-4} + \cdots\cdots + {}_n\mathrm{C}_n\left(-\frac{5}{6}\right)^n$$

$$= \left\{\frac{1}{6} + \left(-\frac{5}{6}\right)\right\}^n = \left(-\frac{2}{3}\right)^n \quad \cdots\cdots\text{答}$$

詳説 EXPLANATION

▶ n 回の試行で「硬貨が表である」「硬貨が裏である」の 2 つの状態しかとらないことから，漸化式を立てて考えるのも有効な方法です．こちらの方針が自然と考える人もいるでしょう．

別解

n 回後に硬貨が表である確率を p_n とおく．$n+1$ 回後に表になるのは，

　　　・n 回後に硬貨が表で，$n+1$ 回目に 6 の目が出るとき

　　　・n 回後に硬貨が裏で，$n+1$ 回目に1～5の目が出るとき

のいずれかである．したがって，次が成り立つ．

$$p_{n+1} = p_n \cdot \frac{1}{6} + (1-p_n) \cdot \frac{5}{6}$$

$$p_{n+1} = -\frac{2}{3}p_n + \frac{5}{6}$$

$$p_{n+1} - \frac{1}{2} = -\frac{2}{3}\left(p_n - \frac{1}{2}\right) \quad \cdots\cdots(*)$$

$p_0 = 1$ として，$(*)$ は $n \geqq 0$ で成り立つ．このとき，

数列 $\left\{p_n - \dfrac{1}{2}\right\}$ は初項 $p_0 - \dfrac{1}{2} = \dfrac{1}{2}$，公比 $-\dfrac{2}{3}$ の等比数列なので

$$p_n - \frac{1}{2} = \left(-\frac{2}{3}\right)^n \cdot \frac{1}{2} \quad \text{すなわち} \quad p_n = \left(-\frac{2}{3}\right)^n \cdot \frac{1}{2} + \frac{1}{2}$$

したがって，求める期待値は，

$$1 \times p_n + (-1) \times (1-p_n) = 2p_n - 1 = \left(-\frac{2}{3}\right)^n \quad \cdots\cdots \text{答}$$

▶期待値 E_n に対して成り立つ漸化式を直接考えることもできます.

別解

求める期待値を E_n とおく.

(ⅰ) 最初に6の目が出るとき

2回目は「硬貨が表」から始まる．したがって，最初から数えて $n+1$ 回後の得点の期待値は，試行を n 回行ったときの期待値に等しい．つまり，E_n である.

(ⅱ) 最初に1～5の目が出るとき

2回目は「硬貨が裏」から始まる．したがって，最初から数えて $n+1$ 回後の得点の期待値は，試行の表と裏を入れかえたものを n 回行ったときの期待値に等しい．つまり，$-E_n$ である.

(ⅰ)，(ⅱ)より，数列 $\{E_n\}$ について次が成り立つ.

$$E_{n+1} = \frac{1}{6} \cdot E_n + \frac{5}{6} \cdot (-E_n) \quad \text{すなわち} \quad E_{n+1} = -\frac{2}{3}E_n$$

$\{E_n\}$ は公比 $-\dfrac{2}{3}$ の等比数列であり，$E_0 = 1$ として，上の式は，$n \geq 0$ で成り立つ．このとき，求める期待値は

$$E_n = \left(-\frac{2}{3}\right)^n \cdot E_0 = \left(-\frac{2}{3}\right)^n \quad \cdots\cdots \text{答}$$

80. 最大公約数と最小公倍数　　　〈頻出度 ★★★〉

① 2つの正の整数 a, b の最大公約数を G, 最小公倍数を L とするとき, $L^2 - G^2 = 72$ が成り立ちます. このような正の整数の組 (a, b) をすべて求めなさい.　　　(横浜市立大)

② 2つの自然数 a, $b (a < b)$ の差が3, 最小公倍数が126のとき, (a, b) を求めよ.　　　(立教大)

着眼 VIEWPOINT

①は, いわゆる定石どおりに因数分解し, 大小や偶奇に注意して丁寧に場合を尽くせばよいでしょう. この辺りの議論が不得手なら, 先に問題84にとり組んでみてください.

不慣れだと, ②は手がつきにくいかもしれません. 最大公約数と最小公倍数に関し, 次が成り立ちます.

最大公約数と最小公倍数の関係

2つの整数 a, b の最大公約数を G, 最小公倍数を L とするとき,
　$a = a'G$, $b = b'G$, a' と b' は互いに素
である整数 a', b' が存在する. また, この a', b' により, 最小公倍数は
　$L = a'b'G$
と表される.

これらの関係から, 等式の条件を導いて, あとは①と同様に進めていきます.

解答 ANSWER

① 　$L^2 - G^2 = 72$
　$(L+G)(L-G) = 2^3 \cdot 3^2$　……①

ここで, $(L+G) - (L-G) = 2G$ (偶数) より, $L+G$ と $L-G$ は偶奇が一致する. また, この2つの数の積が偶数であることより, $L+G$, $L-G$ はともに偶数である. また, $L+G > L-G > 0$ から, ①より次の組合せのみ考えれば十分.

$L+G$	36	18	12
$L-G$	2	4	6

$\therefore$

L	19	11	9
G	17	7	3

◀ $(L+G,\ L-G) = (36,\ 2),\ \cdots\cdots$と書くことと同じです.

LはGの倍数であることより，条件を満たすのは $(L,\ G) = (9,\ 3)$ のみ.

$L = 3^2$，$G = 3$ であることより， $(\boldsymbol{a},\ \boldsymbol{b}) = (\boldsymbol{9},\ \boldsymbol{3}),\ (\boldsymbol{3},\ \boldsymbol{9})$ $\cdots\cdots$**答**

2 2つの自然数a，$b\,(a < b)$の最大公約数をgとする．a，bは，互いに素な自然数m，nを用いて

$$a = gm,\ b = gn\ \ \cdots\cdots①$$

と表される．$a < b$ より $m < n$ であり，a，b の差が 3 であることとあわせ，①より，

$$g(n-m) = 3\ \ \cdots\cdots②$$

◀ $b-a = gn-gm = g(n-m)$

また，a，b の最小公倍数が126なので，

$$gmn = 126\ \ \cdots\cdots③$$

g，$n-m$ は自然数だから，②より，「$g = 1$ または $g = 3$」である．

（i） $g = 1$ のとき，②，③より

$$\begin{cases} n-m = 3\ \ \cdots\cdots④ \\ mn = 126\ \ \cdots\cdots⑤ \end{cases}$$

④から $n = m+3$ なので，⑤に代入して $m(m+3) = 126\,(\cdots\cdots⑥)$ が成り立つ.

$m(m+3)$ は自然数mに対して単調に増加し，

$$9(9+3) = 108 < 126 < 130 = 10(10+3)$$

なので，⑥を満たす自然数mの値は存在しない.

（ii） $g = 3$ のとき，②，③から

$$\begin{cases} n-m = 1\ \ \cdots\cdots⑦ \\ mn = 42\ \ \cdots\cdots⑧ \end{cases}$$

⑦から，$n = m+1$ なので，⑧に代入して $m(m+1) = 42\,(\cdots\cdots⑨)$ が成り立つ.

$m(m+1)$ は自然数mに対して単調に増加し，$6(6+1) = 42$ なので，⑨を満たす自然数mの値は$m = 6$ のみである．このとき，⑦から $n = 7$ である.

（i），（ii）より，g，m，n の値は $g = 3$，$(m,\ n) = (6,\ 7)$ である.

したがって，①より，$(\boldsymbol{a},\ \boldsymbol{b}) = (\boldsymbol{18},\ \boldsymbol{21})$ $\cdots\cdots$**答**

81. 正の約数の個数

〈頻出度 ★★★〉

自然数 n に対し, $f(n) = n^2(n^2+8)$ と定める.

(1) $f(4)$ の正の約数の個数を求めよ.

(2) $f(n)$ は 3 の倍数であることを証明せよ.

(3) $f(n)$ の正の約数の個数が10個であるような n をすべて求めよ.

(徳島大)

着眼 VIEWPOINT

正の約数の個数に関し, 次が成り立つことがよく知られています.

正の約数の個数

正の整数 N が,
$$N = p_1^{a_1} \times p_2^{a_2} \times \cdots\cdots \times p_n^{a_n}$$
（p_i は互いに異なる素数, a_i は 0 以上の整数）
と素因数分解されるとき, N の正の約数の個数 $d(N)$ は
$$d(N) = (a_1+1) \times (a_2+1) \times \cdots\cdots \times (a_n+1)$$

この関係を暗記して使おう, という人はほとんどどいないでしょう. $N = 24 = 2^3 \cdot 3$ ならば, N の正の約数は $2^a \cdot 3^b$ の形で表され, $0 \leqq a \leqq 3$, $0 \leqq b \leqq 1$ から, 組 (a, b) が $4 \cdot 2 = 8$ 通り, と述べているにすぎません.

(2)のように, 「3 の倍数の証明」をするには（もちろん, それが 5 でも 7 でも同じことです）, 次のような方法がよく用いられます.

- **連続する3つの整数の積**を（強引に）作れば, それが 3 の倍数となる」ことを利用する
- **nを3で割った余りで分類**できることを利用する（☞詳説）

この問題はいずれの方法でも解決できます. (3)は, (2)の結果を利用して考えれば絞り込めます.

解答 ANSWER

(1) $n = 4$ のとき, $f(4) = 4^2(4^2+8) = 2^7 \cdot 3$ なので, $f(4)$ の正の約数の個数は
$$(7+1)(1+1) = \mathbf{16} \quad \cdots\cdots 答$$

(2)　　　$f(n) = n^2(n^2+8)$
　　　　　　$= n^2\{(n-1)(n+1)+1+8\}$
　　　　　　$= n \cdot (n-1)n(n+1) + 9n^2$

　$n-1,\ n,\ n+1$ は連続する 3 つの整数なので，いずれかが 3 の倍数である．また，$9n^2$ は 3 の倍数である．したがって，$f(n)$ は 3 の倍数の和なので，3 の倍数である．（証明終）

(3)　$p,\ q$ を異なる素数とする．$f(n)$ の正の約数の個数が 10 個となるのは，$f(n)$ が次のいずれかの形のときである．

　　　　(i)　$f(n) = p^9$　　　(ii)　$f(n) = p \cdot q^4$　　　　◀ $10 = 10 \times 1 = 5 \times 2$

(i)　$f(n) = p^9$ のとき

　(2)の結果より，$p = 3$ である．

　しかし，n^2 と n^2+8 は，差が 3 の倍数でないので，2 つの数が同時に 3 の倍数となることはない．また，$f(1) = 3^2 \neq 3^9$ であり，$n \geq 2$ である．つまり，$f(n) = 3^9$ となる n は存在しない．

(ii)　$f(n) = p \cdot q^4$ のとき

　(2)の結果より，$p = 3$ または $q = 3$ である．

　$p = 3$ のとき，$n^2+8 \geq 9$ であることと，n^2 が平方数であることより，

$$\begin{cases} n^2+8 = 3q^2 \\ n^2 = q^2 \end{cases} \cdots\cdots ② \quad \text{または} \quad \begin{cases} n^2+8 = 3q^4 \\ n^2 = 1 \end{cases} \cdots\cdots ③$$

◀ q は素数より $n^2 = q,\ q^3$ とはならない．

ここで，②について

　　　$q^2+8 = 3q^2$　すなわち　$q = 2$

なので，$(n,\ q) = (2,\ 2)$ であり，これは条件を満たす．一方，③について

　　　$3q^4 = 1+8 = 9$　すなわち　$q^4 = 3$

なので，③を満たす正の整数の組 $(n,\ q)$ は存在しない．

　$q = 3$ のとき，$f(n) = 3^4 p$ だから，n^2 と n^2+8 の一方のみが 3 の倍数であることと，n^2 が合成数であることより，

$$\begin{cases} n^2+8 = p \\ n^2 = 3^4 \end{cases} \quad \text{すなわち} \quad (n,\ p) = (9,\ 89)$$

このとき，$p,\ q$ ともに素数なので，条件を満たしている．

以上から，求める n は　**$n = 2,\ 9$**　……答

詳説 EXPLANATION

▶(2)のような倍数証明は，次のように n を「3 で割った余り」で説明する方法もよく用いられます．

別解

(2) どのような自然数 n でも，整数 k と $r\,(r=0,\ \pm1)$ を用いて，
$n=3k+r$ と表される．

$$f(n) = n^2(n^2+8)$$
$$= (3k+r)^2\{(3k+r)^2+8\}$$
$$= (3k+r)^2(9k^2+6kr+r^2+8)$$
$$= 3(3k+r)^2(3k^2+2kr) + (3k+r)^2(r^2+8)$$

$3(3k+r)^2(3k^2+2kr)$ は 3 の倍数である．$(3k+r)^2(r^2+8)$ について，3
の倍数となるか調べる．

$$r=0 \text{ のとき，} (3k+r)^2(r^2+8) = 3\cdot(24k^2)$$
$$r=\pm1 \text{ のとき，} (3k+r)^2(r^2+8) = 3\cdot3(3k\pm1)^2$$

以上より，r の値が $r=0$，±1 いずれのときも $(3k+r)^2(r^2+8)$ は 3 の
倍数である．つまり，$f(n)$ は 3 の倍数である．（証明終）

▶上の別解は，合同式の扱いに慣れている人であれば，次のように表しても同じ
ことでしょう．法を 3 として，

$n\equiv0$ のとき　　$f(n)\equiv0^2(0^2+8)=0$

$n\equiv1$ のとき　　$f(n)\equiv1^2(1^2+8)=9\equiv0$

$n\equiv-1$ のとき　$f(n)\equiv(-1)^2\{(-1)^2+8\}=9\equiv0$

とすればよいですね．

82. 素因数の数え上げ　　　　　〈頻出度 ★★★〉

自然数 n に対して　$n! = n(n-1)(n-2)\cdots\cdots 3\cdot 2\cdot 1$

とおく．また，$n!! = \begin{cases} n(n-2)(n-4)\cdots\cdots 5\cdot 3\cdot 1 & (n \text{ が奇数のとき}) \\ n(n-2)(n-4)\cdots\cdots 6\cdot 4\cdot 2 & (n \text{ が偶数のとき}) \end{cases}$

とおく．次の問いに答えよ．

(1)　1000! を素因数分解したときに現れる素因数 3 の個数を求めよ．

(2)　1000!! を素因数分解したときに現れる素因数 3 の個数を求めよ．

(3)　999!! を素因数分解したときに現れる素因数 3 の個数を求めよ．

（大阪市立大）

着眼 VIEWPOINT

(1)は，$1000! = 1\times 2\times 3\times\cdots\cdots\times 1000$ と考えると途方もなく見えますが，調べるのは素因数 3 のみですから，3 の倍数にのみ着目します．3，6，9，12，……，999 について，それぞれが「素因数 3 を何個持つか」で分類すれば，意外に簡単に値が求められます．(2)(3)のような「飛び飛びの整数の積（二重階乗）」では数えにくいので，「飛び飛びでない整数の積」に読みかえられないかを考えます．

解答 ANSWER

実数 x に対し，x を超えない最大の整数を $[x]$ で表す．

(1)　1 から 1000 までの整数のうち，3^k の倍数（$k=1$，2，……，6）はそれぞれ素因数 3 を k 個以上持つ．また，1 から 1000 のうち，

$$3 \text{ の倍数の個数は}\quad \left[\frac{1000}{3}\right]=333, \quad 3^2 \text{ の倍数の個数は}\quad \left[\frac{1000}{3^2}\right]=111,$$

$$3^3 \text{ の倍数の個数は}\quad \left[\frac{1000}{3^3}\right]=37, \quad 3^4 \text{ の倍数の個数は}\quad \left[\frac{1000}{3^4}\right]=12,$$

$$3^5 \text{ の倍数の個数は}\quad \left[\frac{1000}{3^5}\right]=4, \quad 3^6 \text{ の倍数の個数は}\quad \left[\frac{1000}{3^6}\right]=1$$

であり，$k \geqq 7$ では $\left[\dfrac{1000}{3^k}\right]=0$ である．したがって，素因数 3 の個数は

$$\left[\frac{1000}{3}\right]+\left[\frac{1000}{3^2}\right]+\cdots+\left[\frac{1000}{3^6}\right]=333+111+37+12+4+1$$

$$= \mathbf{498} \quad\cdots\cdots\text{答}$$

(2)
$$1000!! = 1000 \cdot 998 \cdots\cdots 4 \cdot 2$$
$$= (2 \cdot 500) \cdot (2 \cdot 499) \cdot (2 \cdot 498) \cdots\cdots (2 \cdot 2) \cdot (2 \cdot 1)$$
$$= 2^{500} \cdot 500 \cdot 499 \cdots 2 \cdot 1$$
$$= 2^{500} \cdot 500!$$

2^{500} は素因数 3 をもたないので，求める個数は，$500!$ を素因数分解したときに現れる素因数 3 の個数に等しい．したがって，(1)と同様に考えて，

$$\left[\frac{500}{3}\right] + \left[\frac{500}{3^2}\right] + \cdots + \left[\frac{500}{3^5}\right] = 166 + 55 + 18 + 6 + 2 = \mathbf{247} \quad \cdots\cdots \boxed{答}$$

(3)
$$1000! = (1000 \cdot 998 \cdots\cdots 4 \cdot 2) \times (999 \cdot 997 \cdots\cdots 3 \cdot 1)$$
$$= 1000!! \times 999!!$$

より，求める個数は，$1000!$ を素因数分解したときの素因数 3 の個数から，$1000!!$ を素因数分解したときに現れる素因数 3 の個数を除いたものである．したがって，(1)，(2)より，$498 - 247 = \mathbf{251}$ $\cdots\cdots \boxed{答}$

詳説 EXPLANATION

▶(1)は，次の図のように素因数 3 を書き出し，「下段から順に数えていく」ことで求めています．（○の数が「素因数 3 の個数」を表している．）

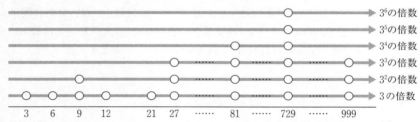

▶1 から 1000 までのそれぞれの値について，素因数 3 の個数で分けて説明することもできます．「差の和をとる」計算と同じ要領ですが，結果，途中で解答と同じ式を得ます．

別解

(1)　1 から 1000 までの整数のうち，3^k の倍数であるが 3^{k+1} の倍数でないものの個数は，

$$\left[\frac{1000}{3^k}\right] - \left[\frac{1000}{3^{k+1}}\right]$$

また，$3^6 < 1000 < 3^7$ より，$k \geqq 7$ では $\left[\dfrac{1000}{3^k}\right] = 0$ である．したがって，

求める個数は

$$\sum_{k=1}^{6} k\left(\left[\frac{1000}{3^k}\right]-\left[\frac{1000}{3^{k+1}}\right]\right) = 1\cdot\left(\left[\frac{1000}{3}\right]-\left[\frac{1000}{3^2}\right]\right)+2\cdot\left(\left[\frac{1000}{3^2}\right]-\left[\frac{1000}{3^3}\right]\right)$$

$$+\cdots+6\cdot\left(\left[\frac{1000}{3^6}\right]-\left[\frac{1000}{3^7}\right]\right)$$

$$=\left[\frac{1000}{3}\right]+\left[\frac{1000}{3^2}\right]+\cdots+\left[\frac{1000}{3^6}\right]$$

$$=333+111+37+12+4+1$$

$$=498 \quad \cdots\cdots 答$$

83. 余りの計算

☐1 2010^{2010} を 2009^2 で割った余りを求めよ. (琉球大)

☐2 $(100.1)^7$ の 100 の位の数字と,小数第 4 位の数字を求めよ. (上智大)

着眼 VIEWPOINT

☐1は割る値が大きいために計算しづらく,☐2は調べる桁が中途半端です.

例えば,「13^{14} の一の位を求めよ」であれば,3^n の一の位に着目して,

$3 \rightarrow 9 \rightarrow 7 \rightarrow 1 \rightarrow \cdots\cdots$ となることから,一の位は 9,とわかります.これは,

$$13^{14} = (10+3)^{14}$$

$$= \underline{10^{14} + {}_{14}\mathrm{C}_1 \cdot 10^{13} \cdot 3 + {}_{14}\mathrm{C}_2 \cdot 10^{12} \cdot 3^2 + \cdots\cdots + {}_{14}\mathrm{C}_{13} \cdot 10 \cdot 3^{13}} + 3^{14}$$

として,〰〰の部分が10の倍数なので,3^{14} だけ調べよう,と考えているわけです.☐1も☐2も,上の計算と同じ要領で,「展開して 2009^N を作るために $2010 = 1 + 2009$ とする」「展開して 10^N を作るために $100.1 = 10^2 + \dfrac{1}{10}$ とする」と考えることは,ごく自然な発想です.

解答 ANSWER

☐1 二項定理より,

$$2010^{2010} = (2009+1)^{2010}$$

$$= \underline{2009^{2010} + {}_{2010}\mathrm{C}_1 \cdot 2009^{2009} \cdot 1 + \cdots}$$

$$\underline{\cdots + {}_{2010}\mathrm{C}_{2008} \cdot 2009^2 \cdot 1^{2008}} + {}_{2010}\mathrm{C}_{2009} \cdot 2009 \cdot 1^{2009} + 1^{2010}$$

ここで,${}_{2010}\mathrm{C}_k \, (k=1, 2, \cdots, 2008)$ は整数なので,〰〰の部分は 2009^2 の倍数である.残る……の部分に着目して

$${}_{2010}\mathrm{C}_{2009} \cdot 2009 \cdot 1^{2009} + 1^{2010} = 2010 \cdot 2009 + 1$$

$$= (2009+1) \cdot 2009 + 1$$

$$= 2009^2 + 2010 \qquad \text{◀} \ 2010 < 2009^2$$

したがって,求める余りは **2010** ……**答**

☐2 $100.1 = 100 + 0.1 = 10^2 + \dfrac{1}{10}$ である.二項定理より,

$$(100.1)^7 = \left(10^2 + \dfrac{1}{10}\right)^7$$

$$= \sum_{k=0}^{7} {}_7\mathrm{C}_k (10^2)^{7-k} \cdot \left(\dfrac{1}{10}\right)^k$$

$$= \sum_{k=0}^{7} {}_7\mathrm{C}_k 10^{2(7-k)-k}$$

$$= \sum_{k=0}^{7} {}_7\mathrm{C}_k 10^{14-3k}$$

$$= \underline{10^{14}+7\cdot10^{11}+21\cdot10^8}+\underline{\underline{35\cdot10^5}}+\underline{35\cdot10^2+21\cdot10^{-1}+7\cdot10^{-4}}+\underline{\underline{10^{-7}}}$$

～～の部分は100000の倍数であり，100の位と小数第4位に影響を与えない．

残る部分………について計算すると，

$$3500+2.1+0.0007+0.0000001 = 3502.1007001$$

したがって，**100の位の数字は 5，小数第 4 位の数字は 7** ……[答]

詳説 EXPLANATION

▶ 1 $2010 = 2009+1$ より，「2010^n を 2009 で割った余りは 1」であることを利用した，次の方法も考えられます．

別解

$2010 = 2009+1$ より，どのような正の整数 n でも，

$$2010^n = (2009+1)^n$$
$$= 2009^n + {}_n\mathrm{C}_1\cdot2009^{n-1} + \cdots\cdots + {}_n\mathrm{C}_{n-1}\cdot2009 + 1^n$$
$$= 2009m+1$$

となる正の整数 m が存在する．つまり，2010^n を 2009 で割った余りは 1 である．（……①）ここで，

$$2010^{2010}-1$$
$$= 2010^{2010}-1^{2010}$$
$$= (2010-1)(2010^{2009}+2010^{2008}+\cdots\cdots2010+1)$$

であり，①より，～～を 2009 で割った余りは

$$\underbrace{1+1+\cdots\cdots+1}_{2010\text{個}} = 2010 = 2009+1$$

より，1 である．つまり，ある正の整数 k により，次のように表される．

$$2010^{2010}-1 = 2009(2009k+1)$$
$$2010^{2010} = 2009^2k+2010$$

つまり，求める値は **2010** ……[答]

84. 等式を満たす整数の組①　　〈頻出度 ★★★〉

① 　$3n+4=(m-1)(n-m)$ を満たす自然数の組 $(m,\ n)$ をすべて求めよ.

(学習院大)

② 　$x,\ y$ がともに整数で, $x^2-2xy+3y^2-2x-8y+13=0$ を満たすとき, $(x,\ y)$ を求めよ.

(西南学院大)

③ 　$a^4=b^2+2^c$ を満たす正の整数の組 $(a,\ b,\ c)$ で a が奇数であるものを求めよ.

(横浜国立大)

④ 　$xyz=x+y+z$ を満たす自然数の組は何組あるか.

(東海大 改題)

着眼 VIEWPOINT

　2 次以上の等式や不等式を満たす整数の組を調べる問題です. 大原則として, 次の 2 点に注意しましょう.

・因数分解, 素因数分解など, **積の形を利用**する.

・値の大小や実数となる条件から, **とりうる値の候補を調べ, 検討**する.

　特に, ①や②のような 2 次の等式 (不等式) であれば, 「1 つの文字について整理する」「平方完成する」などをすることで, 突破口が開けることが多いでしょう. いずれにせよ, 経験を積んでおくことは大切ですが, このケースは必ずこの方法, と決めて解けるものではありません. 行き詰まったら色々と試してみることが重要です.

解答 ANSWER

① 　与えられた式を n で整理する.

$$(m-4)n=m^2-m+4$$
$$(m-4)n=(m-4)(m+3)+12+4$$
$$(m-4)\{n-(m+3)\}=16$$
$$(m-4)(n-m-3)=16 \quad \cdots\cdots①$$

ここで, $m-4\geqq 1-4=-3$ であることに注意すると, ①より

$m-4$	-2	-1	1	2	4	8	16
$n-m-3$	-8	-16	16	8	4	2	1

m	2	3	5	6	8	12	20
n	-3	-10	24	17	15	17	24

∴

このうち，m，nいずれも自然数となる組は，

$(m, n) = (5, 24), (6, 17), (8, 15), (12, 17), (20, 24)$ ……**答**

[2] 与えられた方程式をxについて整理すると，

$$x^2 - 2(y+1)x + 3y^2 - 8y + 13 = 0 \quad \cdots\cdots①$$

xが整数であるためには，xは実数であることが必要である．すなわち，①をxの2次方程式とみて，その判別式をDとするとき，$D \geqq 0$，つまり，

$$(y+1)^2 - (3y^2 - 8y + 13) \geqq 0$$
$$-2(y-2)(y-3) \geqq 0 \quad \text{すなわち} \quad 2 \leqq y \leqq 3$$

となるから，$y = 2$，3が必要である．このとき，いずれの場合も$D = 0$であり，xの方程式①は重解$x = y+1$をもつ．求める組は

$(x, y) = (3, 2), (4, 3)$ ……**答**

[3] $a^4 = b^2 + 2^c$ より，

$$(a^2)^2 - b^2 = 2^c$$
$$(a^2 + b)(a^2 - b) = 2^c$$

ここで，a，b，cは正の整数だから，整数s，t（ただし，$s > t \geqq 0$かつ$s + t = c$）により次のように表せる．

$$a^2 + b = 2^s, \quad a^2 - b = 2^t \quad \cdots\cdots①$$

①の2つの式の辺々の和をとり

$$2a^2 = 2^s + 2^t$$
$$= 2^t(2^{s-t} + 1)$$

ここで，aは1でない正の奇数だから，

$$2 = 2^t, \quad a^2 = 2^{s-t} + 1$$

が成り立つ，つまり，

$$t = 1, \quad a^2 = 2^{s-1} + 1$$

である．これより，$a^2 \geqq 2^{1 \cdot 1} + 1 = 2$に注意して，$a$は3以上の奇数なので，正の整数$m$により，$a = 2m+1$と表せる．すると，

$$(2m+1)^2 = 2^{s-1} + 1 \quad \text{すなわち} \quad m(m+1) = 2^{s-3}$$

m，$m+1$は連続する2つの正の整数であり，これがいずれも2のべき乗，または1となるのは，$m = 1$に限られる．このとき，$2^{s-3} = 2$から，$s = 4$である．したがって，$(s, t) = (4, 1)$であり，このとき，$(a, b, c) = (3, 7, 5)$は問題文の条件を満たす．よって，求める正の整数の組(a, b, c)は

$(a, b, c) = (3, 7, 5)$ ……**答**

[4] $xyz = x + y + z \quad \cdots\cdots①$

①について，まず

$$x \leqq y \leqq z \quad \cdots\cdots②$$

の場合を考える．①，②より，

$$xyz = x + y + z \leqq z + z + z = 3z$$

「大抵」は $xyz > x+y+z$，となるはず．例えば，$x = y = z = 4$ で $4 \cdot 4 \cdot 4 = 64$，$4 + 4 + 4 = 12$ です．x，y，z の値はあまり大きくはできない，と考えられる．

ここで，$z>0$ より，$xy \leqq 3$ である．したがって，$(x, y) = (1, 1)$，$(1, 2)$，$(1, 3)$ のみ考えれば十分．

　　・$(x, y) = (1, 1)$ のとき，①から $z = 2+z$ であり，不適．

　　・$(x, y) = (1, 2)$ のとき，①から $2z = 3+z$ より，$z = 3$．

　　・$(x, y) = (1, 3)$ のとき，①から $3z = 4+z$ より $z = 2$ だが，②に反する．

ゆえに，①，②を満たす組は，$(x, y, z) = (1, 2, 3)$ である．

①は x，y，z に関して対称なので，x，y，z の大小を考えて，①を満たす自然数の組の数は，$\boldsymbol{3! = 6}$ ……**答**

詳説 EXPLANATION

▶①　「n を求める」つもりで式を変形しても，次のように n が整数となる（必要）条件を得られます．結局，②から（両辺に $m-4$ を掛けることで）因数分解できるので，解答と同じことであるともいえます．

> **別解**
>
> 与式より，$(m-4)n = m^2 - m + 4$　……①
>
> $m = 4$ のとき①は成り立たないから，$m \neq 4$ である．したがって
>
> $$n = \frac{m^2 - m + 4}{m-4} = \frac{(m+3)(m-4) + 16}{m-4} = m + 3 + \frac{16}{m-4}　……②$$
>
> n が整数になるために，$\dfrac{16}{m-4}$ が整数になることが必要である．つまり，$m-4$ は 16 の約数である．
>
> $m \geqq 1$ より $m - 4 \geqq 1 - 4 = -3$ なので，
>
> | $m-4$ | -2 | -1 | 1 | 2 | 4 | 8 | 16 |
> |---|---|---|---|---|---|---|---|
> | m | 2 | 3 | 5 | 6 | 8 | 12 | 20 |
> | n | -3 | -10 | 24 | 17 | 15 | 17 | 24 |
>
> このうち，m，n がともに自然数となる組は，
>
> $\boldsymbol{(m, n) = (5, 24)，(6, 17)，(8, 15)，(12, 17)，(20, 24)}$　……**答**

▶②　解答の①の式から，x について平方完成すると

$$x^2 - 2(y+1)x + 3y^2 - 8y + 13 = 0$$
$$\{x - (y+1)\}^2 + 2y^2 - 10y + 12 = 0$$
$$\{x - (y+1)\}^2 + 2\left(y - \frac{5}{2}\right)^2 = \frac{1}{2}$$

となり，$0 \leqq \{x - (y+1)\}^2 \leqq \dfrac{1}{2}$，$0 \leqq 2\left(y - \dfrac{5}{2}\right)^2 \leqq \dfrac{1}{2}$ から，「（因数分解できないが，）値の範囲を絞れる」と判断できます．

85. 等式を満たす整数の組②

〈頻出度 ★★★〉

以下の問いに答えよ.

(1) n が整数のとき， n を 6 で割ったときの余りと n^3 を 6 で割ったときの余りは等しいことを示せ.

(2) 整数 a, b, c が条件 $a^3+b^3+c^3=(c+1)^3$ ……(*) を満たすとき， $a+b$ を 6 で割った余りは 1 であることを示せ.

(3) $1 \le a \le b \le c \le 10$ を満たす整数の組 (a, b, c) で， (2)の条件(*)を満たすものをすべて求めよ.

(岡山大)

着眼 VIEWPOINT

「ある整数で割った余り」をヒントに，等式を満たす整数の組を考える問題です.
(3)で(問題84 ④ と同様に)「値の大小から候補を絞る」ことには気づきたいところです. ただし，これだけでは候補を絞り切れず，(2)を利用します.

解答 ANSWER

(1) (n, n^3 を 6 で割った余りが等しい)

$\iff$ (n^3-n は 6 の倍数である) ……①

である. 以下，①を示す.

$$n^3-n = n(n^2-1) = (n-1)n(n+1)$$

であり， $n-1$, n, $n+1$ は 3 つの連続する整数なので，この中に 2 の倍数， 3 の倍数を含む. 2 と 3 が互いに素であることにより， n^3-n は 6 の倍数である.
(証明終)

(2) (*)より，

$$\begin{aligned} a^3+b^3 &= (c+1)^3-c^3 \\ &= 3c^2+3c+1 \\ &= 3c(c+1)+1 \quad \text{……②} \end{aligned}$$

c, $c+1$ は 2 つの連続する整数なので，一方は偶数である. したがって， $3c(c+1)$ は 6 の倍数であり，②の右辺は 6 で割った余りが 1 の整数である. つまり， a^3+b^3 を 6 で割った余りは 1 である. 一方で，(1)で示したことより， a^3 と a, b^3 と b は，それぞれ， 6 で割った余りが等しい.
したがって，②より， $a+b$ を 6 で割った余りは 1 である. (証明終)

(3)　②，および $1 \leqq a \leqq b \leqq c \leqq 10$ より，

$$b^3 \leqq a^3 + b^3 = 3c^2 + 3c + 1$$

$$\leqq 3 \cdot 10^2 + 3 \cdot 10 + 1 = 331$$

である．$7^3 = 343$ より $b \leqq 6$ なので，

$$1 + 1 \leqq a + b \leqq b + b \leqq 6 + 6$$

$$\therefore \quad 2 \leqq a + b \leqq 12$$

したがって，(2)で示したことより $a+b$ を 6 で割った余りは 1 なので，$a+b=$ 7 である．$1 \leqq a \leqq b$ より，次が $(a,\ b)$ の候補である．

$$(a,\ b) = (1,\ 6),\ (2,\ 5),\ (3,\ 4)$$

(i)　$(a,\ b) = (1,\ 6)$　$(c \geqq 6)$ のとき

　②に代入すると，

$$1 + 216 = 3c(c+1) + 1$$

$$c(c+1) = 72 \quad \therefore \quad c = 8 \ （これは，6 \leqq c \leqq 10 を満たす．）$$

(ii)　$(a,\ b) = (2,\ 5)$　$(c \geqq 5)$ のとき

　②に代入すると，

$$8 + 125 = 3c(c+1) + 1 \quad \therefore \quad c(c+1) = 44$$

となるが，これを満たす整数 c は存在しない．

(iii)　$(a,\ b) = (3,\ 4)$　$(c \geqq 4)$ のとき

　②に代入すると，

$$27 + 64 = 3c(c+1) + 1$$

$$c(c+1) = 30 \quad \therefore \quad c = 5 \ （これは，4 \leqq c \leqq 10 を満たす．）$$

以上，(i)〜(iii)より，

$$\boldsymbol{(a,\ b,\ c) = (1,\ 6,\ 8),\ (3,\ 4,\ 5)} \quad \cdots\cdots \boxed{\text{答}}$$

86. 1次不定方程式 $ax+by=c$ の整数解 〈頻出度 ★★★〉

方程式 $7x+13y=1111$ を満たす自然数 x, y に対して, 次の問いに答えよ.

(1) この方程式を満たす自然数の組 (x, y) はいくつあるか求めよ.

(2) $s=-x+2y$ とするとき, s の最大値と最小値を求めよ.

(3) $t=|2x-5y|$ とするとき, t の最大値と最小値を求めよ. （鳥取大）

着眼 VIEWPOINT

x, y の1次方程式を満たす整数の組 (x, y) を調べる問題です. 「解答」のように, **等式を満たす組 (x, y) を1つ見つけ, 積の形に直す**方法を, まず身につけるとよいでしょう. 係数に着目して式を整理していく方法もあります. (☞詳説)

解答 ANSWER

(1) $\qquad 7x+13y=1111$ ……①

また, $7\cdot2+13\cdot(-1)=1$ なので, 両辺を1111倍することで

$\qquad 7\cdot2222+13\cdot(-1111)=1111$ ……②

を得る. ①, ②の辺々の差をとると,

$\qquad 7(x-2222)+13(y+1111)=0$

$\qquad 7(2222-x)=13(y+1111)$ ……③

③について, 7 と 13 が互いに素であることから, (x, y) に対し, 次を満たす整数 k が存在する.

$$\begin{cases} 2222-x=13k \\ y+1111=7k \end{cases} \text{すなわち} \begin{cases} x=-13k+2222 \\ y=7k-1111 \end{cases} \cdots\cdots④$$

$x>0$, $y>0$ より,

$$\begin{cases} -13k+2222>0 \\ 7k-1111>0 \end{cases} \Longleftrightarrow \frac{1111}{7}<k<\frac{2222}{13}$$

$\dfrac{1111}{7}=158.7\cdots$, $\dfrac{2222}{13}=170.9\cdots$ なので, $k=159$, 160, ……, 170(……⑤)

の12個の値をとる.

それぞれの k に相異なる (x, y) が1組ずつ対応するので, 求める組は

12個 ……**答**

(2)　④より，

$$s = -x + 2y$$
$$\quad = -(-13k + 2222) + 2(7k - 1111)$$
$$\quad = 27k - 4444$$

s は k に対して増加する．⑤より，k は $159 \leqq k \leqq 170$ の値をとるので，

$k = 170$ のとき，s は最大値をとり，　$27 \cdot 170 - 4444 = \mathbf{146}$　……**答**

$k = 159$ のとき，s は最小値をとり，　$27 \cdot 159 - 4444 = \mathbf{-151}$　……**答**

(3)　$t = |2x - 5y|$

$$\quad = |2(-13k + 2222) - 5(7k - 1111)|$$
$$\quad = |-61k + 9999|$$

したがって，$\dfrac{9999}{61} = 163.9\cdots$ から，t は図のように変化する．

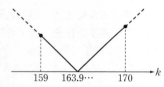

⑤より，図を参照して，

$k = 170$ のとき，t は最大値をとり，　$|-61 \cdot 170 + 9999| = \mathbf{371}$　……**答**

$k = 164$ のとき，t は最小値をとり，　$|-61 \cdot 164 + 9999| = \mathbf{5}$　……**答**

詳説 EXPLANATION

▶(2)以降を解くうえで，例えば $k = 158$ とすれば $(x, y) = (168, -5)$ なので，一般解を $(x, y) = (-13k + 168, 7k - 5)$ などとおき直せます．このようにすれば，(2)(3)の計算は，多少は楽に進められるでしょう．

▶次のように，1111，13 を 7 で割ることで，「係数の小さい不定方程式で考える」ことは非常に重要な方法です．次の方法で(1)の一般解を $(x, y) = (168 - 13k, 7k - 5)$ の形で見つけておけば，(2)(3)の計算も多少は楽になるでしょう．

> **別解**
>
> **(1)**　$1111 = 7 \cdot 158 + 5$ なので，
>
> $$7x + 13y = 1111$$
> $$7(x + 2y) - y = 7 \cdot 158 + 5$$
> $$7(x + 2y - 158) = y + 5 \quad \cdots\cdots ①$$
>
> したがって，$y + 5$ は 7 の倍数であり，整数 k を用いて $y + 5 = 7k$ と表せる．

これを①に代入して,

$$7\{x+2(7k-5)-158\}=7k \quad \therefore \quad x=168-13k$$

これより, $(x, y)=(168-13k, 7k-5)$ と表される.

$x>0$, $y>0$ から,

$$\begin{cases} 168-13k>0 \\ 7k-5>0 \end{cases} \Longleftrightarrow \frac{5}{7}<k<\frac{168}{13}$$

$\dfrac{5}{7}=0.71\cdots$, $\dfrac{168}{13}=12.9\cdots$ なので, $k=1$, 2, $\cdots\cdots$, 12である.

それぞれの k に (x, y) が1組ずつ対応するので, 求める組は

12個 ……**答**

▶合同式による除法で説明もできますが, 結局は上と同じことです. 法を7として, $7x\equiv0$, $13\equiv-1$, $1111\equiv5$ なので, $7x+13y=1111$ により

$$-y\equiv5 \Longleftrightarrow y\equiv-5$$

なので, $y=7k-5$ と表せます. あとは, 上の別解と同様に進めばよいでしょう.

87. ピタゴラス数の性質 〈頻出度 ★★☆〉

自然数の組 (x, y, z) が等式 $x^2+y^2=z^2$ を満たすとする.

(1) すべての自然数 n について, n^2 を 4 で割ったときの余りは 0 か 1 の いずれかであることを示せ.

(2) x と y の少なくとも一方が偶数であることを示せ.

(3) x が偶数, y が奇数であるとする. このとき, x が 4 の倍数であるこ とを示せ.

(早稲田大)

着眼 VIEWPOINT

剰余に着目して証明を進めていきます. (1)は, $n=4k+r$ としても問題ないの ですが,「n^2 を 4 で割った余り」を考えるのですから, n を偶奇, つまり $n=2k+$ r とすれば事足りる, と気づきたいところです. (2)は, (1)の利用を考えれば, 背 理法の出番でしょう. (3)は, $x=2X$, $y=2Y-1$ と自然数 X, Y を用いて表せ ることまでは気づくはずです. 示すべきことは「x が 4 の倍数」, つまり「X が偶数」 です. ここまで読めれば, $x^2=(z-y)(z+y)$ として右辺の偶奇に着目, と流れが 見えてほしいところです. このように, **示すべきことを読みかえ, 証明の道筋を 探ること**はどの単元の問題でも大切になります.

解答 ANSWER

$x^2+y^2=z^2$ ……①

(1) どのような自然数 n でも, ある整数 k と $r=0$, 1 により $n=2k+r$ と表せる. このとき,

$$n^2=(2k+r)^2=4(k^2+kr)+r^2$$

したがって, n^2 を 4 で割った余りと r^2 を 4 で割った余りは 等しい. r と r^2 は表のように対応するので r^2 を 4 で割った余 りは 0 か 1 である. (証明終)

r	0	1
r^2	0	1

(2) 背理法で示す. x と y がともに奇数であると仮定する. このとき,(1)より, x^2, y^2 を 4 で割った余りは 1 なので,

$$x^2+y^2 \text{ を 4 で割った余りは 2} \quad ……②$$

また, (1)より

$$z^2 \text{ を 4 で割った余りは 0 か 1} \quad ……③$$

である. ②, ③から, ①に矛盾する.

したがって, x と y の少なくとも一方は偶数である. (証明終)

(3) x は正の偶数, y は正の奇数なので, ①から z は奇数である. つまり, 自然数

X, Y, Z を用いて

$$x = 2X, \quad y = 2Y-1, \quad z = 2Z-1 \quad \cdots\cdots④$$

◀ （偶数）＋（奇数）＝（奇数）

と表せる.

また, ①から

$$x^2 = z^2 - y^2$$
$$x^2 = (z-y)(z+y)$$

が成り立つので, ④より

$$(2X)^2 = \{(2Z-1) - (2Y-1)\}\{(2Z-1) + (2Y-1)\}$$
$$4X^2 = 2(Z-Y)\cdot 2(Z+Y-1)$$
$$X^2 = (Z-Y)(Z+Y-1) \quad \cdots\cdots⑤$$

ここで, ⑤の右辺について,

$$(Z+Y-1) - (Z-Y) = 2Y-1 \quad (奇数)$$

なので, $Z-Y$ と $Z+Y-1$ の偶奇は異なる. すなわち, いずれか一方は偶数なので, ⑤の右辺は偶数, したがって, X は偶数である. これより, $x = 2X$ から, x は4の倍数である. （証明終）

詳説 EXPLANATION

▶(3)は, 次のように 8 で割った偶奇に着目することでも証明できます.

別解

(3) どのような自然数 n でも, ある整数 q と r により

$$n = 8q+r \quad (r = 0, \pm 1, \pm 2, \pm 3, 4)$$

と表せる. このとき,

$$n^2 = (8q+r)^2 = 8(8q^2+2qr) + r^2$$

より, n^2 を 8 で割った余りは r^2 を 8 で割った余りに等しいので, 8 を法として r, r^2 の余りはそれぞれ以下の表のように表せる.

r	0	± 1	± 2	± 3	4
r^2	0	1	4	$9 \equiv 1$	$16 \equiv 0$

$\cdots\cdots①$

ここで,

x は偶数なので, x^2 を 8 で割った余りは 0 か 4,

y は奇数なので, y^2 を 8 で割った余りは 1

である. また, $x^2+y^2 = z^2$ より, 左辺が奇数なので, z は奇数である. したがって, ①の表より,

z^2 を 8 で割った余りは 1 $\cdots\cdots②$

である. x^2 を 8 で割った余りが 4 のとき, $z^2 = x^2+y^2$ を 8 で割った余りは $1+4 = 5$ であるが, これは②に反する. したがって, x^2 を 8 で割った余りは 0 である. ①の表より, x を 8 で割った余りは 0 か 4, つまり, x は 4 の倍数である. （証明終）

88. 有理数・無理数に関する証明 〈頻出度 ★★★〉

以下の問いに答えよ.

(1) $\sqrt{3}$ は無理数であることを証明せよ.

(2) 有理数 a, b, c, d に対して, $a+b\sqrt{3}=c+d\sqrt{3}$ ならば, $a=c$ かつ $b=d$ であることを示せ.

(3) $(a+\sqrt{3})(b+2\sqrt{3})=9+5\sqrt{3}$ を満たす有理数 a, b を求めよ.

(鳥取大)

着眼 VIEWPOINT

有理数・無理数に関する基本的な証明問題です. 有理数の定義（2つの整数の比で表せる）から考えましょう.

解答 ANSWER

(1) $\sqrt{3}$ が有理数と仮定する. このとき, 互いに素な自然数 m, n により

$$\sqrt{3}=\frac{m}{n}$$

と表せる. したがって

$$3=\frac{m^2}{n^2} \qquad \therefore \quad m^2=3n^2 \quad \cdots\cdots ①$$

①の右辺は 3 の倍数なので, 左辺は 3 の倍数, つまり m は 3 の倍数である. したがって, $m=3k$ となる正の整数 k が存在する. このとき, ①から

$$(3k)^2=3n^2 \qquad \therefore \quad n^2=3k^2 \quad \cdots\cdots ②$$

②の右辺は 3 の倍数なので, 左辺は 3 の倍数, つまり n は 3 の倍数だが, これは m, n が互いに素であることに反する.

したがって, $\sqrt{3}$ は無理数である. （証明終）

(2) $a+b\sqrt{3}=c+d\sqrt{3} \quad \cdots\cdots ③$

$(b-d)\sqrt{3}=c-a \quad \cdots\cdots ④$

ここで, $b \neq d$ とする.

$$\sqrt{3}=\frac{c-a}{b-d} \quad \cdots\cdots ⑤$$

a, b, c, d は有理数なので, $\frac{c-a}{b-d}$ は有理数である. (1)より $\sqrt{3}$ は無理数なので, これは⑤に反する.

ゆえに，$b=d$ であり，このとき，④より $c=a$ である．

以上より，③のとき，$a=c$ かつ $b=d$ であることを示した．（証明終）

(3)　　$(a+\sqrt{3})(b+2\sqrt{3})=9+5\sqrt{3}$

　　　　$ab+6+(2a+b)\sqrt{3}=9+5\sqrt{3}$　……⑥

a，b は有理数なので，$ab+6$，$2a+b$ も有理数である．したがって，(2)で示したことより

　　　　⑥ $\Longrightarrow$ $ab+6=9$　……⑦　かつ　$2a+b=5$　……⑧

⑦より，$ab=3$ であり，⑧より $b=5-2a$ なので，⑦，⑧より

　　　　$a(5-2a)=3$

　　　　$2a^2-5a+3=0$　すなわち　$a=1,\ \dfrac{3}{2}$

このとき，$(a,\ b)=(1,\ 3),\ \left(\dfrac{3}{2},\ 2\right)$ が必要であり，これらは問題の条件を満

たす．よって，求める組は，$(a,\ b)=(1,\ 3),\ \left(\dfrac{3}{2},\ 2\right)$……**答**

詳説 EXPLANATION

▶「n^2 が 3 の倍数ならば，n は 3 の倍数である」ことは，n^2 が 3 の倍数であれば，ある正の整数 k を用いて $n^2=3k$ と表せる（n が素因数 3 をもつ）ことから明らかです．

▶(1)は，「素因数分解の一意性」を前提とした，次の説明でもよいでしょう．

別解

(1)　①までは「解答」と同じ．

　　　　$m^2=3n^2$

　　m が素因数 3 を M 個，n が 3 を N 個持っているならば，m^2 は素因数 3 を $2M$ 個，$3n^2$ は素因数 3 を $2N+1$ 個持っている．3 の個数の偶奇が一致しないので，①と矛盾する．したがって，$\sqrt{3}$ は無理数である．（証明終）

89. 分散の基本的な性質　　　　　　　〈頻出度 ★★★〉

⚟1⚟　あるクラスにおいて，10点満点のテストを実施したところ，そのテストの平均値が6，分散が4であった．このテストの点数を2倍にして10を加えて30点満点にしたデータの平均値，分散，標準偏差を求めよ．

（大阪医科大 改題）

⚟2⚟　20個の値からなるデータがある．そのうちの15個の値の平均値は10で分散は5であり，残りの5個の値の平均値は14で分散は13である．このデータの平均値と分散を求めよ．

（信州大）

着眼 VIEWPOINT

⚟1⚟　分散，標準偏差の定義から確認しておきます．

> **分散，標準偏差**
>
> 偏差の2乗（偏差平方）の平均値を**分散**という．すなわち，平均値を$\bar{x}$としたn個のデータx_1，x_2，x_3，……，x_nの分散s^2は
>
> $$s^2 = \frac{(x_1-\bar{x})^2 + (x_2-\bar{x})^2 + (x_3-\bar{x})^2 + \cdots\cdots + (x_n-\bar{x})^2}{n}$$
>
> また，分散s^2の正の平方根を**標準偏差**とよぶ．すなわち標準偏差sは
>
> $$s = \sqrt{\frac{(x_1-\bar{x})^2 + (x_2-\bar{x})^2 + (x_3-\bar{x})^2 + \cdots\cdots + (x_n-\bar{x})^2}{n}}$$

　　変量の変換に関しては，上記の定義の式が頭に入っていれば対応する値がどのように変換されるかは読みとれます．問題を解く際にも，これを考えながら進めるとよいでしょう．

⚟2⚟　次の，分散と2乗平均の関係を用いましょう．

> **分散と2乗平均**
>
> 変量xについて，平均値を$\bar{x}$，それぞれを2乗した値の平均値を$\overline{x^2}$，分散をs^2とするとき，次の関係がある．
>
> $$s^2 = \overline{x^2} - (\bar{x})^2$$

この関係式は，本問のような，いくつかのデータをまとめて1つのデータとしたり，逆に分けたりするときに使います．証明は難しくなく，一度は自力で導いておきましょう（☞詳説）．入試問題として出題されることもあります．

解答 ANSWER

1 変量を x，x の平均を $\bar{x}$，分散を $s_x{}^2$ と表す．換算後の変量を y と表すと，$y=2x+10$ である．このとき
$$\bar{x}=6,\ s_x{}^2=4$$
である．換算後のデータの平均値 $\bar{y}$，分散 $s_y{}^2$，標準偏差 s_y はそれぞれ，
$$\bar{y}=2\bar{x}+10=2\cdot6+10=\mathbf{22}\quad\cdots\cdots答$$
$$s_y{}^2=2^2\cdot s_x{}^2=4\cdot4=\mathbf{16}\quad\cdots\cdots答$$
$$s_y=\sqrt{16}=\mathbf{4}\quad\cdots\cdots答$$

2 20個の値を
$$x_1,\ x_2,\ \cdots\cdots,\ x_{15},\ x_{16},\ \cdots\cdots,\ x_{20}$$
とし，

x_1 から x_{15} までの平均値を10，分散を5
x_{16} から x_{20} までの平均値を14，分散を13

とする．20個の値の総和は，
$$\sum_{k=1}^{20}x_k=15\cdot10+5\cdot14=220$$
したがって，20個の値の平均値は $\dfrac{220}{20}=\mathbf{11}$ $\cdots\cdots答$

次に，x_1 から x_{15}，x_{16} から x_{20} それぞれに，分散と2乗平均の関係を用いる．
$$\frac{x_1{}^2+x_2{}^2+\cdots\cdots+x_{15}{}^2}{15}-10^2=5$$
$$\frac{x_{16}{}^2+\cdots\cdots+x_{20}{}^2}{5}-14^2=13$$
これより，20個の値の2乗平均を求めると
$$(x_1{}^2+\cdots\cdots+x_{15}{}^2)+(x_{16}{}^2+\cdots\cdots+x_{20}{}^2)=(5+10^2)\cdot15+(13+14^2)\cdot5$$
$$=2620$$
$$\therefore\ \frac{x_1{}^2+\cdots\cdots+x_{20}{}^2}{20}=\frac{2620}{20}=131$$
したがって，分散と2乗平均の関係から，20個の値の分散は
$$131-11^2=\mathbf{10}\quad\cdots\cdots答$$

分散の定義さえ頭に入っていれば，「(　)^{2}の中身をそれぞれ2倍しているから，$2^2=4$倍される」と判断できます．
$$s_y{}^2=\frac{1}{n}\sum_{k=1}^{n}(y_k-\bar{y})^2$$
$$=\frac{1}{n}\sum_{k=1}^{n}\{(2x_k+10)-(2\bar{x}+10)\}^2$$
$$=\frac{1}{n}\sum_{k=1}^{n}2^2(x_k-\bar{x})^2$$
$$=4\cdot\frac{1}{n}\sum_{k=1}^{n}(x_k-\bar{x})^2$$
$$=4s_x{}^2$$

Chapter 9 データの分析

詳説 EXPLANATION

▶分散と 2 乗平均の関係式の導出を確認しておきましょう.

x_1, x_2, ……, x_n の平均値を $\overline{x}$, $x_1{}^2$, $x_2{}^2$, ……, $x_n{}^2$ の平均値を $\overline{x^2}$ とすると,

$$\frac{1}{n}\sum_{k=1}^{n}(x_k-\overline{x})^2 = \frac{1}{n}\sum_{k=1}^{n}\{x_k{}^2-2\overline{x}x_k+(\overline{x})^2\}$$

$$= \frac{1}{n}\sum_{k=1}^{n}x_k{}^2-2\overline{x}\cdot\frac{1}{n}\sum_{k=1}^{n}x_k+\frac{1}{n}\cdot n(\overline{x})^2$$

$$= \frac{1}{n}\sum_{k=1}^{n}x_k{}^2-2\overline{x}\cdot\overline{x}+(\overline{x})^2$$

$$= \overline{x^2}-(\overline{x})^2$$

$$\left. \begin{array}{l} \dfrac{1}{n}\displaystyle\sum_{k=1}^{n}x_k=\overline{x} \\[2mm] \dfrac{1}{n}\displaystyle\sum_{k=1}^{n}x_k{}^2=\overline{x^2} \end{array} \right.$$

したがって, $s^2=\overline{x^2}-(\overline{x})^2$ が成り立つ.　　（証明終）

90. 共分散と相関係数 〈頻出度 ★★★〉

20人の学生が2回の試験を受験した．1回目の試験は10点満点で，2回目の試験は20点満点である．これらの試験得点に対し，1回目の試験得点を4倍，2回目の試験得点を3倍に換算した試験得点を計算し，これらの得点の合計から100点満点の総合得点を算出した．下の表は，もとの試験得点，換算した試験得点，総合得点から計算された数値をまとめたものである．表にはそれぞれの得点から計算された，平均値，中央値，分散，標準偏差と，1回目の試験得点と2回目の試験得点から計算された共分散と相関係数を記入する欄がある．

下の表中の ア ～ コ に入る数値を求めよ．なお，表に示された数値だけでは求められない場合は，数値ではなく×を記入すること．

注意：表の一部の数値は（ ）として，意図的に記入していない．

	もとの試験得点		換算した試験得点		総合得点
	1回目	2回目	1回目	2回目	
平均値	6	11	ウ	33	ク
中央値	6.5	11.5	26	エ	ケ
分散	9	25	オ	（ ）	コ
標準偏差	ア	（ ）	（ ）	カ	（ ）
共分散	13.5		（ ）		
相関係数	イ		キ		

（関西医科大）

着眼 VIEWPOINT

共分散，標準偏差に関する問題です．定義を確認しておきましょう．

共分散

2つの変量 x, y について，n 個のデータを

$$(x_1, y_1), \ (x_2, y_2), \ (x_3, y_3), \ \cdots\cdots, \ (x_n, y_n)$$

とする．また，x の平均値を $\overline{x}$，y の平均値を $\overline{y}$ とするとき，それぞれのデータの，x の偏差と y の偏差の積 $(x_k - \overline{x})(y_k - \overline{y})$ の平均値を，**共分散**という．x, y の共分散を s_{xy} と表すとき

$$s_{xy} = \frac{(x_1 - \overline{x})(y_1 - \overline{y}) + (x_2 - \overline{x})(y_2 - \overline{y}) + \cdots\cdots + (x_n - \overline{x})(y_n - \overline{y})}{n}$$

相関係数

共分散 s_{xy} を変量 x，変量 y の標準偏差の積で割った値

$$r = \frac{s_{xy}}{s_x s_y}$$

$$= \frac{\dfrac{1}{n}\{(x_1-\overline{x})(y_1-\overline{y}) + (x_2-\overline{x})(y_2-\overline{y}) + \cdots\cdots + (x_n-\overline{x})(y_n-\overline{y})\}}{\sqrt{\dfrac{1}{n}\{(x_1-\overline{x})^2 + \cdots\cdots + (x_n-\overline{x})^2\}} \cdot \sqrt{\dfrac{1}{n}\{(y_1-\overline{y})^2 + \cdots\cdots + (y_n-\overline{y})^2\}}}$$

$$= \frac{(x_1-\overline{x})(y_1-\overline{y}) + (x_2-\overline{x})(y_2-\overline{y}) + \cdots\cdots + (x_n-\overline{x})(y_n-\overline{y})}{\sqrt{\{(x_1-\overline{x})^2 + \cdots\cdots + (x_n-\overline{x})^2\}\{(y_1-\overline{y})^2 + \cdots\cdots + (y_n-\overline{y})^2\}}}$$

の値を，x，y の**相関係数**という．

相関係数 r の値が 1 に近いほど正の相関が強く，-1 に近いほど負の相関が強い．また，r の値が 0 に近いほど，相関は弱い．

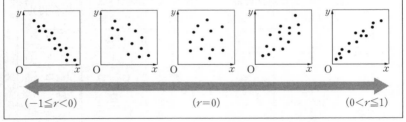

$(-1 \leqq r < 0)$　　　　　　　　$(r=0)$　　　　　　　　$(0 < r \leqq 1)$

解答 ANSWER

1 回目の試験の得点 x のデータを x_1，$\cdots\cdots$，x_{20}

2 回目の試験の得点 y のデータを y_1，$\cdots\cdots$，y_{20}

とする．また，総合得点を $z = 4x + 3y$ とする．
変量 x の平均値を $\overline{x}$，分散を $s_x{}^2$ と表し，y も同様に表す．また，x と y の共分散を s_{xy}，相関係数を r_{xy} と表す．
問題の表から，

$$\overline{x} = 6, \quad s_x{}^2 = 9, \quad \overline{y} = 11, \quad s_y{}^2 = 25, \quad s_{xy} = 13.5$$

であるから，$s_x = \mathbf{3}\,(\cdots\cdots$(ア)$)$，$s_y = 5$
したがって，相関係数は

$$r_{xy} = \frac{s_{xy}}{s_x s_y} = \frac{13.5}{3 \times 5} = \mathbf{0.9} \quad \cdots\cdots \text{(イ)}$$

得点を 4 倍に換算すれば，平均点も 4 倍となるので $\overline{4x} = 4\overline{x} = \mathbf{24} \quad \cdots\cdots$(ウ)

また，分散と2乗平均の関係から，「1回目の試験の換算後」のデータの分散は
$$s_{4x}{}^2 = \overline{(4x)^2} - (\overline{4x})^2 = 4^2\{\overline{x^2} - (\overline{x})^2\} = 4^2 s_x{}^2 = \mathbf{144} \quad \cdots\cdots(\text{オ})$$
したがって，標準偏差は $s_{4x} = 12$.

同様に考えて，「2回目の試験の換算後」のデータの分散，標準偏差は
$$s_{3y}{}^2 = 3^2 s_y{}^2 \quad \text{すなわち} \quad s_{3y} = \mathbf{15} \quad \cdots\cdots(\text{カ})$$
さらに，「1回目，2回目の試験それぞれの換算後のデータ」の共分散は，定義から
$$s_{4x3y} = \frac{1}{20}\sum_{k=1}^{20}(4x_k - \overline{4x})(3y_k - \overline{3y}) = 4\cdot 3 s_{xy}$$
であるから，相関係数は
$$r_{4x3y} = \frac{s_{4x3y}}{s_{4x}s_{3y}} = \frac{s_{xy}}{s_x s_y} = r_{xy} = \mathbf{0.9} \quad \cdots\cdots(\text{キ})$$
また，総合得点 z について，平均点は
$$\overline{z} = \overline{4x+3y} = \overline{4x} + \overline{3y} = 24 + 33 = \mathbf{57} \quad \cdots\cdots(\text{ク})$$
である．したがって，総合得点の分散は
$$s_z{}^2 = \frac{1}{20}\sum_{k=1}^{20}(z_k - \overline{z})^2$$
$$= \frac{1}{20}\sum_{k=1}^{20}\{4(x_k - \overline{x}) + 3(y_k - \overline{y})\}^2$$
$$= 4^2 s_x{}^2 + 2\cdot 4\cdot 3 s_{xy} + 3^2 s_y{}^2$$
$$= 4^2 \cdot 9 + 24 \cdot 13.5 + 3^2 \cdot 25$$
$$= \mathbf{693} \quad \cdots\cdots(\text{コ})$$

$\blacktriangleleft$ $4^2 \cdot 9 + 3 \cdot 8 \cdot 3 \cdot 4.5 + 3^2 \cdot 25$
$= 9(4^2 + 8\cdot 4.5 + 25)$

y の中央値を m_y と表す． $m_y = 11.5$ より，
$$m_{3y} = 3m_y = \mathbf{34.5} \quad \cdots\cdots(\text{エ})$$
また，総合得点のデータ $z_1, z_2, \cdots\cdots, z_{20}$ は与えられた数値だけではわからない．
つまり， m_z は決まらない． $\times$ $\cdots\cdots(\text{ケ})$

91. 条件を満たす平面上の点の存在範囲 〈頻出度 ★★☆〉

平面上に3点A，B，Cがあり，$|2\overrightarrow{AB}+3\overrightarrow{AC}|=15$，$|2\overrightarrow{AB}+\overrightarrow{AC}|=7$，$|\overrightarrow{AB}-2\overrightarrow{AC}|=11$ を満たしている．次の問いに答えよ．

(1) $|\overrightarrow{AB}|$，$|\overrightarrow{AC}|$，内積 $\overrightarrow{AB}\cdot\overrightarrow{AC}$ の値を求めよ．

(2) 実数 s，t が $s\geqq0$，$t\geqq0$，$1\leqq s+t\leqq2$ を満たしながら動くとき，$\overrightarrow{AP}=2s\overrightarrow{AB}-t\overrightarrow{AC}$ で定められた点Pの動く部分の面積を求めよ．

(横浜国立大)

着眼 VIEWPOINT

(1)は，与えられた式をそれぞれ2乗して，$|\overrightarrow{AB}|$，$|\overrightarrow{AC}|$，$\overrightarrow{AB}\cdot\overrightarrow{AC}$ の連立方程式にもち込めばよいでしょう．(2)が厄介に見える人もいるかもしれません．**ベクトルで表された平面上の点の存在範囲を考えるときは，直交座標との対応を考えるとよいでしょう．**なお，直線のベクトル方程式（共線条件）から説明することもできないわけではありません．（☞詳説）

解答 ANSWER

$|2\overrightarrow{AB}+3\overrightarrow{AC}|=15$，$|2\overrightarrow{AB}+\overrightarrow{AC}|=7$，$|\overrightarrow{AB}-2\overrightarrow{AC}|=11$ ……①

(1) ①のそれぞれの式の両辺を2乗して

$$\begin{cases} |2\overrightarrow{AB}+3\overrightarrow{AC}|^2=15^2 \\ |2\overrightarrow{AB}+\overrightarrow{AC}|^2=7^2 \\ |\overrightarrow{AB}-2\overrightarrow{AC}|^2=11^2 \end{cases}$$

$$\begin{cases} 2^2|\overrightarrow{AB}|^2+2\cdot6\overrightarrow{AB}\cdot\overrightarrow{AC}+3^2|\overrightarrow{AC}|^2=225 \\ 2^2|\overrightarrow{AB}|^2+2\cdot2\overrightarrow{AB}\cdot\overrightarrow{AC}+|\overrightarrow{AC}|^2=49 \\ |\overrightarrow{AB}|^2-2\cdot2\overrightarrow{AB}\cdot\overrightarrow{AC}+2^2|\overrightarrow{AC}|^2=121 \end{cases}$$

$p=|\overrightarrow{AB}|^2$，$q=|\overrightarrow{AC}|^2$，$r=\overrightarrow{AB}\cdot\overrightarrow{AC}$ とすると

$$\begin{cases} 4p+9q+12r=225 \\ 4p+q+4r=49 \\ p+4q-4r=121 \end{cases}$$

これを解いて，$(p, q, r)=(9, 25, -3)$．
したがって，$|\overrightarrow{AB}|=3$，$|\overrightarrow{AC}|=5$，$\overrightarrow{AB}\cdot\overrightarrow{AC}=-3$ ……**答**

(2) $(2s, -t) = (x, y)$ とおき換え，$\overrightarrow{\mathrm{AP}} = x\overrightarrow{\mathrm{AB}} + y\overrightarrow{\mathrm{AC}}$ とする．実数 s, t に関する条件

$$s \geqq 0 \quad かつ \quad t \geqq 0 \quad かつ \quad 1 \leqq s+t \leqq 2$$

を x, y で書き換えると

$$\frac{x}{2} \geqq 0 \quad かつ \quad -y \geqq 0 \quad かつ \quad 1 \leqq \frac{x}{2} + (-y) \leqq 2$$

$$\Leftrightarrow x \geqq 0 \quad かつ \quad y \leqq 0 \quad かつ \quad \frac{x}{2} - 2 \leqq y \leqq \frac{x}{2} - 1 \quad \cdots\cdots②$$

②の表す領域は，直交座標（左下図）との対応を考えることで，右下図の網目部分である．（境界をすべて含む）

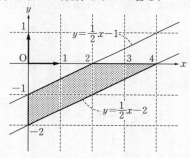
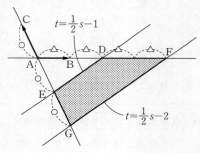

求める面積を S とすると

$$\begin{aligned}
S &= (四角形 \mathrm{DEGF}) \\
&= \triangle \mathrm{AGF} - \triangle \mathrm{AED} \\
&= 8\triangle \mathrm{ABE} - 2\triangle \mathrm{ABE} \\
&= 6\triangle \mathrm{ABE} \\
&= 6\triangle \mathrm{ABC}
\end{aligned}$$

◀ $\mathrm{AF} = 4\mathrm{AB}$, $\mathrm{AG} = 2\mathrm{AE}$ より，$\triangle \mathrm{AGF} : \triangle \mathrm{ABE} = 4 \times 2 : 1$

(1)より

$$\begin{aligned}
S &= 6\triangle \mathrm{ABC} \\
&= 6 \cdot \frac{1}{2} \sqrt{|\overrightarrow{\mathrm{AB}}|^2 |\overrightarrow{\mathrm{AC}}|^2 - (\overrightarrow{\mathrm{AB}} \cdot \overrightarrow{\mathrm{AC}})^2} \\
&= 3\sqrt{3^2 \cdot 5^2 - (-3)^2} \\
&= \mathbf{18\sqrt{6}} \quad \cdots\cdots\fbox{答}
\end{aligned}$$

◀ $3 \cdot 3\sqrt{5^2 - 1} = 9 \cdot 2 \cdot \sqrt{6}$

Chapter 10 ベクトル

詳説　EXPLANATION

▶解答の(2)では $\overrightarrow{AB}$, $\overrightarrow{AC}$ を位置の基準とするベクトル（基底）に見ていますが，$2\overrightarrow{AB}$, $-\overrightarrow{AC}$ を基準に見ても，問題なく結論に至ります．

別解

(2)　点 D，E を $\overrightarrow{AD}=2\overrightarrow{AB}$, $\overrightarrow{AE}=-\overrightarrow{AC}$ となるように定める．このとき，
$$\overrightarrow{AP}=2s\overrightarrow{AB}-t\overrightarrow{AC}=s\overrightarrow{AD}+t\overrightarrow{AE}$$
ここで，定数 s, t が
$$s\geqq 0,\ t\geqq 0,\ 1\leqq s+t\leqq 2$$
を満たして動くとき，点 P の動く部分は（解答と同じ）図の台形 DEGF の周および内部である．ただし F，G は
$$\overrightarrow{AF}=2\overrightarrow{AD},\ \overrightarrow{AG}=2\overrightarrow{AE}$$
を満たす点である．以下，「解答」と同じ．

▶直線のベクトル方程式（共線条件）から説明することもできます．

点が直線上にある条件（共線条件）

2 点 A，B が異なるとき，次が成り立つ．

（点 P が直線 AB 上にある）

$\Longleftrightarrow$（$\overrightarrow{AP}=k\overrightarrow{AB}$ を満たす実数 k が存在する）

$\Longleftrightarrow$（$\overrightarrow{OP}-\overrightarrow{OA}=k(\overrightarrow{OB}-\overrightarrow{OA})$ を満たす実数 k が存在する）

$\Longleftrightarrow$（$\overrightarrow{OP}=s\overrightarrow{OA}+t\overrightarrow{OB}$ かつ $s+t=1$ を満たす実数の組 $(s,\ t)$ が存在する）

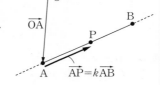

　ただし，やや説明が煩雑になるので，解答を読んで理解することは大切ですが，実践的には，斜交座標で解答をまとめてしまった方がよいでしょう．

別解

(2)　s, t の条件
$$s\geqq 0\ \ かつ\ \ t\geqq 0\ \ かつ\ \ 1\leqq s+t\leqq 2$$
について，$s+t=k$ とおくと，$1\leqq k\leqq 2$ となる．このとき，
$$\overrightarrow{AP}=2s\overrightarrow{AB}-t\overrightarrow{AC}=\frac{s}{k}(2k\overrightarrow{AB})+\frac{t}{k}\cdot(-k\overrightarrow{AC})$$
と変形し，$2k\overrightarrow{AB}=\overrightarrow{AB'}$, $-k\overrightarrow{AC}=\overrightarrow{AC'}$ となるよう B′，C′ を定めると，

$\dfrac{s}{k} \geqq 0$ かつ $\dfrac{t}{k} \geqq 0$ かつ $\dfrac{s}{k} + \dfrac{t}{k} = 1$ より，k を固定したとき，P は線

分 B′C′ 上の全体を動く．（D, E, F, G は解答と同様に定める．）

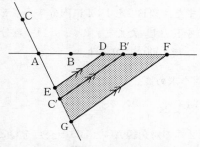

$k = 1$ のときは B′ は D，C′ は E と重なり，また $k = 2$ のときは B′ は F，C′ は G と重なる．B′C′ // DE が常に成り立つことから，k を $1 \leqq k \leqq 2$ で動かすことで線分 B′C′ は図の四角形 DEGF を通過し，これが点 P の存在する範囲である．以下，「解答」と同じ．

92. 平面上の点の位置ベクトル① 〈頻出度 ★★★〉

平行四辺形 ABCD において，$\overrightarrow{AB}=\vec{a}$，$\overrightarrow{AD}=\vec{b}$ とおき，$|\vec{a}|=4$，$|\vec{b}|=5$，$|\overrightarrow{AC}|=6$ であるとする．また，辺 BC を 1:4 に内分する点を E，辺 AB を $s:(1-s)$ に内分する点を F とし（ただし，$0<s<1$），線分 AE と線分 DF の交点を P とするとき，次の問いに答えよ．

(1) $\vec{a}$ と $\vec{b}$ の内積 $\vec{a}\cdot\vec{b}$ の値を求めよ．

(2) $\overrightarrow{AP}$ を $\vec{a}$，$\vec{b}$ および s で表せ．

(3) 平行四辺形 ABCD の 2 本の対角線 AC と BD の交点を Q とする．$\overrightarrow{PQ}$ が $\vec{b}$ と平行であるとき，s の値および $|\overrightarrow{AP}|$ の値を求めよ． (岩手大)

着眼 VIEWPOINT

平面上の点の位置ベクトルを決定する，基本的な問題です．平面（空間）上の点がいくつかの条件で決まるとき，**点を決める条件を 1 つずつ（ベクトルの）式で表す**，ことを徹底しましょう．本問の(2)であれば「点 P は直線 AE 上」「点 P は直線 DF 上」の 2 つの条件で決まるので，これを適当な文字を用いて式にすればよいわけです．

解答 ANSWER

(1) $\quad|\vec{a}|=4$，$|\vec{b}|=5$ ……①
$\quad|\overrightarrow{AC}|=6$ ……②

$\overrightarrow{AC}=\overrightarrow{AB}+\overrightarrow{BC}=\vec{a}+\vec{b}$ であり，②より，$|\vec{a}+\vec{b}|=6$ である．この両辺を 2 乗して，
$$|\vec{a}+\vec{b}|^2=6^2$$
$$|\vec{a}|^2+2\vec{a}\cdot\vec{b}+|\vec{b}|^2=36$$
①より，
$$4^2+2\vec{a}\cdot\vec{b}+5^2=36 \quad\therefore\ \vec{a}\cdot\vec{b}=-\frac{5}{2} \quad\text{……答}$$

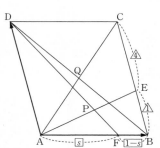

(2) $\overrightarrow{AE}=\overrightarrow{AB}+\overrightarrow{BE}=\vec{a}+\frac{1}{5}\vec{b}$ である．

$\overrightarrow{AP}/\!/\overrightarrow{AE}$ であるから，実数 k を用いて
$$\overrightarrow{AP}=k\overrightarrow{AE}=k\vec{a}+\frac{k}{5}\vec{b} \quad\text{……③}$$

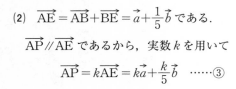

と表せる．また，点Pは直線DF上にあるので，実数 t を用いて
$$\overrightarrow{AP} = \overrightarrow{AD} + t\overrightarrow{DF} = \overrightarrow{AD} + t(\overrightarrow{AF} - \overrightarrow{AD}) = t \cdot s\vec{a} + (1-t)\vec{b} \quad \cdots\cdots④$$
と表せる．$\vec{a}, \vec{b}$ は $\vec{0}$ でなく，平行でないので，③，④より
$$\begin{cases} k = st \\ \dfrac{k}{5} = 1-t \end{cases} \quad \text{すなわち} \quad (k,\ t) = \left(\dfrac{5s}{5+s},\ \dfrac{5}{5+s} \right)$$

したがって，$\overrightarrow{AP} = \dfrac{5s}{5+s}\vec{a} + \dfrac{s}{5+s}\vec{b}$ ……答

(3) $\quad \overrightarrow{PQ} = \overrightarrow{AQ} - \overrightarrow{AP}$

$$= \frac{1}{2}(\vec{a}+\vec{b}) - \left(\frac{5s}{5+s}\vec{a} + \frac{s}{5+s}\vec{b} \right)$$

$$= \left(\frac{1}{2} - \frac{5s}{5+s} \right)\vec{a} + \left(\frac{1}{2} - \frac{s}{5+s} \right)\vec{b}$$

$\overrightarrow{PQ} /\!/ \vec{b}$ となる条件は，

$$\frac{1}{2} - \frac{5s}{5+s} = 0 \quad \text{かつ} \quad \frac{1}{2} - \frac{s}{5+s} \neq 0 \quad \text{すなわち} \quad s = \frac{5}{9}$$

このとき，$\overrightarrow{AP} = \dfrac{1}{10}(5\vec{a}+\vec{b})$ であり，また

$$|5\vec{a}+\vec{b}|^2 = 25|\vec{a}|^2 + 10\vec{a}\cdot\vec{b} + |\vec{b}|^2 = 5^2(16-1+1) = 5^2 \cdot 4^2$$
$$\therefore \quad |5\vec{a}+\vec{b}| = 20$$

したがって，$|\overrightarrow{AP}| = \dfrac{1}{10} \cdot 20 = 2$ ……答

詳説 EXPLANATION

▶(2)の解答は「経路ごとにパラメタを設定して $\overrightarrow{AP}$ を2通りの式で表し，$\vec{a}, \vec{b}$ の係数を比較する」流れですが，下のように共線条件を利用しても同じことです．

別解

(2) ③までは「解答」と同じ．$\vec{a} = \dfrac{1}{s}\overrightarrow{AF}$ に注意して，③より

$$\overrightarrow{AP} = \frac{k}{s}\overrightarrow{AF} + \frac{k}{5}\overrightarrow{AD}$$

点PはDF上にあることから，

$$\frac{k}{s} + \frac{k}{5} = 1 \quad \text{すなわち} \quad k = \frac{5s}{5+s}$$

以下，「解答」と同じ．

93. 平面上の点の位置ベクトル②　〈頻出度 ★★★〉

　面積$\sqrt{5}$の平行四辺形ABCDについて AB$=\sqrt{2}$，AD$=\sqrt{3}$ が成り立っており，∠DABは鋭角である．このとき，$0<t<1$を満たす実数tに対して，辺BCを$t:1-t$に内分する点をPとする．

(1)　2つのベクトル$\overrightarrow{AB}$と$\overrightarrow{AD}$の内積を求めよ．

(2)　線分APとBDが直交するようなtの値を求めよ．

(3)　(2)のとき，APとBDの交点をQとする．長さの比$\dfrac{BQ}{BD}$を求めよ．

(学習院大　改題)

着眼 VIEWPOINT

　問題92と同様，平面上の点の位置ベクトルを決定する問題です．直線（線分）同士が垂直であるとき，「2つのベクトルの内積が0となること」を利用します．

解答 ANSWER

(1)　AB$=\sqrt{2}$，AD$=\sqrt{3}$　……①

　∠DAB$=\theta$とすると，平行四辺形
　ABCDの面積について

$$\sqrt{5}=\text{AB}\cdot\text{AD}\sin\theta$$

　が成り立つので，①より

$$\sqrt{2}\cdot\sqrt{3}\cdot\sin\theta=\sqrt{5}$$

$$\therefore\ \sin\theta=\frac{\sqrt{5}}{\sqrt{6}}$$

　∠DAB$=\theta$は鋭角より，$\cos\theta>0$なので，

$$\cos\theta=\sqrt{1-\sin^2\theta}=\frac{1}{\sqrt{6}}.\ \text{ゆえに，}$$

$$\overrightarrow{AB}\cdot\overrightarrow{AD}=|\overrightarrow{AB}|\,|\overrightarrow{AD}|\cos\theta=\sqrt{2}\cdot\sqrt{3}\,\frac{1}{\sqrt{6}}=1\ \ \text{……答}$$

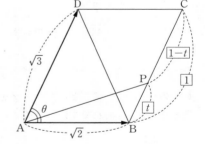

(2)　$\overrightarrow{AP}=\overrightarrow{AB}+\overrightarrow{BP}=\overrightarrow{AB}+t\overrightarrow{BC}=\overrightarrow{AB}+t\overrightarrow{AD}$　……②

　$\overrightarrow{BD}=\overrightarrow{AD}-\overrightarrow{AB}$

　であるから，線分APとBDが直交することより，

$$\overrightarrow{AP}\cdot\overrightarrow{BD}=0$$

$$(\overrightarrow{AB}+t\overrightarrow{AD})\cdot(\overrightarrow{AD}-\overrightarrow{AB})=0$$
$$(1-t)\overrightarrow{AB}\cdot\overrightarrow{AD}-|\overrightarrow{AB}|^2+t|\overrightarrow{AD}|^2=0$$

$|\overrightarrow{AB}|=\sqrt{2}$, $|\overrightarrow{AD}|=\sqrt{3}$ と(1)の結果より,

$$(1-t)\cdot1-2+3t=0 \quad \therefore \quad t=\frac{1}{2} \quad \cdots\cdots\text{答}$$

(3)　点Qは直線AP上の点なので, $\overrightarrow{AQ}=k\overrightarrow{AP}$ を

満たす実数 k が存在する. $t=\frac{1}{2}$ のとき, ②から

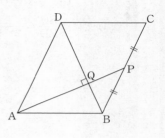

$$\overrightarrow{AQ}=k\overrightarrow{AP}$$
$$=k\left(\overrightarrow{AB}+\frac{1}{2}\overrightarrow{AD}\right)$$
$$=k\overrightarrow{AB}+\frac{k}{2}\overrightarrow{AD} \quad \cdots\cdots③$$

また，点Qは直線BD上の点でもあるので，次を満たす実数 l が存在する.
$$\overrightarrow{AQ}=\overrightarrow{AB}+l\overrightarrow{BD}=\overrightarrow{AB}+l(\overrightarrow{AD}-\overrightarrow{AB})=(1-l)\overrightarrow{AB}+l\overrightarrow{AD} \quad \cdots\cdots④$$

$\overrightarrow{AB}$, $\overrightarrow{AD}$ は $\vec{0}$ でなく，平行でないので，③，④より

$$\begin{cases} k=1-l \\ \dfrac{k}{2}=l \end{cases} \quad \text{すなわち} \quad (k,\ l)=\left(\frac{2}{3},\ \frac{1}{3}\right)$$

$l=\frac{1}{3}$ より，④から，点Qは線分BDを $1:2$ に内分する. $\dfrac{\text{BQ}}{\text{BD}}=\dfrac{1}{3}$ $\cdots\cdots$ 答

詳説 EXPLANATION

▶(1)は，いわゆる「ベクトルの面積公式」から導いてもよいでしょう.

> **別解**
>
> (1)　平行四辺形の面積が $\sqrt{5}$ なので，①より，
> $$\sqrt{5}=\sqrt{2\cdot3-(\overrightarrow{AB}\cdot\overrightarrow{AD})^2}$$
> $$(\sqrt{5})^2=\left\{\sqrt{6-(\overrightarrow{AB}\cdot\overrightarrow{AD})^2}\right\}^2$$
> $$5=6-(\overrightarrow{AB}\cdot\overrightarrow{AD})^2$$
> $$(\overrightarrow{AB}\cdot\overrightarrow{AD})^2=1$$
> ∠DABは鋭角なので，$\overrightarrow{AB}\cdot\overrightarrow{AD}>0$ である.
> したがって　$\mathbf{\overrightarrow{AB}\cdot\overrightarrow{AD}=1}$ $\cdots\cdots$ 答

▶三角形の相似が見えてしまえば，(3)はベクトルをもち出すまでもありません. こういったことに気づかなくても解けてしまうのがベクトルの良いところ，ともいえます.

別解

(3)　$t = \dfrac{1}{2}$ より，$BP = \dfrac{1}{2}BC$ である．

　　ここで，$\triangle ADQ \backsim \triangle PBQ$ から，
　　　　$DQ : BQ = AD : PB = 2 : 1$

　　ゆえに，$\dfrac{BQ}{BD} = \dfrac{1}{2+1} = \dfrac{1}{3}$　……**答**

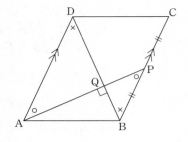

94. 平面上の点の位置ベクトル③ 〈頻出度 ★★★〉

三角形ABCにおいて，AB＝2，AC＝3，BC＝4とする．また，三角形ABCの内接円の中心をI，外接円の中心をPとする．

(1) 実数 s，t により，$\overrightarrow{AI}=s\overrightarrow{AB}+t\overrightarrow{AC}$ の形で表せ．

(2) 実数 x，y により，$\overrightarrow{AP}=x\overrightarrow{AB}+y\overrightarrow{AC}$ の形で表せ． （早稲田大 改題）

着眼 VIEWPOINT

三角形の五心，とりわけ内心，外心に関する問題は頻出です．

(1)は，「内心が角の二等分線の交点であること」を用いればよいでしょう．角の二等分線の性質から線分比がわかるので，位置ベクトルを求めるのに抵抗はないはずです．一方，(2)は不慣れだとやや手が動きにくいでしょう．外心を「辺の垂直二等分線の交点」と見ても，「各頂点へ等距離」と見ても問題なく解けますが，そのために $\overrightarrow{AP}=x\overrightarrow{AB}+y\overrightarrow{AC}$ を"代入"することに慣れておきたいです．なお，内積の定義から計算できれば，(2)もあっさりと解決します．（☞詳説）

解答 ANSWER

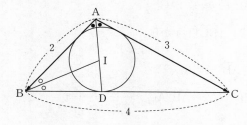

(1) 直線AIと辺BCの交点をDとする．線分ADは∠BACの二等分線だから，

$$BD : DC = AB : AC = 2 : 3$$

ゆえに，$BD=\dfrac{2}{5}BC=\dfrac{8}{5}$ である．

また，線分BIは∠ABCの二等分線だから，

$$AI : ID = BA : BD = 2 : \dfrac{8}{5} = 5 : 4$$

したがって，

$$\overrightarrow{AI}=\dfrac{5}{9}\overrightarrow{AD}$$

$$= \frac{5}{9} \cdot \frac{3\overrightarrow{AB} + 2\overrightarrow{AC}}{5}$$

$$= \frac{1}{3}\overrightarrow{AB} + \frac{2}{9}\overrightarrow{AC} \quad \cdots\cdots\text{答}$$

(2) $\overrightarrow{AB}$, $\overrightarrow{AC}$は$\vec{0}$ でなく，平行ではないので，
実数 x, y により
$$\overrightarrow{AP} = x\overrightarrow{AB} + y\overrightarrow{AC} \quad \cdots\cdots①$$
と表せる.

ここで，辺 AB, AC の中点をそれぞれM, N
とする. 三角形の外心は，各辺の垂直二等分
線の交点である. すなわち，AB⊥MP,
AC⊥NP から，
$$\overrightarrow{AB} \cdot \overrightarrow{MP} = 0, \quad \overrightarrow{AC} \cdot \overrightarrow{NP} = 0 \quad \cdots\cdots②$$
が成り立つ.

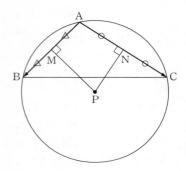

ここで，①より

$$\overrightarrow{MP} = \overrightarrow{AP} - \overrightarrow{AM} = \left(x - \frac{1}{2}\right)\overrightarrow{AB} + y\overrightarrow{AC}$$

$$\overrightarrow{NP} = \overrightarrow{AP} - \overrightarrow{AN} = x\overrightarrow{AB} + \left(y - \frac{1}{2}\right)\overrightarrow{AC}$$

また，$\overrightarrow{BC} = \overrightarrow{AC} - \overrightarrow{AB}$ であり，$|\overrightarrow{BC}| = 4$ から
$$|\overrightarrow{AC} - \overrightarrow{AB}|^2 = 4^2$$
$$|\overrightarrow{AC}|^2 - 2\overrightarrow{AB} \cdot \overrightarrow{AC} + |\overrightarrow{AB}|^2 = 16$$

$$3^2 - 2\overrightarrow{AB} \cdot \overrightarrow{AC} + 2^2 = 16 \quad \therefore \quad \overrightarrow{AB} \cdot \overrightarrow{AC} = -\frac{3}{2} \quad \cdots\cdots③$$

したがって，②から

$$\begin{cases} \overrightarrow{AB} \cdot \left\{\left(x - \frac{1}{2}\right)\overrightarrow{AB} + y\overrightarrow{AC}\right\} = 0 \\ \overrightarrow{AC} \cdot \left\{x\overrightarrow{AB} + \left(y - \frac{1}{2}\right)\overrightarrow{AC}\right\} = 0 \end{cases}$$

$$\begin{cases} \left(x - \frac{1}{2}\right)|\overrightarrow{AB}|^2 + y\overrightarrow{AB} \cdot \overrightarrow{AC} = 0 \\ x\overrightarrow{AB} \cdot \overrightarrow{AC} + \left(y - \frac{1}{2}\right)|\overrightarrow{AC}|^2 = 0 \end{cases}$$

$|\overrightarrow{AB}| = 2$, $|\overrightarrow{AC}| = 3$, ③より，

$$\begin{cases} 2^2\left(x-\dfrac{1}{2}\right)-\dfrac{3}{2}y=0 \\[2mm] -\dfrac{3}{2}x+3^2\left(y-\dfrac{1}{2}\right)=0 \end{cases}$$

$$\begin{cases} 8x-3y=4 \\ 3x-18y=-9 \end{cases}$$

これを解いて，$(x,\ y)=\left(\dfrac{11}{15},\ \dfrac{28}{45}\right)$

したがって，$\overrightarrow{\mathrm{AP}}=\dfrac{11}{15}\overrightarrow{\mathrm{AB}}+\dfrac{28}{45}\overrightarrow{\mathrm{AC}}$ ……答

詳説 EXPLANATION

▶(2)は，「外心から 3 頂点までの距離が等しい」と考えても解決します．

別解

(2) ③までは「解答」と同じ．
$$|\overrightarrow{\mathrm{AP}}|=|\overrightarrow{\mathrm{BP}}|=|\overrightarrow{\mathrm{CP}}|$$
（＝外接円の半径）

が成り立つことから
$$\begin{cases} |\overrightarrow{\mathrm{AP}}|=|\overrightarrow{\mathrm{BP}}| \\ |\overrightarrow{\mathrm{AP}}|=|\overrightarrow{\mathrm{CP}}| \end{cases}$$

$$\begin{cases} |\overrightarrow{\mathrm{AP}}|=|\overrightarrow{\mathrm{AP}}-\overrightarrow{\mathrm{AB}}| \\ |\overrightarrow{\mathrm{AP}}|=|\overrightarrow{\mathrm{AP}}-\overrightarrow{\mathrm{AC}}| \end{cases}$$

実数 $x,\ y$ を用いて
$\overrightarrow{\mathrm{AP}}=x\overrightarrow{\mathrm{AB}}+y\overrightarrow{\mathrm{AC}}$ と表すとき，
$$\begin{cases} |x\overrightarrow{\mathrm{AB}}+y\overrightarrow{\mathrm{AC}}|=|(x-1)\overrightarrow{\mathrm{AB}}+y\overrightarrow{\mathrm{AC}}| \\ |x\overrightarrow{\mathrm{AB}}+y\overrightarrow{\mathrm{AC}}|=|x\overrightarrow{\mathrm{AB}}+(y-1)\overrightarrow{\mathrm{AC}}| \end{cases}$$

それぞれ，両辺を 2 乗して
$$\begin{cases} \begin{aligned} &x^2|\overrightarrow{\mathrm{AB}}|^2+2xy\overrightarrow{\mathrm{AB}}\cdot\overrightarrow{\mathrm{AC}}+y^2|\overrightarrow{\mathrm{AC}}|^2 \\ &\quad=(x-1)^2|\overrightarrow{\mathrm{AB}}|^2+2(x-1)y\overrightarrow{\mathrm{AB}}\cdot\overrightarrow{\mathrm{AC}}+y^2|\overrightarrow{\mathrm{AC}}|^2 \end{aligned} \\ \begin{aligned} &x^2|\overrightarrow{\mathrm{AB}}|^2+2xy\overrightarrow{\mathrm{AB}}\cdot\overrightarrow{\mathrm{AC}}+y^2|\overrightarrow{\mathrm{AC}}|^2 \\ &\quad=x^2|\overrightarrow{\mathrm{AB}}|^2+2x(y-1)\overrightarrow{\mathrm{AB}}\cdot\overrightarrow{\mathrm{AC}}+(y-1)^2|\overrightarrow{\mathrm{AC}}|^2 \end{aligned} \end{cases}$$
$|\overrightarrow{\mathrm{AB}}|=2,\ |\overrightarrow{\mathrm{AC}}|=3$，③を代入する．

以下，「解答」と同じ．

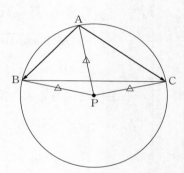

▶(2)で，内積の定義から $\overrightarrow{\mathrm{AP}}$ に関する式を立てられれば，やや楽に計算できます．

別解

(2) 「解答」と同様に点M, Nを定める. また, ③を求めるところは「解答」
と同じ.

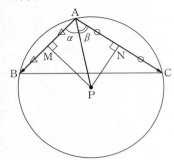

∠BAP＝α, ∠CAP＝β とする.
このとき

$$\overrightarrow{AB} \cdot \overrightarrow{AP} = |\overrightarrow{AB}||\overrightarrow{AP}|\cos\alpha$$
$$= |\overrightarrow{AB}||\overrightarrow{AM}|$$
$$= 2\cdot1 = 2$$
$$\overrightarrow{AC} \cdot \overrightarrow{AP} = |\overrightarrow{AC}||\overrightarrow{AP}|\cos\beta$$
$$= |\overrightarrow{AC}||\overrightarrow{AN}|$$
$$= 3\cdot\frac{3}{2} = \frac{9}{2}$$

したがって, 実数 x, y を用いて $\overrightarrow{AP} = x\overrightarrow{AB} + y\overrightarrow{AC}$ と表すとき,

$$\begin{cases} \overrightarrow{AB} \cdot (x\overrightarrow{AB} + y\overrightarrow{AC}) = 2 \\ \overrightarrow{AC} \cdot (x\overrightarrow{AB} + y\overrightarrow{AC}) = \dfrac{9}{2} \end{cases}$$

$$\begin{cases} x|\overrightarrow{AB}|^2 + y\overrightarrow{AB}\cdot\overrightarrow{AC} = 2 \\ x\overrightarrow{AB}\cdot\overrightarrow{AC} + y|\overrightarrow{AC}|^2 = \dfrac{9}{2} \end{cases}$$

$|\overrightarrow{AB}| = 2$, $|\overrightarrow{AC}| = 3$, ③より,

$$\begin{cases} 4x - \dfrac{3}{2}y = 2 \\ -\dfrac{3}{2}x + 9y = \dfrac{9}{2} \end{cases}$$

$$\begin{cases} 8x - 3y = 4 \\ 3x - 18y = -9 \end{cases}$$

以下, 「解答」と同じ.

95. ベクトルの等式条件と内積 〈頻出度 ★★★〉

平面上に $\triangle ABC$ があり，その外接円の中心を O とする．この外接円の半径は 1 であり，かつ $2\overrightarrow{OA}+3\overrightarrow{OB}-3\overrightarrow{OC}=\vec{0}$ を満たす．

(1) $\overrightarrow{OA}\cdot\overrightarrow{OB}$ を求めよ．

(2) $\overrightarrow{AB}\cdot\overrightarrow{AC}$ を求めよ．

(3) $\triangle ABC$ の面積を求めよ． 〈南山大 改題〉

着眼 VIEWPOINT

非常によく出題される，ベクトルの等式条件から図形の面積を求める問題です．基本的には，面積を求めるために線分の長さを求める，内積を求める，ということを機械的に「式で進める」方向でよいでしょう．

解答 ANSWER

$$2\overrightarrow{OA}+3\overrightarrow{OB}-3\overrightarrow{OC}=\vec{0} \quad \cdots\cdots①$$

$\triangle ABC$ の外接円の中心が O なので，

$$|\overrightarrow{OA}|=|\overrightarrow{OB}|=|\overrightarrow{OC}|=1 \quad \cdots\cdots②$$

(1) ①より，$|2\overrightarrow{OA}+3\overrightarrow{OB}|=|3\overrightarrow{OC}|$ が成り立つ．両辺を 2 乗して

$$|2\overrightarrow{OA}+3\overrightarrow{OB}|^2=|3\overrightarrow{OC}|^2$$

$$2^2|\overrightarrow{OA}|^2+2\cdot6\overrightarrow{OA}\cdot\overrightarrow{OB}+3^2|\overrightarrow{OB}|^2=3^2|\overrightarrow{OC}|^2$$

②より

$$4+12\overrightarrow{OA}\cdot\overrightarrow{OB}+9=9 \quad \therefore \quad \overrightarrow{OA}\cdot\overrightarrow{OB}=-\frac{1}{3} \quad \cdots\cdots③\boxed{答}$$

(2) ①より，$|2\overrightarrow{OA}-3\overrightarrow{OC}|^2=|-3\overrightarrow{OB}|^2$ となるので，

$$4+9-12\overrightarrow{OA}\cdot\overrightarrow{OC}=9 \quad \text{すなわち} \quad \overrightarrow{OA}\cdot\overrightarrow{OC}=\frac{1}{3} \quad \cdots\cdots④$$

①より，$|3\overrightarrow{OB}-3\overrightarrow{OC}|^2=|-2\overrightarrow{OA}|^2$ となるので，

$$9+9-18\overrightarrow{OB}\cdot\overrightarrow{OC}=4 \quad \text{すなわち} \quad \overrightarrow{OB}\cdot\overrightarrow{OC}=\frac{7}{9} \quad \cdots\cdots⑤$$

②，③，④，⑤より，

$$\overrightarrow{AB}\cdot\overrightarrow{AC}=(\overrightarrow{OB}-\overrightarrow{OA})\cdot(\overrightarrow{OC}-\overrightarrow{OA})$$

$$=\overrightarrow{OB}\cdot\overrightarrow{OC}-\overrightarrow{OA}\cdot\overrightarrow{OB}-\overrightarrow{OA}\cdot\overrightarrow{OC}+|\overrightarrow{OA}|^2$$

$$=\frac{7}{9}-\left(-\frac{1}{3}\right)-\frac{1}{3}+1=\frac{16}{9} \quad \cdots\cdots\boxed{答}$$

Chapter 10 ベクトル

(3) ②, ③, ④より,

$$|\overrightarrow{AB}|^2 = |\overrightarrow{OB} - \overrightarrow{OA}|^2$$

$$= |\overrightarrow{OB}|^2 - 2\overrightarrow{OA} \cdot \overrightarrow{OB} + |\overrightarrow{OA}|^2 = \frac{8}{3}$$

$$|\overrightarrow{AC}|^2 = |\overrightarrow{OC} - \overrightarrow{OA}|^2$$

$$= |\overrightarrow{OC}|^2 - 2\overrightarrow{OA} \cdot \overrightarrow{OC} + |\overrightarrow{OA}|^2 = \frac{4}{3}$$

(2)の結果と合わせて, 求める面積は

$$\triangle ABC = \frac{1}{2}\sqrt{|\overrightarrow{AB}|^2 |\overrightarrow{AC}|^2 - (\overrightarrow{AB} \cdot \overrightarrow{AC})^2}$$

$$= \frac{1}{2}\sqrt{\frac{8}{3} \cdot \frac{4}{3} - \left(\frac{16}{9}\right)^2}$$

$$= \frac{2\sqrt{2}}{9} \quad \cdots\cdots\boxed{答}$$

詳説 EXPLANATION

▶「3 点 A, B, C が O を中心とする半径 1 の円周上にある」という情報だけで
△ABC の図をかくと, 例えば次の図のような状況も考えられます.

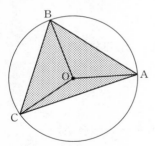
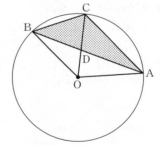

（点 O が△ABC の内部にある）　　（点 O が△ABC の外部にある）

このように「点 O が△ABC の内部にある」と勘違いしてしまうと,

$$\triangle ABC = \triangle OAB + \triangle OBC + \triangle OCA$$

と式を立ててしまいかねません（もちろん, 正しくない）. この問題では, ①から

$$\overrightarrow{OC} = \frac{2\overrightarrow{OA} + 3\overrightarrow{OB}}{3} = \frac{5}{3} \cdot \frac{2\overrightarrow{OA} + 3\overrightarrow{OB}}{3+2}$$

と考えれば, 点 C は「辺 AB を 3 : 2 に内分する点を D とするとき, 線分 OD を
5 : 2 に外分する点」であることがわかり, O は△ABC の外側であることがわかり
ます. したがって,

$$\triangle ABC = \triangle OAC + \triangle OBC - \triangle OAB$$

が正しく，これより計算することも可能です．

▶やや巧妙（？）ですが，次のように辺と辺の関係が見えれば，容易に面積を求められます．

別解

(3) ①より，

$$2\overrightarrow{OA} = 3(\overrightarrow{OC} - \overrightarrow{OB}) \qquad \therefore \quad 2\overrightarrow{OA} = 3\overrightarrow{BC}$$

これより，四角形 OACB は OA∥BC である台形である．

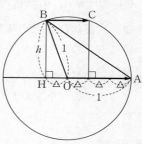

図のように，点 B から直線 OA に垂線 BH を下すと，その長さ h は

$$h = \sqrt{OB^2 - OH^2}$$

$$= \sqrt{1^2 - \left(\frac{1}{3}\right)^2} = \frac{2\sqrt{2}}{3}$$

△ABC の底辺を BC とみて，その面積は

$$\triangle ABC = \frac{1}{2} \cdot \frac{2}{3} \cdot \frac{2\sqrt{2}}{3} = \frac{2\sqrt{2}}{9} \quad \cdots\cdots\boxed{答}$$

96. 空間上の点の位置ベクトル

〈頻出度 ★★★〉

平行六面体 OAFB − CEGD を考える．t を正の実数とし，辺 OC を $1:t$ に内分する点を M とする．また三角形 ABM と直線 OG の交点を P とする．さらに $\overrightarrow{OA}=\vec{a}$, $\overrightarrow{OB}=\vec{b}$, $\overrightarrow{OC}=\vec{c}$ とする．

(1) $\overrightarrow{OP}$ を $\vec{a}$, $\vec{b}$, $\vec{c}$, t を用いて表せ．

(2) 四面体 OABE の体積を V_1 とし，四面体 OABP の体積を V_2 とするとき，これらの比 $V_1:V_2$ を求めよ．

(3) 三角形 OAB の重心を Q とする．直線 FC と直線 QP が平行になるとき，t の値を求めよ．

(鹿児島大)

着眼 VIEWPOINT

平面ベクトル，空間ベクトル，などと分けて扱うこともありますが，すべきことは平面でも空間でも変わりません．点の位置を決める条件を 1 つずつ式で表し，計算を進める，が大原則です．平面と空間との大きな違いは，「空間における平面の扱い方」です．

点が平面上にある条件（共面条件）

同一直線上にない 3 点 A，B，C と点 P について

　　（点 P が平面 ABC 上にある）

$\Longleftrightarrow$ （$\overrightarrow{AP}=\alpha\overrightarrow{AB}+\beta\overrightarrow{AC}$ を満たす実数の組 (α, β) が存在する）

$\Longleftrightarrow$ （$\overrightarrow{OP}-\overrightarrow{OA}=\alpha(\overrightarrow{OB}-\overrightarrow{OA})+\beta(\overrightarrow{OC}-\overrightarrow{OA})$ を満たす実数の組 (α, β) が存在する）

$\Longleftrightarrow$ （$\overrightarrow{OP}=s\overrightarrow{OA}+t\overrightarrow{OB}+u\overrightarrow{OC}$ かつ $s+t+u=1$ を満たす実数の組 (s, t, u) が存在する）

「点がある平面上にあること」「直線がある平面と垂直に交わること」のベクトルによる表し方，この点に注意して練習しましょう．

解答 ANSWER

(1) $\overrightarrow{OG}=\overrightarrow{OA}+\overrightarrow{AF}+\overrightarrow{FG}=\vec{a}+\vec{b}+\vec{c}$ である.

点Pは直線OG上なので，ある実数 k を用いて，次のように表せる.

$$\overrightarrow{OP}=k\overrightarrow{OG}=k\vec{a}+k\vec{b}+k\vec{c} \quad\cdots\cdots①$$

また，点Pは平面ABM上の点なので，実数 v, w により次のように表せる.

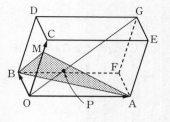

$$\overrightarrow{OP}=\overrightarrow{OA}+v\overrightarrow{AB}+w\overrightarrow{AM}$$
$$=\overrightarrow{OA}+v(\overrightarrow{OB}-\overrightarrow{OA})+w(\overrightarrow{OM}-\overrightarrow{OA})$$
$$=(1-v-w)\overrightarrow{OA}+v\overrightarrow{OB}+w\overrightarrow{OM}$$
$$=(1-v-w)\vec{a}+v\vec{b}+\frac{w}{1+t}\vec{c} \quad\cdots\cdots②$$

$\vec{a}$, $\vec{b}$, $\vec{c}$ は $\vec{0}$ でなく，どの2つも平行でなく，同一平面上にないので，①，②より

◀「$\vec{a}$, $\vec{b}$, $\vec{c}$ は1次独立なので」としてもよい.

$$\begin{cases} k=1-v-w \\ k=v \\ k=\dfrac{w}{1+t} \end{cases} \quad \therefore \ (k,\ v,\ w)=\left(\dfrac{1}{t+3},\ \dfrac{1}{t+3},\ \dfrac{t+1}{t+3}\right)$$

したがって，①より $\quad \overrightarrow{OP}=\dfrac{1}{t+3}(\vec{a}+\vec{b}+\vec{c}) \quad\cdots\cdots$答

(2) 四面体OABGの体積を V_3 とする．四面体OABEと四面体OABGは，△OABを底面に見たときの高さが等しいことより，$V_1=V_3$ である．また，(1)より，

$OP=\dfrac{1}{t+3}OG$ である．四面体OABGと四面体OABPは，△OABを底面に見たときの高さをそれぞれ h_3, h_2 とすれば，

$h_3:h_2=OG:OP$ である.

ゆえに，$V_2=\dfrac{1}{t+3}V_3$ なので，

求める体積比は

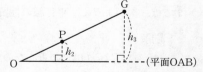

$$V_1:V_2=V_1:\frac{1}{t+3}V_3=V_1:\frac{1}{t+3}V_1=(t+3):1 \quad\cdots\cdots$答

(3) $\overrightarrow{FC}=\vec{c}-(\vec{a}+\vec{b})=-\vec{a}-\vec{b}+\vec{c}$,

点Qが三角形OABの重心であることに注意して，

$$\overrightarrow{QP}=\overrightarrow{OP}-\overrightarrow{OQ}$$

Chapter
10
ベクトル

$$= \frac{1}{t+3}(\vec{a}+\vec{b}+\vec{c}) - \frac{1}{3}(\vec{a}+\vec{b})$$

$$= \left(\frac{1}{t+3}-\frac{1}{3}\right)\vec{a} + \left(\frac{1}{t+3}-\frac{1}{3}\right)\vec{b} + \frac{1}{t+3}\vec{c}$$

$\overrightarrow{FC} /\!/ \overrightarrow{QP}$ となるのは，$\overrightarrow{QP} = s\overrightarrow{FC}$ となる実数 s が存在するときである．つまり，

$$\begin{cases} \dfrac{1}{t+3}-\dfrac{1}{3} = -s \\[2mm] \dfrac{1}{t+3} = s \end{cases}$$

これを解いて，$(s,\ t) = \left(\dfrac{1}{6},\ 3\right)$，である．求める値は　**$t=3$**　……答

詳説 EXPLANATION

▶ベクトルの共面条件を利用して，(1)を説明することもできます．多少，計算を簡潔にはできますが，「2 本のベクトル $\overrightarrow{AB}$, $\overrightarrow{AM}$ で平面 ABM を作っている」という感覚（両手を広げて平面を作るようなイメージ）がないうちに，無理に使うと混乱します．**ベクトルの基本は与えられた図形のうえで経路をたどることです．**

$$\overrightarrow{OP} = k(\vec{a}+\vec{b}+\vec{c})$$
$$= k\vec{a}+k\vec{b}+k\vec{c} \quad (\text{ここまでは解答と同じ})$$
$$= k\vec{a}+k\vec{b}+(1+t)k\cdot\frac{1}{1+t}\vec{c}$$
$$= k\vec{a}+k\vec{b}+(1+t)k\overrightarrow{OM} \quad \cdots\cdots(*)$$

点 P は平面 ABM 上の点なので，(*)の係数の和が 1 である．したがって

$$k+k+(1+t)k = 1 \qquad \therefore\quad k = \frac{1}{t+3}$$

以降は，「解答」と同じ．

▶(3)では，次のように，平行線の性質から幾何的に考えることもできるでしょう．

別解

(3) 点 Q は △OAB の重心なので，OQ : OF = 1 : 3 である，OG と CF の交点を R とすると，

　　　OP : OR = 1 : 3,　OP : OG = 1 : 6

(2)より，OP : OG = 1 : $(t+3)$ であるから，

　$t+3 = 6$ より，**$t=3$**　……答

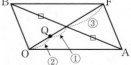

97. 平面に下ろした垂線 〈頻出度 ★★★〉

p を負の実数とする．座標空間に原点Oと3点 A $(-1,\ 2,\ 0)$，
B $(2,\ -2,\ 1)$，P $(p,\ -1,\ 2)$ があり，3点O，A，Bが定める平面を α と
する．また，点Pから平面 α に垂線を下ろし，α との交点をQとする．

(1) 点Qの座標を p を用いて表せ．

(2) 点Qが△OABの周または内部にあるような p の範囲を求めよ．

（北海道大）

着眼 VIEWPOINT

(1)は，平面と直線の垂直条件の確認です．次の関係から，内積の計算を進めれ
ば難しくありません．

> **平面と直線の垂直条件**
>
> 平面 π 上に定点Hと，1次独立な2つのベクトル $\vec{b}$，$\vec{c}$ を定める．また，
> π 上にない点Aをとる．このとき，次が成り立つ．
> $$\overrightarrow{AH} \perp \vec{b} \quad かつ \quad \overrightarrow{AH} \perp \vec{c} \implies \overrightarrow{AH} \perp \pi$$

(2)は，問題91と同様に，「斜交座標」平面の上で考えましょう．

解答 ANSWER

(1) 点Qは平面OAB上の点なので，実
数 a，b を用いて $\overrightarrow{OQ} = a\overrightarrow{OA} + b\overrightarrow{OB}$ と
表せる．ここで，
$\overrightarrow{OA} = (-1,\ 2,\ 0)$，$\overrightarrow{OB} = (2,\ -2,\ 1)$，
$\overrightarrow{OP} = (p,\ -1,\ 2)$ より，

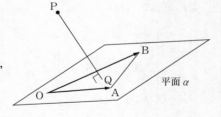

$$|\overrightarrow{OA}|^2 = 1+4 = 5,$$
$$|\overrightarrow{OB}|^2 = 4+4+1 = 9,$$
$$\overrightarrow{OA} \cdot \overrightarrow{OB} = -2-4 = -6, \quad \overrightarrow{OA} \cdot \overrightarrow{OP} = -(p+2), \quad \overrightarrow{OB} \cdot \overrightarrow{OP} = 2(p+2)$$

であり，また，$\overrightarrow{PQ} = \overrightarrow{OQ} - \overrightarrow{OP} = a\overrightarrow{OA} + b\overrightarrow{OB} - \overrightarrow{OP}$ なので，

$$\overrightarrow{PQ} \cdot \overrightarrow{OA} = a|\overrightarrow{OA}|^2 + b\overrightarrow{OA} \cdot \overrightarrow{OB} - \overrightarrow{OP} \cdot \overrightarrow{OA}$$
$$= 5a - 6b + (p+2)$$
$$\overrightarrow{PQ} \cdot \overrightarrow{OB} = a\overrightarrow{OA} \cdot \overrightarrow{OB} + b|\overrightarrow{OB}|^2 - \overrightarrow{OP} \cdot \overrightarrow{OB}$$
$$= -6a + 9b - 2(p+2)$$

$\overrightarrow{PQ}$ と平面 α が垂直であることから, $\overrightarrow{PQ}\cdot\overrightarrow{OA}=0$, $\overrightarrow{PQ}\cdot\overrightarrow{OB}=0$ である. つまり

$$\begin{cases} 5a-6b+(p+2)=0 \\ -6a+9b-2(p+2)=0 \end{cases} \quad \text{すなわち} \quad (a,\ b)=\left(\frac{p+2}{3},\ \frac{4(p+2)}{9}\right)$$

したがって,

$$\overrightarrow{OQ}=a\overrightarrow{OA}+b\overrightarrow{OB}$$

$$=\frac{p+2}{3}(-1,\ 2,\ 0)+\frac{4(p+2)}{9}(2,\ -2,\ 1)$$

$$=\left(\frac{5(p+2)}{9},\ \frac{-2(p+2)}{9},\ \frac{4(p+2)}{9}\right)$$

求める座標は $\mathbf{Q}\left(\dfrac{\mathbf{5(p+2)}}{\mathbf{9}},\ \dfrac{\mathbf{-2(p+2)}}{\mathbf{9}},\ \dfrac{\mathbf{4(p+2)}}{\mathbf{9}}\right)$ ……🔲答

(2) 直交座標との対応を考えることにより,

　　　　点 Q が △OAB の周および内部にある

　　$\iff a\geqq 0$　かつ　$b\geqq 0$　かつ　$a+b\leqq 1$

となる.

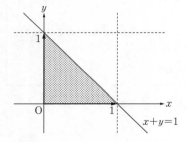
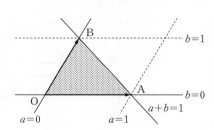

したがって, (1)より

$$\begin{cases} \dfrac{p+2}{3}\geqq 0 \\[2mm] \dfrac{4(p+2)}{9}\geqq 0 \\[2mm] \dfrac{p+2}{3}+\dfrac{4(p+2)}{9}\leqq 1 \end{cases}$$

これを解いて, $\mathbf{-2\leqq p\leqq -\dfrac{5}{7}}$ ……🔲答

98. 座標空間における四面体　　　〈頻出度 ★★★〉

　座標空間に 4 点 A$(1, 1, 0)$, B$(3, 2, 1)$, C$(4, -2, 6)$, D$(3, 5, 2)$ がある. 以下の問いに答えよ.

(1)　3 点 A, B, C の定める平面を α とする. 点 D から平面 α に下ろした垂線と平面 α の交点を P とする. 線分 DP の長さを求めよ.

(2)　四面体 ABCD の体積を求めよ.　　　　　　　　　（北九州市立大 改題）

着眼 VIEWPOINT

　座標空間を題材とした問題の中では, よく出題されるテーマです. 内積の計算, 点が平面上にある条件, 垂直条件などへの理解をまとめて問われる問題です. さまざまな説明の方法があり（☞詳説）, 誘導のされ方も多種多様なので, いずれもできた方がよいでしょう. ここでは, 平面の方程式を導く方法から考えてみます.

解答 ANSWER

(1)　$\overrightarrow{AB} = (2, 1, 1)$, $\overrightarrow{AC} = (3, -3, 6)$　……①

　したがって, 平面 α に垂直なベクトルの 1 つを $\vec{n} = (p, q, r)$ とすれば, $\vec{n} \perp$（平面 α）から, $\vec{n} \cdot \overrightarrow{AB} = 0$, $\vec{n} \cdot \overrightarrow{AC} = 0$ である. つまり

$$\begin{cases} 2p+q+r = 0 \\ 3p-3q+6r = 0 \end{cases} \quad \text{すなわち} \quad r = -p, \ q = -p \quad ……②$$

②から, $\vec{n} = (1, -1, -1)$ とすれば, $\vec{n} \perp \alpha$ である. したがって, 平面 α 上の任意の点を Q(x, y, z) とすれば, $\vec{n} \cdot \overrightarrow{AQ} = 0$ が成り立つことから

$$1 \cdot (x-1) + (-1) \cdot (y-1) + (-1) \cdot (z-0) = 0$$

$$x-y-z = 0 \quad ……③$$

③は, 座標空間における平面 α の方程式である.

ここで, $\overrightarrow{DP}$ と $\vec{n}$ が平行であることから, O を原点とすると, 実数 t を用いて次のように表せる.

$$\overrightarrow{OP} = \overrightarrow{OD} + t\vec{n} = (3+t, 5-t, 2-t)$$

点 P は平面 α 上の点なので, ③より

$$(3+t) - (5-t) - (2-t) = 0 \quad \therefore \quad t = \frac{4}{3}$$

したがって, 線分 DP の長さは

$$|\overrightarrow{DP}| = |t\vec{n}| = |t||\vec{n}| = \frac{4}{3} \cdot \sqrt{1^2 + (-1)^2 + (-1)^2} = \frac{4\sqrt{3}}{3} \quad ……**答**$$

(2)　①より

$$\triangle \mathrm{ABC} = \frac{1}{2}\sqrt{|\overrightarrow{\mathrm{AB}}|^2 |\overrightarrow{\mathrm{AC}}|^2 - (\overrightarrow{\mathrm{AB}} \cdot \overrightarrow{\mathrm{AC}})^2}$$

$$= \frac{1}{2}\sqrt{(\sqrt{6})^2 (3\sqrt{6})^2 - 9^2} = \frac{9\sqrt{3}}{2}$$

したがって，(1)の結果と合わせて，求める体積をVとして，

$$V = \frac{1}{3} \cdot \triangle \mathrm{ABC} \cdot |\overrightarrow{\mathrm{DP}}| = \frac{1}{3} \cdot \frac{9\sqrt{3}}{2} \cdot \frac{4\sqrt{3}}{3} = \mathbf{6} \quad \cdots\cdots\boxed{答}$$

詳説 EXPLANATION

▶地道に計算するのであれば，これまでの問題のように「点Pの位置を定める条件」を式に直してもよいでしょう．つまり，「点Pは平面α上にある」「$\overrightarrow{\mathrm{DP}} \perp \overrightarrow{\mathrm{AB}}$」「$\overrightarrow{\mathrm{DP}} \perp \overrightarrow{\mathrm{AC}}$」を1つずつ式に直して，

$$\overrightarrow{\mathrm{OP}} = \overrightarrow{\mathrm{OA}} + (x\overrightarrow{\mathrm{AB}} + y\overrightarrow{\mathrm{AC}}), \qquad \overrightarrow{\mathrm{DP}} \cdot \overrightarrow{\mathrm{AB}} = 0, \qquad \overrightarrow{\mathrm{DP}} \cdot \overrightarrow{\mathrm{AC}} = 0$$

が成り立ちます．第1式からPの座標を実数x，yを用いて表せるので，第2式，第3式に代入すれば，x，yの連立方程式を得られます．実質的には解答と同じことですが，この方が馴染みがあるという人も多いでしょう．

▶問題94のように，内積の図形的な性質を考えれば，次のようにDPの長さを求めることもできます．いわゆる，「正射影ベクトル」を考えることと同じです．

別解

(1)　$\vec{n} = (1, -1, -1)$ を求めるところまでは「解答」と同じ．

ここで，DPの長さ $|\overrightarrow{\mathrm{DP}}|$ について考える．$\overrightarrow{\mathrm{AD}}$ と $\vec{n}$ のなす角をθとする．$\overrightarrow{\mathrm{AD}} = (2, 4, 2)$ であり，$\overrightarrow{\mathrm{AD}} \cdot \vec{n} = -4 < 0$ であることから，これらのなす角θは鈍角である．つまり，右の図の関係にある．したがって，$\vec{n}$ の逆ベクトル

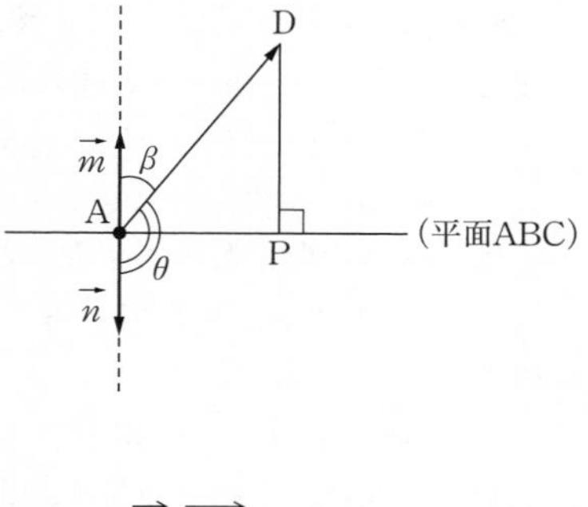

$$\vec{m} = -\vec{n} = (-1, 1, 1)$$

と$\overrightarrow{\mathrm{AD}}$のなす角を$\beta$とするとき，

$$|\overrightarrow{\mathrm{DP}}| = |\overrightarrow{\mathrm{AD}}|\cos\beta = \frac{|\vec{m}||\overrightarrow{\mathrm{AD}}|\cos\beta}{|\vec{m}|} = \frac{\vec{m} \cdot \overrightarrow{\mathrm{AD}}}{|\vec{m}|} = \frac{4}{\sqrt{3}} \quad \cdots\cdots\boxed{答}$$

▶次の定理を知っている人であれば，(2)の計算は楽に行えます．

点と平面の距離の公式

座標空間において，平面 $ax+by+cz+d=0$（ただし，$a^2+b^2+c^2 \neq 0$）と点 (x_0, y_0, z_0) との距離を L とすると，L は，

$$L = \frac{|ax_0+by_0+cz_0+d|}{\sqrt{a^2+b^2+c^2}} \quad \cdots\cdots(*)$$

上の解答は，点と平面の距離の公式を「導きつつ解いている」のと，ほとんど同じです．点の座標と平面の式を文字でおいたまま，同様に計算すれば $(*)$ の式は導けます．

▶飛び道具のような方法ですが，次の公式があります．

サラスの公式（行列式）

4 点 $O(0, 0, 0)$，$A(x_1, y_1, z_1)$，$B(x_2, y_2, z_2)$，$C(x_3, y_3, z_3)$ を頂点とする四面体の体積 V は

$$V = \frac{1}{6}\,|\,y_1z_2x_3+z_1x_2y_3+x_1y_2z_3-z_1y_2x_3-x_1z_2y_3-y_1x_2z_3\,|$$

導き方はさまざまで，例えば上の点と平面の距離の公式などを用いて計算する，などで得られます．次のように，縦に成分をかいたベクトルを横に並べ，斜めに積をとる方法がよく知られています．

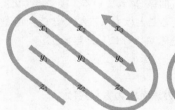
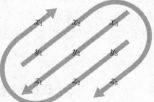

左上から右下への方向は ⊕　　　　　右上から左下への方向は ⊖

無理に覚える必要はありませんが，極端に試験時間が短い大学を受ける人などは，参考にしてもよいかもしれません．

99. 球と平面の共通部分　　　　　　　　　　　〈頻出度 ★★★〉

座標空間において，原点Oと点 A$(1, 1, 2)$ を通る直線を l とする．また，点 B$(3, 4, -5)$ を中心とする半径 7 と半径 6 の球面をそれぞれ S_1，S_2 とする．このとき，次の問に答えよ．

(1)　球面 S_1 の方程式を求めよ．

(2)　直線 l と球面 S_1 の 2 つの交点のうち原点からの距離が小さい方を P_1，大きい方を P_2 とする．$\overrightarrow{OP_1} = t_1\overrightarrow{OA}$，$\overrightarrow{OP_2} = t_2\overrightarrow{OA}$ と表すとき，t_1，t_2 の値をそれぞれ求めよ．

(3)　点Qを直線 l 上の点とするとき，2 点 Q，Bの距離の最小値を求めよ．

(4)　球面 S_2 と xy 平面が交わってできる円 C の半径 r の値を求めよ．

(5)　zx 平面と接し，xy 平面との交わりが(4)で定めた円 C となる球面は 2 つある．この 2 つの球面の中心間の距離を求めよ．

（立教大）

着眼 VIEWPOINT

座標空間において，球面と直線，あるいは球面と平面の位置関係を考える問題はしばしば出題されます．図形同士の位置関係（離れている，接する，交差する）に注意して解きましょう．図をかいて考えることはもちろん大切ですが，座標空間に「正しく」図示することにこだわりすぎないようにしましょう．

解答 ANSWER

(1)　点 B$(3, 4, -5)$ を中心とする半径 7 の球面 S_1 の方程式は

$$(x-3)^2 + (y-4)^2 + (z+5)^2 = 49 \quad \cdots\cdots① 答$$

(2)　原点Oと点 A$(1, 1, 2)$ を通る直線 l と，球面 S_1 の交点をPとおく．

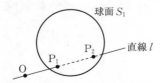

球面 S_1

P_2

直線 l

P_1

O

◀ 図示するとしても，この程度で十分．③の t に対応して，2 点 P_1，P_2 が決まることがわかればよい．

点Pは直線 l 上にあることから，$\overrightarrow{OP} = t\overrightarrow{OA}$ を満たす実数 t が存在する．したがって，Pの座標は

$$P(t, \ t, \ 2t) \quad \cdots\cdots ②$$

と表せる．原点からの距離は，$OP = \sqrt{t^2+t^2+4t^2} = \sqrt{6}\,|t|$ である．

ここで，点 P は球面 S_1 上にあるから，①，②より

$$(t-3)^2 + (t-4)^2 + (2t+5)^2 = 49$$

$$6t^2+6t+1 = 0 \quad \therefore \quad t = \frac{-3\pm\sqrt{3}}{6} \quad \cdots\cdots ③$$

③の2つの t の値のうち，$OP = \sqrt{6}\,|t|$ の値が小さくなる方の値が $t = t_1$，大きくなる方の値が $t = t_2$ である．

$$\left|\frac{-3+\sqrt{3}}{6}\right| = \frac{3-\sqrt{3}}{6} < \frac{3+\sqrt{3}}{6} = \left|\frac{-3-\sqrt{3}}{6}\right|$$

したがって，求める t_1，t_2 の値は

$$t_1 = \frac{-3+\sqrt{3}}{6}, \ t_2 = \frac{-3-\sqrt{3}}{6} \quad \cdots\cdots 答$$

(3) ②と同様に，直線 l 上の点 Q の座標は，実数 k を用いて $Q(k, \ k, \ 2k)$ と表すことができる．このとき

$$QB^2 = (k-3)^2 + (k-4)^2 + (2k+5)^2$$

$$= 6k^2+6k+50$$

$$= 6\left(k+\frac{1}{2}\right)^2 + \frac{97}{2} \geqq \frac{97}{2}$$

等号は $k = -\dfrac{1}{2}$ で成り立つ．したがって，2点 Q，B の距離の最小値は

$$\sqrt{\frac{97}{2}} = \frac{\sqrt{194}}{2} \quad \cdots\cdots 答$$

(4) S_2 は点 $B(3, \ 4, \ -5)$ を中心とする半径 6 の球面だから，S_2 の方程式は

$$(x-3)^2 + (y-4)^2 + (z+5)^2 = 36$$

$z = 0$ を代入すると

$$(x-3)^2 + (y-4)^2 = 11 \quad \cdots\cdots ④$$

これが，球面 S_2 と xy 平面が交わってできる円 C の，xy 平面での方程式である．したがって，求める値は，$\ r = \sqrt{11} \quad \cdots\cdots 答$

(5) 円 C の中心を G とすると，G の座標は，④から，$G(3, \ 4, \ 0)(\cdots\cdots⑤)$ である．zx 平面と接し，xy 平面との交わりが円 C となる球面を S_3 とし，その中心を H，半径を R とする．

S_3 と xy 平面との交わりが円 C なので，直線 GH は xy 平面に垂直であり，⑤から，S_3 の中心 H の座標は実数 h を用いて $H(3, \ 4, \ h)$ と表される．

S_3 が zx 平面と接することから，S_3 の半径 R は $R = 4$．また，円 C 上の任意の点を I とすると，$\triangle IGH$ について

$$\text{IG} = r = \sqrt{11}, \quad \text{GH} = |h|, \quad \text{HI} = R = 4, \quad \angle \text{IGH} = 90°$$

である．$\triangle \text{IGH}$に三平方の定理を用いる．$\text{HI}^2 = \text{IG}^2 + \text{GH}^2$ より，

$$16 = 11 + h^2 \qquad \therefore \quad h = \pm\sqrt{5}$$

ゆえに，条件を満たす球面は2つあり，中心の座標はそれぞれ $\text{T}_1(3, \ 4, \ \sqrt{5})$，$\text{T}_2(3, \ 4, \ -\sqrt{5})$ である．

したがって，この2つの球面の中心間の距離は

$$\text{T}_1\text{T}_2 = \sqrt{5} - (-\sqrt{5}) = 2\sqrt{5} \quad \cdots\cdots\text{答}$$

詳説 EXPLANATION

▶(3)は，次のように図形的に考察してもよいでしょう．

> **別解**
>
> (3) (2)において，②で $t = t_1$，$t = t_2$ とした点が，それぞれP_1，P_2であり，
>
> $$\text{P}_1(t_1, \ t_1, \ 2t_1), \quad \text{P}_2(t_2, \ t_2, \ 2t_2)$$
>
> である．2点Q，Bの距離が最小になるのは，$\text{PQ} \perp l$ のとき，すなわちQが線分P_1P_2の中点のときである．このときのQの座標は，
>
>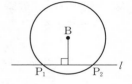
>
> $$\text{Q}\left(\frac{t_1+t_2}{2}, \ \frac{t_1+t_2}{2}, \ t_1+t_2\right)$$
>
> である．(2)の結果から，$t_1 + t_2 = -1$ なので，$\text{Q}\left(-\dfrac{1}{2}, \ -\dfrac{1}{2}, \ -1\right)$．
>
> したがって，2点Q, Bの距離の最小値は
>
> $$\sqrt{\left(3+\frac{1}{2}\right)^2 + \left(4+\frac{1}{2}\right)^2 + (-5+1)^2} = \frac{\sqrt{194}}{2} \quad \cdots\cdots\text{答}$$

また，P_1, P_2の長さがt_1，t_2から決まることに気づけば，次のように解けます．

> **別解**
>
> (3) (2)のt_1，t_2に対応する点が，それぞれP_1，P_2である．
>
> $t_2 < t_1 < 0$ に注意すると，
>
> $$\text{P}_1\text{P}_2 = \sqrt{6}\,(t_1 - t_2) = \sqrt{2}$$
>
> つまり，P_1，P_2の中点をMとすれば，$\text{P}_1\text{M} = \dfrac{1}{2}\text{P}_1\text{P}_2 = \dfrac{1}{\sqrt{2}}$ である．
>
> したがって，2点Q，Bの距離の最小値は
>
> $$\text{BM} = \sqrt{\text{BP}_1^2 - \text{P}_1\text{M}^2} = \sqrt{7^2 - \left(\frac{1}{\sqrt{2}}\right)^2} = \frac{\sqrt{194}}{2} \quad \cdots\cdots\text{答}$$

100. 点光源からの光の図形による影

〈頻出度 ★★☆〉

xyz空間において，原点Oを中心とする半径1の球面$S:x^2+y^2+z^2=1$，およびS上の点A$(0, 0, 1)$を考える．S上のAと異なる点P(x_0, y_0, z_0)に対して，2点A，Pを通る直線とxy平面の交点をQとする．次の問いに答えよ．

(1) $\overrightarrow{AQ}=t\overrightarrow{AP}$（$t$は実数）とおくとき，$\overrightarrow{OQ}$を$\overrightarrow{OP}$，$\overrightarrow{OA}$および$t$を用いて表せ．

(2) $\overrightarrow{OQ}$の成分表示をx_0，y_0，z_0を用いて表せ．

(3) 球面Sと平面$x=\dfrac{1}{2}$の共通部分が表す図形をCとする．点PがC上を動くとき，xy平面における点Qの軌跡を求めよ．

(昭和大)

着眼 VIEWPOINT

成分の計算を伴う空間ベクトルの問題では，比較的よく出題されるテーマです．「道なりに和をとる」感覚さえあれば決して難しくはありません．点Oから出発して，A，P，Qと点をたどる感覚で式を立てていきましょう．

解答 ANSWER

(1) $\overrightarrow{AQ}=t\overrightarrow{AP}$ より，

$$\overrightarrow{OQ}-\overrightarrow{OA}=t(\overrightarrow{OP}-\overrightarrow{OA})$$
$$\overrightarrow{OQ}=t\overrightarrow{OP}+(1-t)\overrightarrow{OA} \quad \cdots\cdots ① 答$$

(2)

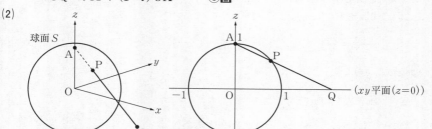

①より

$$\overrightarrow{OQ} = \overrightarrow{OA} + \overrightarrow{AQ} = \overrightarrow{OA} + t\overrightarrow{AP}$$

$$= \begin{pmatrix} 0 \\ 0 \\ 1 \end{pmatrix} + t \begin{pmatrix} x_0 - 0 \\ y_0 - 0 \\ z_0 - 1 \end{pmatrix} = \begin{pmatrix} tx_0 \\ ty_0 \\ tz_0 + 1 - t \end{pmatrix} \quad \cdots\cdots②$$

点 Q は xy 平面上の点なので，z 座標は 0 である．すなわち，

$$tz_0 + 1 - t = 0 \qquad \therefore \quad (1 - z_0)t = 1 \quad \cdots\cdots③$$

ここで，点 P は A と異なる球面 S 上の点なので，$z_0 \neq 1$ であるから，③より

$$t = \frac{1}{1 - z_0}$$

したがって，②より，

$$\overrightarrow{OQ} = \begin{pmatrix} tx_0 \\ ty_0 \\ tz_0 + 1 - t \end{pmatrix} = \begin{pmatrix} \dfrac{x_0}{1 - z_0} \\ \dfrac{y_0}{1 - z_0} \\ 0 \end{pmatrix} \quad \cdots\cdots\boxed{答}$$

(3) 点 P が円 C 上を動くとき，

$$x_0{}^2 + y_0{}^2 + z_0{}^2 = 1 \quad \text{かつ} \quad x_0 = \frac{1}{2}$$

$$\Leftrightarrow \quad y_0{}^2 + z_0{}^2 = \frac{3}{4} \quad \text{かつ} \quad x_0 = \frac{1}{2} \quad \cdots\cdots④$$

点 Q の座標を $(x,\ y,\ z)$ とする．また，求める軌跡を I とする．

$$(x,\ y,\ z) \in I \qquad\qquad\qquad \blacktriangleleft \text{問題 40 なども参照.}$$

$$\Leftrightarrow \left(x = \frac{x_0}{1 - z_0} \quad \cdots\cdots⑤ \quad \text{かつ} \quad y = \frac{y_0}{1 - z_0} \quad \cdots\cdots⑥ \quad \text{かつ} \quad z = 0 \quad \text{かつ} \quad ④ \right)$$

を満たす $(x_0,\ y_0,\ z_0)$ が存在する

これより，$x \neq 0$ に注意して，⑤より，

$$1 - z_0 = \frac{1}{2x} \qquad \therefore \quad z_0 = 1 - \frac{1}{2x} \quad \cdots\cdots⑦$$

同様に，⑥より

$$y_0 = y(1 - z_0) = \frac{y}{2x} \quad \cdots\cdots⑧$$

④，⑦，⑧から，$(x_0,\ y_0,\ z_0)$ の存在する条件は

$$\left(\frac{y}{2x} \right)^2 + \left(1 - \frac{1}{2x} \right)^2 = \frac{3}{4} \quad \text{かつ} \quad z = 0$$

$$\Leftrightarrow \quad \frac{y^2}{4x^2} + \frac{(2x - 1)^2}{4x^2} = \frac{3}{4} \quad \text{かつ} \quad z = 0$$

$\Leftrightarrow\ y^2+4x^2-4x+1=3x^2$　かつ　$z=0$

$\Leftrightarrow\ (x-2)^2+y^2=3$　かつ　$z=0$

以上から，xy平面における点Qの軌跡Iは，

$$(x-2)^2+y^2=3\quad かつ\quad z=0\quad （円）\quad\cdots\cdots\text{答}$$

であり，これを図示すると下図のとおり．

◀ $x=0$のときは
$y^2+1=0$となって不適

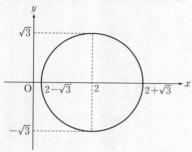

メモ MEMO

292

索引 INDEX

【訂正のお知らせはコチラ】 ▶▶▶

本書の内容に万が一誤りがございました場合は，東進 WEB
書店（https://www.toshin.com/books/）の本書ページにて
随時お知らせいたしますので，こちらをご確認ください。☞

※未掲載の誤植はメール <books@toshin.com> でお問い合わせください。

理系数学Ⅰ・A／Ⅱ・B＋C 最重要問題100

発行日：2023 年 12 月 25 日　　初版発行

著者：**寺田英智**
発行者：**永瀬昭幸**

編集担当：八重樫清隆
発行所：株式会社ナガセ

〒 180-0003 東京都武蔵野市吉祥寺南町 1-29-2
出版事業部（東進ブックス）
TEL：0422-70-7456 ／ FAX：0422-70-7457
URL：http://www.toshin.com/books（東進 WEB 書店）
※訂正のお知らせや東進ブックスの最新情報は上記ホームページをご覧ください。

編集主幹：森下聡吾
編集協力：太田涼花　佐藤誠馬　山下芽久
入試問題分析：土屋岳弘　森下聡吾　清水梨愛　井原穣　日野まほろ
校閲：村田弘樹
組版・制作協力：㈱明友社
印刷・製本：三省堂印刷㈱

全国屈指の実力講師陣

東進の実力講師陣 数多くのベストセラー参考書を執筆!!

東進ハイスクール・
東進衛星予備校では、
そうそうたる講師陣が君を熱く指導する!

本気で実力をつけたいと思うなら、やはり根本から理解させてくれる一流講師の授業を受けることが大切です。東進の講師は、日本全国から選りすぐられた大学受験のプロフェッショナル。何万人もの受験生を志望校合格へ導いてきたエキスパート達です。

英語

本物の英語力をとことん楽しく!日本の英語教育をリードするMr.4Skills.

安河内 哲也先生
[英語]

100万人を魅了した予備校界のカリスマ。抱腹絶倒の名講義を見逃すな!

今井 宏先生
[英語]

爆笑と感動の世界へようこそ。「スーパー速読法」で難解な長文も速読即解!

渡辺 勝彦先生
[英語]

雑誌『TIME』やベストセラーの翻訳も手掛け、英語界でその名を馳せる実力講師。

宮崎 尊先生
[英語]

いつのまにか英語を得意科目にしてしまう、情熱あふれる絶品授業!

大岩 秀樹先生
[英語]

全世界の上位5%(PassA)に輝く、世界基準のスーパー実力講師!

武藤 一也先生
[英語]

関西の実力講師が、全国の東進生に「わかる」感動を伝授。

慎 一之先生
[英語]

数学

数学を本質から理解し、あらゆる問題に対応できる力を与える珠玉の名講義!

志田 晶先生
[数学]

論理力と思考力を鍛え、問題解決力を養成。多数の東大合格者を輩出!

青木 純二先生
[数学]

「ワカル」を「デキル」に変える新しい数学は、君の思考力を刺激し、数学のイメージを覆す!

松田 聡平先生
[数学]

予備校界を代表する講師による魔法のような感動講義を東進で!

河合 正人先生
[数学]

国語

「脱・字面読み」トレーニングで、「読む力」を根本から改革する！

輿水 淳一先生
[現代文]

明快な構造板書と豊富な具体例で必ず君を納得させる！「本物」を伝える現代文の新鋭。

西原 剛先生
[現代文]

東大・難関大志望者から絶大なる信頼を得る本質の指導を追究。

栗原 隆先生
[古文]

ビジュアル解説で古文を簡単明快に解き明かす実力講師。

富井 健二先生
[古文]

縦横無尽な知識に裏打ちされた立体的な授業に、グングン引き込まれる！

三羽 邦美先生
[古文・漢文]

幅広い教養と明解な具体例を駆使した緩急自在の講義。漢文が身近になる！

寺師 貴憲先生
[漢文]

文章で自分を表現できれば、受験も人生も成功できますよ。「笑顔と努力」で合格を！

石関 直子先生
[小論文]

理科

正しい道具の使い方で、難問が驚くほどシンプルに見えてくる！

宮内 舞子先生
[物理]

化学現象を疑い化学全体を見通す"伝説の講義"は東大理三合格者も絶賛。

鎌田 真彰先生
[化学]

「なぜ」をとことん追究し「規則性」「法則性」が見えてくる大人気の授業！

立脇 香奈先生
[化学]

「いきもの」をこよなく愛する心が君の探究心を引き出す！生物の達人。

飯田 高明先生
[生物]

地歴公民

歴史の本質に迫る授業と、入試頻出の「表解板書」で圧倒的な信頼を得る！

金谷 俊一郎先生
[日本史]

つねに生徒と同じ目線に立って、入試問題に対する的確な思考法を教えてくれる。

井之上 勇 先生
[日本史]

"受験世界史に荒巻あり"と言われる超実力人気講師！世界史の醍醐味を。

荒巻 豊志先生
[世界史]

世界史を「暗記」科目だなんて言わせない。正しく理解すれば必ず伸びることを一緒に体感しよう。

加藤 和樹先生
[世界史]

どんな複雑な歴史も難問も、シンプルな解説で本質から徹底理解できる。

清水 裕子先生
[世界史]

わかりやすい図解と統計の説明に定評。

山岡 信幸先生
[地理]

政治と経済のメカニズムを論理的に解明しながら、入試頻出ポイントを明確に示す。

清水 雅博先生
[公民]

「今」を知ることは「未来」の扉を開くこと。受験に留まらず、目標を高く、そして強く持て！

執行 康弘先生
[公民]

映像によるIT授業を駆使した最先端の勉強法

高速学習

一人ひとりの
レベル・目標にぴったりの授業

東進はすべての授業を映像化しています。その数およそ1万種類。これらの授業を個別に受講できるので、一人ひとりのレベル・目標に合った学習が可能です。1.5倍速受講ができるほか自宅からも受講できるので、今までにない効率的な学習が実現します。

1年分の授業を
最短2週間から1カ月で受講

従来の予備校は、毎週1回の授業。一方、東進の高速学習なら毎日受講することができます。だから、1年分の授業も最短2週間から1カ月程度で修了可能。先取り学習や苦手科目の克服、勉強と部活との両立も実現できます。

現役合格者の声

東京大学 文科一類
早坂 美玖さん
東京都 私立 女子学院高校卒

私は基礎に不安があり、自分に合ったレベルから対策ができる東進を選びました。東進では、担任の先生との面談が頻繁にあり、その都度、学習計画について相談できるので、目標が立てやすかったです。

先取りカリキュラム

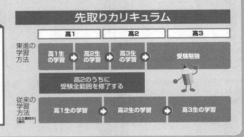

目標まで一歩ずつ確実に

スモールステップ・
パーフェクトマスター

自分にぴったりのレベルから学べる
習ったことを確実に身につける

高校入門から最難関大までの12段階から自分に合ったレベルを選ぶことが可能です。「簡単すぎる」「難しすぎる」といったことがなく、志望校へ最短距離で進みます。

授業後すぐに確認テストを行い内容が身についたかを確認し、合格したら次の授業に進むので、わからない部分を残すことはありません。短期集中で徹底理解をくり返し、学力を高めます。

現役合格者の声

東北大学 工学部
関 響希くん
千葉県立 船橋高校卒

受験勉強において一番大切なことは、基礎を大切にすることだと学びました。「確認テスト」や「講座修了判定テスト」といった東進のシステムは基礎を定着させるうえでとても役立ちました。

パーフェクトマスターのしくみ

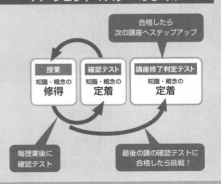

徹底的に学力の土台を固める

高速マスター 基礎力養成講座

高速マスター基礎力養成講座は「知識」と「トレーニング」の両面から、効率的に短期間で基礎学力を徹底的に身につけるための講座です。英単語をはじめとして、数学や国語の基礎項目も効率よく学習できます。オンラインで利用できるため、校舎だけでなく、スマートフォンアプリで学習することも可能です。

現役合格者の声

早稲田大学 基幹理工学部
曽根原 和奏さん
東京都立 立川国際中等教育学校卒

演劇部の部長と両立させながら受験勉強をスタートさせました。「高速マスター基礎力養成講座」はおススメです。特に英単語は、高3になる春までに完成させたことで、その後の英語力の自信になりました。

東進公式スマートフォンアプリ

東進式マスター登場！
（英単語／英熟語／英文法／基本例文）

スマートフォンアプリでスキマ時間も徹底活用！

1）スモールステップ・パーフェクトマスター！
頻出度（重要度）の高い英単語から始め、1つのSTAGE（計100語）を完全修得すると次のSTAGEに進めるようになります。

2）自分の英単語力が一目でわかる！
トップ画面に「修得語数・修得率」をメーター表示。自分が今何語修得しているのか、どこを優先的に学習すべきなのか一目でわかります。

3）「覚えていない単語」だけを集中攻略できる！
未修得の単語、または「My単語（自分でチェック登録した単語）」だけをテストする出題設定が可能です。
すでに覚えている単語を何度も学習するような無駄を省き、効率良く単語力を高めることができます。

共通テスト対応 **英単語1800**
共通テスト対応 **英熟語750**
英文法750
英語基本例文300

「共通テスト対応英単語1800」2023年共通テストカバー率99.8％！

君の合格力を徹底的に高める

志望校対策

第一志望校突破のために、志望校対策にどこよりもこだわり、合格力を徹底的に極める質・量ともに抜群の学習システムを提供します。従来からの「過去問演習講座」に加え、AIを活用した「志望校別単元ジャンル演習講座」、「第一志望校対策演習講座」で合格力を飛躍的に高めます。東進が持つ大学受験に関するビッグデータをもとに、個別対応の演習プログラムを実現しました。限られた時間の中で、君の得点力を最大化します。

現役合格者の声

京都大学 法学部
山田 悠雅くん
神奈川県 私立 浅野高校卒

「過去問演習講座」には解説授業や添削指導があるので、とても復習がしやすかったです。「志望校別単元ジャンル演習講座」では、志望校の類似問題をたくさん演習できるので、これで力がついたと感じています。

大学受験に必須の演習

■過去問演習講座
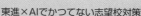
1. 最大10年分の徹底演習
2. 厳正な採点、添削指導
3. 5日以内のスピード返却
4. 再添削指導で着実に得点力強化
5. 実力講師陣による解説授業

東進×AIでかつてない志望校対策

■志望校別単元ジャンル演習講座

過去問演習講座の実施状況や、東進模試の結果など、東進で活用したすべての学習履歴をAIが総合的に分析。学習の優先順位をつけ、志望校別に「必勝必達演習セット」として十分な演習問題を提供します。問題は東進が分析した、大学入試問題の膨大なデータベースから提供されます。苦手を克服し、一人ひとりに適切な志望校対策を実現する日本初の学習システムです。

志望校合格に向けた最後の切り札

■第一志望校対策演習講座

第一志望校の総合演習に特化し、大学が求める解答力を身につけていきます。対応大学は校舎にお問い合わせください。

合格の秘訣3 東進模試

申込受付中
※お問い合わせ先は付録7ページをご覧ください。

学力を伸ばす模試

▌本番を想定した「厳正実施」
統一実施日の「厳正実施」で、実際の入試と同じレベル・形式・試験範囲の「本番レベル」模試。
相対評価に加え、絶対評価で学力の伸びを具体的な点数で把握できます。

▌12大学のべ42回の「大学別模試」の実施
予備校界随一のラインアップで志望校に特化した"学力の精密検査"として活用できます(同日・直近日体験受験を含む)。

▌単元・ジャンル別の学力分析
対策すべき単元・ジャンルを一覧で明示。学習の優先順位がつけられます。

▌最短中5日で成績表返却 WEBでは最短中3日で成績を確認できます。※マーク型の模試のみ

▌合格指導解説授業 模試受験後に合格指導解説授業を実施。重要ポイントが手に取るようにわかります。

[2023年度]
東進模試 ラインアップ

共通テスト対策
- ▌共通テスト本番レベル模試 （全学年統一部門） 全4回
- ▌全国統一高校生テスト （高2生部門）（高1生部門） 全2回

同日体験受験
- ▌共通テスト同日体験受験 全1回

記述・難関大対策
- ▌早慶上理・難関国公立大模試 全5回
- ▌全国有名国公私大模試 全5回
- ▌医学部82大学判定テスト 全2回

基礎学力チェック
- ▌高校レベル記述模試 （高2）（高1） 全2回
- ▌大学合格基礎力判定テスト 全4回
- ▌全国統一中学生テスト （全学年統一部門）（中2生部門）（中1生部門） 全2回
- ▌中学学力判定テスト （中2生）（中1生） 全4回

※ 2023年度に実施予定の模試は、今後の状況により変更する場合があります。
最新の情報はホームページでご確認ください。

大学別対策
- ▌東大本番レベル模試 全4回
- ▌高2東大本番レベル模試 全4回
- ▌京大本番レベル模試 全4回
- ▌北大本番レベル模試 全2回
- ▌東北大本番レベル模試 全2回
- ▌名大本番レベル模試 全3回
- ▌阪大本番レベル模試 全3回
- ▌九大本番レベル模試 全3回
- ▌東工大本番レベル模試 全2回
- ▌一橋大本番レベル模試 全2回
- ▌神戸大本番レベル模試 全2回
- ▌千葉大本番レベル模試 全1回
- ▌広島大本番レベル模試 全1回

同日体験受験
- ▌東大入試同日体験受験 全1回
- ▌東北大入試同日体験受験 全1回
- ▌名大入試同日体験受験 全1回

直近日体験受験 各1回
- ▌京大入試 直近日体験受験
- ▌北大入試 直近日体験受験
- ▌阪大入試 直近日体験受験
- ▌九大入試 直近日体験受験
- ▌東工大入試 直近日体験受験
- ▌一橋大入試 直近日体験受験

2023年 東進現役合格実績
難関大グループ 現役合格 史上最高続出！

東大 現役合格 実績日本一 ※1 5年連続800名超！

※1 2022年の東大現役合格実績を公表している予備校の中で東進の853名が最大（2022年JDnet調べ）。

東大 845 名

文科一類	121名	理科一類	311名
文科二類	111名	理科二類	126名
文科三類	107名	理科三類	38名
		学校推薦	31名

現役合格者の36.9%が東進生！

東京大学 現役合格おめでとう!!

撮影時のみマスクを外しています

東進生現役占有率 845／2,284
36.9%
全現役合格者（前期＋推薦）に占める東進生の割合
2023年の東大全体の現役合格者は2,284名。東進の現役合格者は845名。東進生の占有率は36.9%。現役合格者の2.8人に1人が東進生です。

学校推薦型選抜も東進！
東大 31名 東進生現役占有率 36.4%
現役推薦合格者の36.4%が東進生！

法学部	5名	薬学部	1名
経済学部	3名	医学部医学科の	
文学部	1名	75.0%が東進生！	
教養学部	2名	医学部医学科	3名
工学部	10名	医学部	
理学部	3名	健康総合科学科	1名
農学部	2名		

医学部も東進 日本一 ※2 の実績を更新!!

※2 2022年の国公立大・医学部現役合格実績を公表している予備校の中で東進の1,032名が最大（2022年JDnet調べ）

国公立医・医
1,064 名
昨対 +32名

1,064 史上最高！ 987 1,032 '21 '22 '23 現役生のみ！講習生を含みます！

2023年の国公立医学部医学科全体の現役合格者は未公表のため、仮に昨年の現役合格者数（推定）を分母として東進生の占有率を算出すると、東進生の占有率は29.4%。現役合格者の3.4人に1人が東進生です。

東進生現役占有率 **29.4%**

旧七帝大 ＋東工大・一橋大・神戸大
4,703 名
昨対 +91名

東京大	845名	
京都大	472名	
北海道大	468名	
東北大	417名	
名古屋大	436名	
大阪大	617名	
九州大	507名	
東京工業大	198名	
一橋大	195名	
神戸大	548名	

4,703 史上最高！ 4,366 4,612 '21 '22 '23 現役生のみ！講習生を含みます！

早慶 5,741 名
昨対 +63名
早稲田大 3,523名　慶應義塾大 2,218名
5,741 史上最高！ 5,193 5,678 現役生のみ！講習生を含みます！

上理 4,687 名
昨対 +394名
上智大 1,739名
東京理科大 2,948名

4,687 史上最高！ 3,755 4,293 '21 '22 '23 現役生のみ！講習生を含みます！

明青立法中
17,520 名
昨対 +492名
明治大 5,294名　中央大 2,905名
青山学院大 2,216名
立教大 2,912名
法政大 4,193名

17,520 史上最高！ 16,028 17,028 '21 '22 '23 現役生のみ！講習生を含みます！

関関同立
13,655 名
昨対 +1,022名
関西学院大 2,861名
関西大 2,918名
同志社大 3,178名
立命館大 4,698名
13,655 史上最高！ 11,907 12,633 現役生のみ！講習生を含みます！

私立医・医
727 名
昨対 +101名

727 史上最高！ 604 626 '21 '22 '23 現役生のみ！講習生を含みます！

国公立 総合・学校推薦型選抜も東進！

国公立医・医	旧七帝大 ＋東工大・一橋大・神戸大
318名 昨対 +16名	446名 昨対 +31名

東京大	31名		
京都大	16名		
北海道大	7名		
東北大	120名		
名古屋大	92名		
大阪大	59名		
九州大	41名		
東京工業大	25名		
一橋大	9名		
神戸大	42名		

318 史上最高！ 287 302 '21 '22 '23
446 史上最高！ 356 415 '21 '22 '23
現役生のみ！講習生を含みます！

日東駒専 10,945 名 史上最高！
昨対 +934名

産近甲龍 6,217 名 史上最高！
昨対 +132名

国公立大
17,154 名 史上最高！
昨対 +652名

17,154 16,424 '21 '22 '23 現役生のみ！講習生を含みます！

ウェブサイトでもっと詳しく
東進　🔍検索

2023年3月31日締切

付録 6

各大学の合格実績は、東進ネットワーク（東進ハイスクール、東進衛星予備校、早稲田塾）の現役生のみ、高3時在籍者のみの合同実績です。一人で複数合格した場合は、それぞれの合格者数に計上しています。

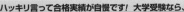

※2023年4月現在

理系
数学 I・A／II・B＋C
最重要問題
100

【別冊付録】
問題編

1. 値の計算 〈頻出度 ★★★〉

1 $\dfrac{x+y}{5}=\dfrac{y+z}{3}=\dfrac{z+x}{7}\neq 0$ のとき，$\dfrac{x^2-4y^2}{xy+2y^2+xz+2yz}$ の値を求めよ．

（西南学院大）

2 $f(x)=x^3-2x^2-3x+5$ について $f(2-\sqrt{3}\,)$ の値を求めよ．（関西学院大）

3 実数 x が $x^3+\dfrac{1}{x^3}=52$ を満たすとき，$x^4+\dfrac{1}{x^4}$ の値を求めよ．

（早稲田大）

2. 解と係数の関係① 〈頻出度 ★★★〉

3 次方程式 $x^3+2x^2+3x+4=0$ の 3 つの解を α, β, γ とするとき，次の問いに答えよ．

(1) $\alpha^2+\beta^2+\gamma^2$ の値 S を求めよ．

(2) $\alpha^2\beta^2+\beta^2\gamma^2+\gamma^2\alpha^2$ の値 T を求めよ．

(3) 3 次方程式 $x^3+px^2+qx+r=0$ が $\alpha^2+\beta^2$, $\beta^2+\gamma^2$, $\gamma^2+\alpha^2$ を解にもつように定数 p, q, γ の値を定めよ． （成蹊大）

3. 解と係数の関係② 〈頻出度 ★★☆〉

$a+b+c=2$, $ab+bc+ca=3$, $abc=2$ のとき，

(1) $a^2+b^2+c^2$ および $a^3+b^3+c^3$ の値を求めよ．

(2) $a^5+b^5+c^5$ の値を求めよ． （名古屋市立大 改題）

4. 展開式の係数 〈頻出度 ★★★〉

式の展開に関する次の問いに答えよ.

(1) $(1+x+y)^6$ の展開式における x^2y^3 の項の係数を求めよ.

(2) $(1+x+xy)^8$ の展開式における x^5y^3 の項の係数を求めよ.

(3) $(1+x+xy+xy^2)^{10}$ の展開式における x^8y^{13} の項の係数を求めよ.

（新潟大）

5. 2次関数の最大・最小① 〈頻出度 ★★★〉

a を実数とする. 2次関数 $f(x) = x^2 - 2a^2x + a^4 - 1 \ (a \leqq x \leqq a+1)$ の最小値 $m(a)$ を a で表せ.

（福岡教育大）

6. 2次関数の最大・最小② 〈頻出度 ★★★〉

t を実数とする. 関数 $f(x) = (2-x)|x+1|$ に対して, $t \leqq x \leqq t+1$ における $f(x)$ の最大値を M とする.

(1) $y = f(x)$ のグラフの概形をかけ.

(2) M を求めよ.

（芝浦工業大 改題）

7. 2次関数の最大・最小③ 〈頻出度 ★★★〉

a は実数とする. 関数 $f(x) = x^2 - |x-a| - a^2 + 3a$ の最小値 $m(a)$ を求めよ.

（富山大 改題）

8. $f(x, y)$ の最大・最小

〈頻出度 ★★☆〉

1 実数 x, y が $x^2-2x+y^2=1$ を満たすとき，$x+y$ のとり得る値の範囲を求めよ．

〈頻出問題〉

2 実数 x, y が $x^2+xy+y^2=3$ を満たしている．$x+xy+y$ のとり得る値の範囲を求めよ．

〈頻出問題〉

9. 2次方程式の解の配置

〈頻出度 ★★★〉

m は実数とする．x の2次方程式 $x^2-(m+2)x+2m+4=0$ の $-1 \leqq x \leqq 3$ の範囲にある実数解がただ1つであるとき，m の値の範囲を求めよ．ただし，重解の場合，実数解の個数は1つと数える．

〈信州大〉

10. 高次方程式の虚数解

〈頻出度 ★★☆〉

a を実数とし，方程式 $x^3-(2a+1)x^2-3(a-1)x-a+5=0$ ……① を考える．

(1) a の値にかかわらず，方程式①がもつ解を求めよ．

(2) 方程式①が異なる3つの負の解をもつような a の値の範囲を求めよ．

(3) k を正の実数とし，方程式 $x^3-1=0$ の虚数解の1つを ω とする．方程式①が $x=\omega+k$ を解にもつとき，a の値を求めよ．

〈関西学院大 改題〉

11. 分数，絶対値，$\sqrt{}$ つき不等式

〈頻出度 ★★☆〉

1 不等式 $\sqrt{3-2x} \geqq 2x-1$ を解け．

〈東京都市大 改題〉

2 不等式 $|x^2+3x|<-(x+1)$ を解け．

〈頻出問題〉

3 不等式 $\dfrac{x-3}{2x-1} \leqq \dfrac{2x-3}{x-3}$ を解け．

〈学習院大 改題〉

12. 不等式の成立条件

実数 a, b を定数とし，関数 $f(x) = (1-2a)x^2 + 2(a+b-1)x + 1 - b$ を考える．次の問いに答えなさい．

(1) すべての実数 x に対して $f(x) \geqq 0$ が成り立つような実数の組 (a, b) の範囲を求め，座標平面上に図示しなさい．

(2) $0 \leqq x \leqq 1$ を満たす，すべての実数 x に対して $f(x) \geqq 0$ が成り立つような実数の組 (a, b) の範囲を求め，座標平面上に図示しなさい．

（兵庫県立大）

13. 任意と存在

a を実数の定数とし，関数 $f(x)$, $g(x)$ を $f(x) = (2-a)(ax^2+2)$，$g(x) = -2ax + (a-2)^2$ と定める．

(1) すべての実数 x に対して $f(x) = g(x)$ が成り立つための a の条件を求めよ．

(2) 少なくとも 1 つの実数 x に対して $f(x) = g(x)$ が成り立つための a の条件を求めよ．

(3) すべての実数 x に対して $f(x) > g(x)$ が成り立つための a の条件を求めよ．

(4) 少なくとも 1 つの実数 x に対して $f(x) > g(x)$ が成り立つための a の条件を求めよ．

（東京工科大）

14. 剰余の決定①

〈頻出度 ★★★〉

1　整式 $P(x)$ を $(x-2)(x-3)$ で割ったときの余りが $11x-11$ で，$x-1$ で割ったときの余りが 6 である．このとき，$P(x)$ を $(x-1)(x-2)(x-3)$ で割ったときの余りを求めよ．

（東京女子大）

2　整式 $P(x)$ を $(x-1)^2$ で割ると 1 余り，$x-2$ で割ると 2 余る．このとき，$P(x)$ を $(x-1)^2(x-2)$ で割ったときの余り $R(x)$ を求めなさい．

（兵庫県立大）

15. 剰余の決定②

〈頻出度 ★★☆〉

n を自然数とし，多項式 $P(x)$ を $P(x) = (x+1)(x+2)^n$ と定める．

(1)　$P(x)$ を $x-1$ で割ったときの余りを求めよ．

(2)　$(x+2)^n$ を x^2 で割ったときの余りを求めよ．

(3)　$P(x)$ を x^2 で割ったときの余りを求めよ．

(4)　$P(x)$ を $x^2(x-1)$ で割ったときの余りを求めよ．

（神戸大）

16. 多項式の決定①

〈頻出度 ★★☆〉

2 つの整式 $f(x)$，$g(x)$ は，次の 3 つの条件を満たす．

$$\begin{cases} f(1) = 0 \\ f(x^2) = x^2 f(x) + x^3 - 1 \\ f(x+1) + (x-1)\{g(x-1) - 1\} = 2f(x) + \{g(1)\}^2 + 1 \end{cases}$$

このとき，$f(x)$，$g(x)$ を求めよ．

（上智大 改題）

17. 多項式の決定②

〈頻出度 ★★★〉

整式 $P(x)=x^4+x^3+x-1$ について，次の問いに答えよ.

(1) i を虚数単位とするとき，$P(i)$，$P(-i)$ の値を求めよ.

(2) 方程式 $P(x)=0$ の実数解を求めよ.

(3) $Q(x)$ を 3 次以下の整式とする．次の条件
$$Q(1)=P(1), \quad Q(-1)=P(-1), \quad Q(2)=P(2),$$
$$Q(-2)=P(-2)$$
をすべて満たす $Q(x)$ を求めよ.

(新潟大)

18. 不等式の証明（相加平均・相乗平均の大小関係）

〈頻出度 ★★★〉

次の問いに答えなさい.

(1) 等式 $a^3+b^3=(a+b)^3-3ab(a+b)$ を証明しなさい.

(2) $a^3+b^3+c^3-3abc$ を因数分解しなさい.

(3) $a>0$，$b>0$，$c>0$ のとき，不等式 $a^3+b^3+c^3 \geqq 3abc$ を証明しなさい．さらに，等号が成り立つのは $a=b=c$ のときであることを証明しなさい.

(4) $a>0$，$b>0$，$c>0$ のとき，不等式 $\dfrac{a+b+c}{3} \geqq \sqrt[3]{abc}$ を証明しなさい.

また，この式の等号が成り立つ条件を求めなさい.

(山口大 改題)

19. 角の二等分線と面積 〈頻出度 ★★★〉

鋭角三角形ABCにおいて，$AB = \sqrt{3}+1$，$\angle ABC = \dfrac{\pi}{4}$ とし，$\triangle ABC$ の外接円の半径を $\sqrt{2}$ とする．また，$\angle BAC$ の二等分線と辺BCとの交点をDとする．

(1) $\cos\angle ACB$ を求めよ．

(2) CDの長さを求めよ．

(3) $\triangle ACD$ の面積を求めよ． （富山大）

20. 円に内接する四角形 〈頻出度 ★★★〉

円に内接する四角形ABCDにおいて，$AB = 5$，$BC = 4$，$CD = 4$，$DA = 2$ とする．また，対角線ACとBDの交点をPとおく．

(1) 三角形APBの外接円の半径を R_1，三角形APDの外接円の半径を R_2 とするとき，$\dfrac{R_1}{R_2}$ の値を求めよ．

(2) ACの長さを求めよ．

(3) APの長さを求めよ． （千葉大 改題）

21. 重なった三角形と線分比 〈頻出度 ★★★〉

三角形ABCにおいて，辺ABを $3:2$ に内分する点をD，辺ACを $5:3$ に内分する点をEとする．また，線分BEとCDの交点をFとする．このとき，次の問いに答えよ．

(1) $CF:FD$ を求めよ．

(2) 4点 D，B，C，E が同一円周上にあるとする．このとき，$AB:AC$ を求めよ．さらに，この円の中心が辺BC上にあるとき，$AB:AC:BC$ を求めよ． （香川大）

22. 複数の円と半径

下図のように，3つの甲円が交わっている．上甲円に含まれる丙円と2つの乙円は上甲円に接している．2つの上乙円はそれぞれ2つの下甲円に接している．また，丙円は2つの下甲円に接している．さらに，下甲円は互いに接し，下乙円は2つの下甲円に接し，これら3つの円は1つの直線に接している．また，上甲円と下甲円の中心を両端とする線分上に，上乙円の中心，および上乙円と甲円との2つの接点がある．

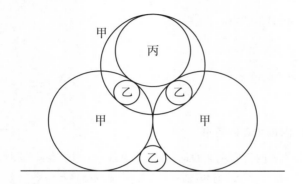

乙円の直径を1寸とするとき，次の問いに答えよ．

(1) 甲円の半径を求めよ．

(2) 上甲円の中心と直線の距離を求めよ．

(3) 丙円の半径を求めよ．

（慶應義塾大 改題）

23. 三角錐，三角形と内接円

〈頻出度 ★★☆〉

三角錐OABCは AB $= 7$，BC $= 8$，CA $= 6$，$\left(\dfrac{\text{OC}}{\text{OB}}\right)^2 = \dfrac{7}{8}$ を満たす．点

Oを通り直線BCに垂直な平面αが，三角形ABCの内心Iを通る．平面αと直線BCの交点をKとする．点Oより平面ABCに垂線OHを下ろしたとき，HK $= 2\sqrt{2}$ IK が成り立つ．

(1) 三角形ABCの面積Sを求めよ．

(2) IKを求めよ．

(3) BKを求めよ．

(4) OBを求めよ．

(5) 三角錐OABCの体積Vを求めよ．

（名古屋工業大）

24. 錐体の内接球

〈頻出度 ★★☆〉

四角錐OABCDにおいて，底面ABCDは1辺の長さ2の正方形で OA $=$ OB $=$ OC $=$ OD $= \sqrt{5}$ である．

(1) 四角錐OABCDの高さを求めよ．

(2) 四角錐OABCDに内接する球Sの半径を求めよ．

(3) 内接する球Sの表面積と体積を求めよ．

（千葉大）

25. 錐体の外接球

〈頻出度 ★☆☆〉

空間上の4点A，B，C，Dが AB $= 1$，AC $= \sqrt{2}$，AD $= 2\sqrt{2}$，$\angle$BAC $= 45°$，$\angle$CAD $= 60°$，$\angle$DAB $= 90°$ を満たす．このとき，この4点を通る球の半径を求めよ．

（横浜市立大）

三角関数，指数・対数関数

数学	**II**
解説頁	P.76
問題数	9問

26. 三角比の方程式　　　　　　　　　　〈頻出度 ★★★〉

1　$0 < x < \dfrac{\pi}{2}$ のとき，$\sin x + \sin 2x + \sin 3x + \sin 4x = 0$ を満たす x を求めよ．

（立教大）

2　$0 \leqq x \leqq \pi$ のとき，方程式 $\sin \dfrac{2}{5}\pi = \cos\left(2x + \dfrac{2}{5}\pi\right)$ の解をすべて求めよ．

（上智大）

3　$0 \leqq \theta < 2\pi$ のとき，不等式 $\sin 2\theta \geqq \cos \theta$ を満たす θ の範囲を求めよ．

（金沢工大）

4　$0 \leqq \theta < 2\pi$ とする．不等式 $|(\cos\theta + \sin\theta)(\cos\theta - \sin\theta)| > \dfrac{1}{2}$ を満たす θ の範囲を求めよ．

（専修大）

27. 三角関数の最大・最小　　　　　　　　〈頻出度 ★★★〉

1　関数 $f(\theta) = 9\sin^2\theta + 4\sin\theta\cos\theta + 6\cos^2\theta$ の最大値を求めよ．また，$f(\theta)$ が最大値をとるときの θ に対し，$\tan\theta$ を求めよ．

（星薬科大）

2　$0 \leqq \theta \leqq \pi$ のとき，関数 $y = 4\sqrt{2}\cos\theta\sin\theta - 4\cos\theta - 4\sin\theta$ の最大値，最小値と，それぞれの値をとるときの θ を求めよ．

（関西医科大）

28. 和積，積和の公式の利用 〈頻出度 ★★★〉

三角形ABCの3つの内角をA，B，Cとする．次の問いに答えよ．

⑴ $A = \dfrac{\pi}{3}$ のとき，$\sin B \sin C$ の値の範囲を求めよ．

⑵ Aが一定のとき，$\sin B + \sin C$ の値の範囲をAを用いて表せ．

⑶ Aが一定のとき，$\sin B \sin C$ の値の範囲をAを用いて表せ． (関西大)

29. 三角関数のおき換え，解の個数 〈頻出度 ★★★〉

実数a，bに対し，$f(\theta) = \cos 2\theta + 2a \sin \theta - b \,(0 \leqq \theta \leqq \pi)$ とする．次の問いに答えよ．

⑴ 方程式$f(\theta) = 0$が奇数個の解をもつときのa, bが満たす条件を求めよ．

⑵ 方程式$f(\theta) = 0$が4つの解をもつときの点(a, b)の範囲をab平面上に図示せよ． (横浜国立大)

30. 指数関数のおき換え，解の個数 〈頻出度 ★★★〉

aを実数とするとき，関数$f(x) = 4^x + 4^{-x} - 2a(2^x + 2^{-x}) + a^2 + 2a - 5$ について，次の問いに答えよ．

⑴ $t = 2^x + 2^{-x}$ とおくとき，tのとり得る値の範囲を求めよ．また，$f(x)$をtとaを用いて表せ．

⑵ 方程式$f(x) = 0$が異なる4個の実数解をもつように，aの値の範囲を定めよ． (佐賀大)

31. 指数方程式の解の配置

〈頻出度 ★★★〉

a を実数とする．方程式 $4^x-2^{x+1}a+8a-15=0$ について，次の問いに答えよ．

(1) この方程式が実数解をただ 1 つもつような a の値の範囲を求めよ．

(2) この方程式が異なる 2 つの実数解 α, β をもち，$\alpha \geqq 1$ かつ $\beta \geqq 1$ を満たすような a の値の範囲を求めよ．

(弘前大)

32. 対数方程式

〈頻出度 ★☆☆〉

k を実数とする．x の方程式 $\log_8(x+k)-2\log_4 x+\log_2 3=0$ について，異なる実数解の個数が 2 個となるような k の範囲を求めよ．

(静岡県立大 改題)

33. 対数不等式を満たす点の存在範囲

〈頻出度 ★★☆〉

不等式 $\log_x y < 2+3\log_y x$ の表す領域を座標平面上に図示せよ． (宮崎大)

34. 桁数，最高位の決定

〈頻出度 ★★★〉

1 $N=2^{100}$ について，次の問に答えよ．ただし，$\log_{10}2=0.3010$，$\log_{10}3=0.4771$，$\log_{10}7=0.8451$，$\log_{10}11=1.0414$，$\log_{10}13=1.1139$ とする．

(1) N の桁数を求めよ．

(2) N の最高位の数字を求めよ．

(3) N の最高位から 1 つ下の位の数字を求めよ． (防衛大)

2 $\left(\dfrac{1}{125}\right)^{20}$ を小数で表したとき，小数第何位に初めて 0 でない数字が現れるか，また，その値を求めよ．ただし，$\log_{10}2=0.3010$ とする．

(早稲田大)

35. 線分の長さの和の最大値 〈頻出度 ★★★〉

座標平面上において，放物線 $y=x^2$ 上の点を P，
円 $(x-3)^2+(y-1)^2=1$ 上の点を Q，直線 $y=x-4$ 上の点を R とする．

(1) QR の最小値を求めよ．

(2) PR＋QR の最小値を求めよ． 〈早稲田大〉

36. 円の共有点を通る図形の式 〈頻出度 ★★☆〉

2 つの円 $(x-1)^2+(y-2)^2=4$，$(x-4)^2+(y-6)^2=r^2$ について，次の設問に答えよ．ただし，r は正の定数とする．

(1) 2 つの円が交点をもたないための r の必要十分条件を求めよ．

(2) $r=4$ のとき，2 つの円の交点を通る直線の方程式を求めよ．

(3) $r=6$ のとき，2 つの円の交点，及び原点を通る円の方程式を求めよ． 〈愛知大〉

37. 2 つの円の共通接線 〈頻出度 ★★★〉

次の 2 つの円

$$x^2+y^2=1 \quad \cdots\cdots ① \qquad x^2+y^2-2kx+3k=0 \quad \cdots\cdots ②$$

について，次の問いに答えよ．ただし，k は実数の定数とする．

(1) ②が円の方程式を表すための k の値の範囲を求めよ．

(2) $k=4$ のとき，円①，②の共通接線の方程式をすべて求めよ． 〈早稲田大 改題〉

38. 放物線と円の共有点

〈頻出度 ★★☆〉

a, b は実数で $a>0$ とする. 円 $x^2+y^2=1$ と放物線 $y=ax^2+b$ の共有点の個数を m とおく. 次の問いに答えよ.

(1) $m=2$ となるための a, b に関する必要十分条件を求めよ.

(2) $m=3$ となるための a, b に関する必要十分条件を求めよ.

(3) $m=4$ となるための a, b に関する必要十分条件を求めよ.

（大阪市立大）

39. 2直線のなす角

〈頻出度 ★★☆〉

$k>0$, $0<\theta<\dfrac{\pi}{4}$ とする. 放物線 $C: y=x^2-kx$ と直線 $l: y=(\tan\theta)x$ の交点のうち, 原点 O と異なるものを P とする. 放物線 C の点 O における接線を l_1 とし, 点 P における接線を l_2 とする. 直線 l_1 の傾きが $-\dfrac{1}{3}$ で, 直線 l_2 の傾きが $\tan 2\theta$ であるとき, 以下の問いに答えよ.

(1) k を求めよ.

(2) $\tan\theta$ を求めよ.

(3) 直線 l_1 と l_2 の交点を Q とする. $\angle PQO=\alpha$（ただし $0\leqq\alpha\leqq\pi$）とするとき, $\tan\alpha$ を求めよ.

（筑波大）

40. 弦の中点の軌跡 〈頻出度 ★★★〉

a は定数で $a > 1$ とし，点 $(a, 0)$ を通る傾き m の直線と円 $x^2 + y^2 = 1$ とが異なる 2 点 A，B で交わる.

このとき，次の各問いに答えよ.

(1) m の値の範囲を求めよ.

(2) (1)で求めた範囲を m が動くとき，線分 AB の中点の軌跡を求めよ.

(旭川医科大)

41. 2 直線の交点の軌跡 〈頻出度 ★★★〉

2 直線 $x - ty = 0$ と $tx + y = 2$ の交点を P とする. t がすべての実数値をとって変化するとき，点 P の軌跡を求めよ.

(中央大)

42. 反転 〈頻出度 ★★★〉

原点 O$(0, 0)$ を中心とする半径 1 の円に，円外の点 P から 2 本の接線を引く.

(1) 2 つの接点の中点を Q とするとき，OP·OQ $= 1$ であることを示せ.

(2) 点 P が直線 $x + y = 2$ 上を動くとき，点 Q の軌跡を求めよ.

(名古屋大 改題)

43. 領域と最大・最小① 〈頻出度 ★★★〉

実数 x, y が $|x-1| + |y+1| \leqq 1$ を満たして動く.

(1) $-2x + y$ のとり得る値の範囲を求めよ.

(2) $x^2 - \dfrac{1}{2}x - y$ のとり得る値の範囲を求めよ.

(福岡大 改題)

44. 領域と最大・最小②

〈頻出度 ★★★〉

次の連立不等式の表す領域を D とする.

$$\begin{cases} x^2+y^2-1 \leqq 0 \\ x+2y-2 \leqq 0 \end{cases}$$

(1) 領域 D を図示せよ.

(2) a を実数とする. 点 (x, y) が D を動くとき, $ax+y$ の最小値を a を用いて表せ.

(3) a を実数とする. 点 (x, y) が D を動くとき, $ax+y$ の最大値を a を用いて表せ.

〈広島大〉

45. 曲線の通過領域

〈頻出度 ★★☆〉

実数 a に対し, xy 平面上の放物線 $C: y=(x-a)^2-2a^2+1$ を考える.

(1) a がすべての実数を動くとき, C が通過する領域を求め, 図示せよ.

(2) a が $-1 \leqq a \leqq 1$ の範囲を動くとき, C が通過する領域を求め, 図示せよ.

〈横浜国立大〉

46. 3次関数の最大値，最小値 〈頻出度 ★★★〉

正の実数 a に対し，3次関数 $f(x) = x^3 + 2ax^2 - 4a^2x + 10a^2$ を考える．$0 \leq x \leq 4$ における $f(x)$ の最小値を $g(a)$ とする．このとき，以下の問いに答えなさい．

(1) $g(a)$ を a の式で表しなさい．

(2) $g(a)$ を最大にする a の値と，$g(a)$ の最大値を求めなさい．

(3) $g(a) \geq -6$ を満たす a の値の範囲を求めなさい． （首都大）

47. 極値をもつ条件，極値の差 〈頻出度 ★★☆〉

k を実数とする．3次関数 $y = x^3 - kx^2 + kx + 1$ が極大値と極小値をもち，極大値から極小値を引いた値が $4|k|^3$ になるとする．このとき，k の値を求めよ． （九州大）

48. 3次方程式の解の配置 〈頻出度 ★★☆〉

実数 a, b に対して，$f(x) = x^3 - 3a^2x + 2 - b$ とする．ただし，$a > 0$ である．方程式 $f(x) = 0$ が $0 \leq x \leq 1$ の範囲に実数解をもつための a, b についての条件を求め，その条件を満たす点 $(a,\ b)$ の範囲を ab 平面上に図示せよ． （滋賀大 改題）

49. 3次方程式の解同士の関係

関数 $f(x) = x^3 + \dfrac{3}{2}x^2 - 6x$ について,

(1) 関数 $f(x)$ の極値をすべて求めよ.

(2) 方程式 $f(x) = a$ が異なる3つの実数解をもつとき, 定数 a のとりうる値の範囲を求めよ.

(3) a が(2)で求めた範囲にあるとし, 方程式 $f(x) = a$ の3つの実数解を α, β, γ $(\alpha < \beta < \gamma)$ とする. $t = (\alpha - \gamma)^2$ とおくとき, t を α, γ, a を用いず β のみの式で表し, t のとりうる値の範囲を求めよ. (関西学院大)

50. 曲線の外の点から曲線に引く接線

$f(x) = \dfrac{1}{3}x^3 - x^2$ とする. 曲線 $C : y = f(x)$ について, 次の問いに答えよ.

(1) 曲線 C 上の点 $P(p,\ f(p))$ における接線の方程式を求めよ.

(2) 点 $A(a,\ 0)$ から曲線 C に異なる3本の接線が引けるような実数 a の値の範囲を求めよ.

(3) 点 A から曲線 C に引いた異なる3本の接線のうち, 2本の接線が垂直となるような a の値を求めよ. (滋賀大)

51. 放物線で囲まれた図形の面積

a, b を実数とする. 座標平面上に $C_1 : y = x^2$ と $C_2 : y = -x^2 + ax + b$ がある. C_2 が点 $(1,\ 5)$ を通るとき, C_1, C_2 で囲まれる部分の面積 S が最小になる $(a,\ b)$ を求めよ. また, S の最小値を求めよ. (東京薬科大 改題)

52. 3次関数のグラフと接線の囲む図形の面積 〈頻出度 ★★☆〉

a, b, c, d を定数で $a \neq 0$ であるものとし，曲線 $y = ax^3 + bx^2 + cx + d$ と直線 $y = 2x - 1$ は，x 座標が 2 である点で接し，x 座標が -1 である点で交わるものとする.

(1) b, c, d を a で表せ.

(2) これらの曲線と直線で囲まれた図形の面積が $\dfrac{9}{2}$ であるとき，a の値を求めよ. 〈日本女子大〉

53. 曲線と2接線の囲む部分の面積 〈頻出度 ★★★〉

放物線 $y = x^2$ 上の 2 点 (t, t^2)，(s, s^2) における接線 l_1, l_2 が垂直に交わっているとき，以下の問いに答えよ. ただし，$t > 0$ とする.

(1) l_1 と l_2 の交点の y 座標を求めよ.

(2) 直線 l_1, l_2 および放物線 $y = x^2$ で囲まれた図形の面積 J を t の式で表せ.

(3) (2)で定めた J の最小値を求めよ. 〈信州大 改題〉

54. 定積分で表された関数の最小値 〈頻出度 ★☆☆〉

$x \geq 0$ において，関数 $f(x)$ を $f(x) = \displaystyle\int_{x}^{x+2} |t^2 - 4| \, dt$ とするとき，次の問いに答えよ.

(1) $f(2) = \displaystyle\int_{2}^{4} (t^2 - 4) \, dt$ の値を求めよ.

(2) $f(x)$ を求めよ.

(3) $f(x)$ の最小値を求めよ. 〈北里大 改題〉

55. 階差数列と一般項 〈頻出度 ★★★〉

数列 $\{a_n\}$, $\{b_n\}$ は次の条件を満たしている.

$a_1 = -15$, $a_3 = -33$, $a_5 = -35$,

$\{b_n\}$ は $\{a_n\}$ の階差数列,

$\{b_n\}$ は等差数列

また, $S_n = \displaystyle\sum_{k=1}^{n} a_k$ とする.

(1) 一般項 a_n, b_n を求めよ.

(2) S_n を求めよ.

(3) S_n が最小となるときの n を求めよ. （和歌山大）

56. 等差数列をなす項と和の計算 〈頻出度 ★★★〉

等差数列 $\{a_n\}$ が次の2つの式を満たすとする.

$a_3 + a_4 + a_5 = 27$, $a_5 + a_7 + a_9 = 45$

初項 a_1 から第 n 項 a_n までの和 $a_1 + a_2 + \cdots\cdots + a_n$ を S_n とする. このとき, 次の問いに答えよ.

(1) 数列 $\{a_n\}$ の初項 a_1 を求めよ. また, 一般項 a_n を n を用いて表せ.

(2) S_n を n を用いて表せ.

(3) $\displaystyle\sum_{k=1}^{n} \left(\frac{1}{S_{2k-1}} + \frac{1}{S_{2k}} \right)$ を n を用いて表せ.

(4) $\displaystyle\sum_{k=1}^{n} \frac{1}{(k+1)S_k}$ を n を用いて表せ. （山形大　改題）

57. 複利計算

〈頻出度 ★★★〉

年利率 5 %，1 年ごとの複利で資金を運用する．必要であれば，
$\log_{10} 2 = 0.3010$, $\log_{10} 3 = 0.4771$, $\log_{10} 7 = 0.8451$ として用いてよい．

(1)　1 万円の元金を運用したとき，元利合計が初めて 2 万円を超えるのは
何年後か．

(2)　毎年 1 万円ずつ積み立てる．つまり，1 年後の時点の資金は，はじめ
の 1 万円の元利合計と，新たに積み立てた 1 万円の合計になり，2 年後
の時点の資金は，1 年後の時点の資金に対する元利合計と，新たに積み
立てた 1 万円の合計になる．このとき，資金が初めて 20 万円を超えるの
は何年後か．

（上智大）

58. 格子点の数え上げ

〈頻出度 ★★★〉

(1)　k を 0 以上の整数とするとき，$\dfrac{x}{3} + \dfrac{y}{2} \leqq k$ を満たす 0 以上の整数

x, y の組 (x, y) の個数を a_k とする．a_k を k の式で表せ．

(2)　n を 0 以上の整数とするとき，$\dfrac{x}{3} + \dfrac{y}{2} + z \leqq n$ を満たす 0 以上の整数

x, y, z の組 (x, y, z) の個数を b_n とする．b_n を n の式で表せ．

（横浜国立大）

59. 群数列 〈頻出度 ★★☆〉

群に分けられた数列 $\{a_n\}$

$$1,1\left|\frac{1}{2},\frac{1}{2},\frac{1}{2},\frac{1}{2}\right|\frac{1}{4},\frac{1}{4},\frac{1}{4},\frac{1}{4},\frac{1}{4},\frac{1}{4},\frac{1}{4},\frac{1}{4}\left|\frac{1}{8},\frac{1}{8},\frac{1}{8},\frac{1}{8},\frac{1}{8},\frac{1}{8},\frac{1}{8},\frac{1}{8},\frac{1}{8},\frac{1}{8},\frac{1}{8}\right|\frac{1}{16},\cdots\cdots$$

に対し，次の問いに答えよ．ただし，第 k 群について各項は 2^{-k+1} であり項数は $k+2^{k-1}$ である．

(1) a_{500} を求めよ．

(2) 第 k 群の項の総和を S_k とする．S_k を k で表し，$\displaystyle\sum_{i=1}^{k} S_i$ を求めよ．

(3) a_1 から a_{2022} までの和を求めよ． （名古屋市立大）

60. 2項間漸化式 〈頻出度 ★★☆〉

1 数列 $\{a_n\}$ を，

$$a_1=1,\quad a_{n+1}=3a_n+2n-4 \quad (n=1,\ 2,\ 3,\ \cdots)$$

により定める．数列 $\{a_n\}$ の一般項を求めなさい． （秋田大）

2 次の条件によって定まる数列 $\{a_n\}$ の一般項を求めよ．

$$a_1=1,\quad a_{n+1}=\frac{a_n}{3^n a_n+6} \quad (n=1,\ 2,\ 3,\ \cdots)$$

（福井大）

61. おき換えを伴う漸化式

〈頻出度 ★★★〉

$$a_1 = 7, \quad a_{n+1} = \frac{5a_n + 9}{a_n + 5} \quad (n = 1,\ 2,\ \cdots) \text{ を満たしているとする.}$$

(1) a_2, a_3 を求め, 既約分数で表せ.

(2) $\alpha = \dfrac{5\alpha + 9}{\alpha + 5}$ を満たす正の実数 α を求めよ. また, この α を用いて,

$b_n = \dfrac{a_n - \alpha}{a_n + \alpha}$ とおいたとき, b_{n+1} と b_n の関係式を求めよ.

(3) 数列 $\{b_n\}$ の一般項を求めよ.

(4) 数列 $\{a_n\}$ の一般項を求めよ.

（東京理科大 改題）

62. $S_n - S_{n-1} = a_n$ の利用と 3 項間漸化式

〈頻出度 ★★★〉

数列 $\{a_n\}$ は $a_1 = 5$, $a_1{}^2 + a_2{}^2 + \cdots + a_n{}^2 = \dfrac{2}{3} a_n a_{n+1}$ $(n = 1,\ 2,\ 3,\ \cdots)$ を満たすとする. 次の問いに答えよ.

(1) a_2, a_3 を求めよ.

(2) a_{n+2} を a_n, a_{n+1} を用いて表せ.

(3) 一般項 a_n を求めよ.

（横浜国立大）

63. 連立漸化式

〈頻出度 ★★★〉

数列 $\{a_n\}$, $\{b_n\}$ は, $a_1 = -2$, $b_1 = -3$ であり,

$$a_{n+1} = 3a_n + 2b_n, \quad b_{n+1} = 3a_n - 2b_n \quad (n = 1,\ 2,\ 3,\ \cdots\cdots)$$

を満たす. このとき, 一般項 a_n, b_n を求めよ.

（同志社大）

64. 和の計算の工夫（和の公式の証明）

以下の問いに答えよ．答えだけでなく，必ず証明も記せ．

(1) 和 $1+2+\cdots+n$ を n の多項式で表せ．

(2) 和 $1^2+2^2+\cdots+n^2$ を n の多項式で表せ．

(3) 和 $1^3+2^3+\cdots+n^3$ を n の多項式で表せ． 〈九州大〉

65. 漸化式と数学的帰納法

2 つの数列 $\{a_n\}$，$\{b_n\}$ が次の条件を満たしている．

$$a_1=1,\ b_1=0,$$

$$a_n=\frac{b_n+b_{n+1}}{2}\ (n=1,\ 2,\ 3,\ \cdots),\ b_{n+1}=\sqrt{a_n a_{n+1}}\ (n=1,\ 2,\ 3,\ \cdots)$$

このとき，次の問いに答えよ．

(1) $a_2,\ a_3,\ a_4,\ b_2,\ b_3,\ b_4$ の値を求めよ．

(2) $a_n,\ b_n$ をそれぞれ推測し，それらが正しいことを数学的帰納法を用いて証明せよ．

(3) $S_n=\displaystyle\sum_{k=1}^{n} b_k$ を n を用いて表せ． 〈香川大〉

66. 順列と組合せ

〈頻出度 ★★★〉

1　10個の文字，N，A，G，A，R，A，G，A，W，Aを左から右へ横1列に並べる．以下の問に答えよ．

(1)　この10個の文字の並べ方は全部で何通りあるか．

(2)　「NAGARA」という連続した6文字が現れるような並べ方は全部で何通りあるか．

(3)　N，R，Wの3文字が，この順に現れるような並べ方は全部で何通りあるか．ただしN，R，Wが連続しない場合も含める．

(4)　同じ文字が隣り合わないような並べ方は全部で何通りあるか．

(岐阜大)

2　8人を4組に分けることを考える．なお，どの組にも1人は属するものとする．

(1)　2人ずつ4組に分ける場合の数は何通りか．

(2)　1人，2人，2人，3人の4組に分ける場合の数は何通りか．

(3)　4組に分ける場合の数は何通りか．

(4)　ある特定の2人が同じ組に入る場合の数は何通りか．　(帝京大 改題)

67. 値の大小が決まった組の数え上げ

〈頻出度 ★★☆〉

nを3以上の整数とし，a，b，cは1以上n以下の整数とする．このとき，以下の問いに答えよ．

(1)　$a < b < c$となるa，b，cの組は何通りあるか．

(2)　$a \leqq b \leqq c$となるa，b，cの組は何通りあるか．

(3)　$a < b$かつ$a \leqq c$となるa，b，cの組は何通りあるか．　(岡山大)

68. 組分けに帰着

K を 3 より大きな奇数とし，$l+m+n=K$ を満たす正の奇数の組 (l, m, n) の個数 N を考える．ただし，例えば，$K=5$ のとき，(l, m, n) $=(1, 1, 3)$ と $(l, m, n)=(1, 3, 1)$ とは異なる組とみなす．

(1) $K=99$ のとき，N を求めよ．

(2) $K=99$ のとき，l, m, n の中に同じ奇数を 2 つ以上含む組 (l, m, n) の個数を求めよ．

(3) $N>K$ を満たす最小の K を求めよ．

（東北大）

69. 立体の塗り分け

〈頻出度 ★★☆〉

(1) 赤，青，緑，黄の 4 色で正四面体の各面を塗り分ける．回転してすべての面の色の配置が同じになれば同じ塗り方とみなすと，塗り方は何通りか．

(2) 赤，青，緑，黄，茶の 5 色から 4 色選んで(1)と同様に正四面体の各面を塗り分けるとき，塗り方は何通りか．

(3) (2)と同じ 5 色で底面が正三角形の三角柱の各面を塗り分ける．回転してすべての面の色の配置が同じになれば同じ塗り方とみなすと，塗り方は何通りか．

(4) 赤，青，緑，黄，茶，橙の 6 色で，立方体の各面を塗り分ける．回転してすべての面の色の配置が同じになれば同じ塗り方とみなすと，塗り方は何通りか．

（東京理科大）

70. 確率の計算①

〈頻出度 ★★★〉

n を自然数とするとき，1 から $2n$ までの相違なる自然数が 1 つずつ書かれた $2n$ 個の玉が袋の中に入っている．袋から 1 個の玉をとり出したときに書かれている数を a とする．この玉を袋に戻さずに，再び袋から 1 個の玉をとり出したときに書かれている数を b とするとき，以下の問いに答えなさい．

(1) $2a = b$ または $a = 2b$ となる確率を求めなさい．

(2) $a \geqq b$ となる確率を求めなさい．

(3) $2a \geqq b$ となる確率を求めなさい．

(都立大)

71. 確率の計算②

〈頻出度 ★★☆〉

1 から 12 までの数がそれぞれ 1 つずつ書かれた 12 枚のカードがある．これら 12 枚のカードから同時に 3 枚のカードをとり出し，書かれている 3 つの数を小さい順に並べかえ，$X < Y < Z$ とする．このとき，以下の問いに答えよ．

(1) $3 \leqq k \leqq 12$ のとき，$Z = k$ となる確率を，k を用いて表せ．

(2) $2 \leqq k \leqq 11$ のとき，$Y = k$ となる確率を，k を用いて表せ．

(3) $2 \leqq k \leqq 11$ のとき，$Y = k$ となる確率が最大になる k の値を求めよ．

(中央大)

72. 確率の計算③

〈頻出度 ★★★〉

数直線の原点上にある点が，以下の規則で移動する試行を考える．

（規則）　さいころを振って出た目が奇数の場合は，正の方向に
1移動し，出た目が偶数の場合は，負の方向に1移動する．

k 回の試行の後の，点の座標を $X(k)$ とする．

(1)　$X(10) = 0$ である確率を求めよ．

(2)　$X(1) \neq 0$, $X(2) \neq 0$, $\cdots$, $X(5) \neq 0$ であって，かつ，$X(6) = 0$
となる確率を求めよ．

(3)　$X(1) \neq 0$, $X(2) \neq 0$, $\cdots$, $X(9) \neq 0$ であって，かつ，$X(10) = 0$
となる確率を求めよ．

(千葉大)

73. 確率の計算④

〈頻出度 ★★★〉

4個のさいころを同時に投げるとき，出る目すべての積を X とする．以
下の問いに答えよ．

(1)　X が25の倍数になる確率を求めよ．

(2)　X が4の倍数になる確率を求めよ．

(3)　X が100の倍数になる確率を求めよ．

(九州大)

74. 確率と漸化式①

整数 a_1, a_2, a_3, …を，さいころを繰り返し投げることにより，以下のように定めていく．まず，$a_1 = 1$ とする．そして，正の整数 n に対し，a_{n+1} の値を，n 回目に出たさいころの目に応じて，次の規則で定める．

（規則）　n 回目に出た目が 1，2，3，4 なら $a_{n+1} = a_n$ とし，5，6 なら $a_{n+1} = -a_n$ とする．

例えば，さいころを 3 回投げ，その出た目が順に 5，3，6 であったとすると，$a_1 = 1$, $a_2 = -1$, $a_3 = -1$, $a_4 = 1$ となる．

$a_n = 1$ となる確率を p_n とする．ただし，$p_1 = 1$ とし，さいころのどの目も，出る確率は $\dfrac{1}{6}$ であるとする．

(1) p_2, p_3 を求めよ．

(2) p_{n+1} を p_n を用いて表せ．また，p_n を求めよ．　　　（筑波大 改題）

75. 確率と漸化式②

3 人でジャンケンをする．各人はグー，チョキ，パーをそれぞれ $\dfrac{1}{3}$ の確率で出すものとする．負けた人は脱落し，残った人で次回のジャンケンを行い（あいこのときは誰も脱落しない），勝ち残りが 1 人になるまでジャンケンを続ける．このとき各回の試行は独立とする．3 人でジャンケンを始め，ジャンケンが n 回目まで続いて n 回目終了時に 2 人が残っている確率を p_n，3 人が残っている確率を q_n とおく．

(1) p_1, q_1 を求めよ．

(2) p_n, q_n が満たす漸化式を導き，p_n, q_n の一般項を求めよ．

(3) ちょうど n 回目で 1 人の勝ち残りが決まる確率を求めよ．　　　（名古屋大）

76. 条件つき確率（原因の確率）

　ある感染症の検査について，感染していると判定されることを陽性とい
い，また，感染していないと判定されることを陰性という．そして，ここ
で問題にする検査では，感染していないのに陽性（偽陽性）となる確率が
10％あり，感染しているのに陰性（偽陰性）となる確率が30％ある．全体
の20％が感染している集団から無作為に1人を選んで検査するとき，以下
の問いに答えよ．なお，(1)～(4)では，1回だけこの検査を行うものとする．

(1)　検査を受ける者が感染していない確率を求めよ．

(2)　検査を受ける者が感染しており，かつ陽性である確率を求めよ．

(3)　検査を受ける者が陽性である確率を求めよ．

(4)　検査の結果が陽性であった者が実際に感染している確率を求めよ．

(5)　1回目の検査で陰性であった者に対してのみ，2回目の検査を行う
　　ものとする．このとき，1回目または2回目の検査で陽性と判定された
　　者が，実際には感染していない確率を求めよ．

（成蹊大）

77. 期待値①

　文字A，B，C，D，Eが1つずつ書かれた5個の箱の中に，文字A，B，
C，D，Eが書かれた5個の玉を1個ずつでたらめに入れ，箱の文字と玉
の文字が一致した組の個数を得点とする．得点がkである確率をp_kで表す
とき，次の問いに答えよ．

(1)　p_3を求めよ．

(2)　p_2を求めよ．

(3)　得点の期待値を求めよ．

（東北学院大）

78. 期待値②

〈頻出度 －－－〉

1, 2, …, n と書かれたカードがそれぞれ1枚ずつ合計 n 枚ある. ただし, n は3以上の整数である. この n 枚のカードからでたらめに抜きとった3枚のカードの数字のうち最大の値を X とする. 次の問いに答えよ.

(1) $k=1, 2, …, n$ に対して, $X=k$ である確率 p_k を求めよ.

(2) $\displaystyle\sum_{k=1}^{n} k(k-1)(k-2)$ を求めよ.

(3) X の期待値を求めよ.

(名古屋市立大)

79. 期待値③

〈頻出度 －－－〉

1枚の硬貨を表を上にしておく. ここで「1個のさいころを振り, 1, 2, 3, 4, 5のいずれかの目が出れば硬貨を裏返し, 6の目が出れば硬貨をそのままにする」という試行を何回か繰り返す. すべての試行を終えたとき, 硬貨の表が上であれば1点, 裏が上であれば-1点が得点となるものとしよう.

(1) この試行を3回で終えたときの得点の期待値を求めよ.

(2) この試行を n 回で終えたときの得点の期待値を n の式で表せ.

(慶應義塾大)

80. 最大公約数と最小公倍数 〈頻出度 ★★★〉

1　2つの正の整数 a, b の最大公約数を G, 最小公倍数を L とするとき, $L^2 - G^2 = 72$ が成り立ちます. このような正の整数の組 (a, b) をすべて求めなさい. （横浜市立大）

2　2つの自然数 a, b $(a < b)$ の差が3, 最小公倍数が126のとき, (a, b) を求めよ. （立教大）

81. 正の約数の個数 〈頻出度 ★★★〉

自然数 n に対し, $f(n) = n^2(n^2 + 8)$ と定める.

(1) $f(4)$ の正の約数の個数を求めよ.

(2) $f(n)$ は3の倍数であることを証明せよ.

(3) $f(n)$ の正の約数の個数が10個であるような n をすべて求めよ.

（徳島大）

82. 素因数の数え上げ 〈頻出度 ★☆☆〉

自然数 n に対して　$n! = n(n-1)(n-2) \cdots\cdots 3 \cdot 2 \cdot 1$

とおく. また,　$n!! = \begin{cases} n(n-2)(n-4) \cdots\cdots 5 \cdot 3 \cdot 1 & (n \text{ が奇数のとき}) \\ n(n-2)(n-4) \cdots\cdots 6 \cdot 4 \cdot 2 & (n \text{ が偶数のとき}) \end{cases}$

とおく. 次の問いに答えよ.

(1) 1000! を素因数分解したときに現れる素因数3の個数を求めよ.

(2) 1000!! を素因数分解したときに現れる素因数3の個数を求めよ.

(3) 999!! を素因数分解したときに現れる素因数3の個数を求めよ.

（大阪市立大）

83. 余りの計算

〈頻出度 ★★★〉

① 2010^{2010} を 2009^2 で割った余りを求めよ. （琉球大）

② $(100.1)^7$ の 100 の位の数字と，小数第 4 位の数字を求めよ. （上智大）

84. 等式を満たす整数の組①

〈頻出度 ★★★〉

① $3n+4=(m-1)(n-m)$ を満たす自然数の組 (m, n) をすべて求めよ.

（学習院大）

② x, y がともに整数で，$x^2-2xy+3y^2-2x-8y+13=0$ を満たすとき，(x, y) を求めよ. （西南学院大）

③ $a^4=b^2+2^c$ を満たす正の整数の組 (a, b, c) で a が奇数であるものを求めよ. （横浜国立大）

④ $xyz=x+y+z$ を満たす自然数の組は何組あるか. （東海大 改題）

85. 等式を満たす整数の組②

〈頻出度 ★★★〉

以下の問いに答えよ.

(1) n が整数のとき，n を 6 で割ったときの余りと n^3 を 6 で割ったときの余りは等しいことを示せ.

(2) 整数 a, b, c が条件 $a^3+b^3+c^3=(c+1)^3$ ……(*) を満たすとき，$a+b$ を 6 で割った余りは 1 であることを示せ.

(3) $1 \leq a \leq b \leq c \leq 10$ を満たす整数の組 (a, b, c) で，(2)の条件(*)を満たすものをすべて求めよ. （岡山大）

86. 1次不定方程式 $ax+by=c$ の整数解 〈頻出度 ★★☆〉

方程式 $7x+13y=1111$ を満たす自然数 x, y に対して，次の問いに答えよ．

(1) この方程式を満たす自然数の組 (x, y) はいくつあるか求めよ．

(2) $s=-x+2y$ とするとき，s の最大値と最小値を求めよ．

(3) $t=|2x-5y|$ とするとき，t の最大値と最小値を求めよ． (鳥取大)

87. ピタゴラス数の性質 〈頻出度 ★★☆〉

自然数の組 (x, y, z) が等式 $x^2+y^2=z^2$ を満たすとする．

(1) すべての自然数 n について，n^2 を 4 で割ったときの余りは 0 か 1 のいずれかであることを示せ．

(2) x と y の少なくとも一方が偶数であることを示せ．

(3) x が偶数，y が奇数であるとする．このとき，x が 4 の倍数であることを示せ． (早稲田大)

88. 有理数・無理数に関する証明 〈頻出度 ★☆☆〉

以下の問いに答えよ．

(1) $\sqrt{3}$ は無理数であることを証明せよ．

(2) 有理数 a, b, c, d に対して，$a+b\sqrt{3}=c+d\sqrt{3}$ ならば，$a=c$ かつ $b=d$ であることを示せ．

(3) $(a+\sqrt{3})(b+2\sqrt{3})=9+5\sqrt{3}$ を満たす有理数 a, b を求めよ． (鳥取大)

89. 分散の基本的な性質　　　　　　　　　　　　　〈頻出度 ★★★〉

1　あるクラスにおいて，10点満点のテストを実施したところ，そのテストの平均値が6，分散が4であった．このテストの点数を2倍にして10を加えて30点満点にしたデータの平均値，分散，標準偏差を求めよ．

〈大阪医科大 改題〉

2　20個の値からなるデータがある．そのうちの15個の値の平均値は10で分散は5であり，残りの5個の値の平均値は14で分散は13である．このデータの平均値と分散を求めよ．

〈信州大〉

90. 共分散と相関係数 〈頻出度 ★★☆〉

20人の学生が2回の試験を受験した。1回目の試験は10点満点で、2回目の試験は20点満点である。これらの試験得点に対し、1回目の試験得点を4倍、2回目の試験得点を3倍に換算した試験得点を計算し、これらの得点の合計から100点満点の総合得点を算出した。下の表は、もとの試験得点、換算した試験得点、総合得点から計算された数値をまとめたものである。表にはそれぞれの得点から計算された、平均値、中央値、分散、標準偏差と、1回目の試験得点と2回目の試験得点から計算された共分散と相関係数を記入する欄がある。

下の表中の ア ～ コ に入る数値を求めよ。なお、表に示された数値だけでは求められない場合は、数値ではなく×を記入すること。

注意：表の一部の数値は（ ）として、意図的に記入していない。

	もとの試験得点		換算した試験得点		総合得点
	1回目	2回目	1回目	2回目	
平均値	6	11	ウ	33	ク
中央値	6.5	11.5	26	エ	ケ
分散	9	25	オ	（ ）	コ
標準偏差	ア	（ ）	（ ）	カ	（ ）
共分散	13.5		（ ）		
相関係数	イ		キ		

（関西医科大）

36

91. 条件を満たす平面上の点の存在範囲 〈頻出度 ★★☆〉

平面上に 3 点 A，B，C があり，$|2\overrightarrow{AB}+3\overrightarrow{AC}|=15$，$|2\overrightarrow{AB}+\overrightarrow{AC}|=7$，$|\overrightarrow{AB}-2\overrightarrow{AC}|=11$ を満たしている．次の問いに答えよ．

(1) $|\overrightarrow{AB}|$，$|\overrightarrow{AC}|$，内積 $\overrightarrow{AB}\cdot\overrightarrow{AC}$ の値を求めよ．

(2) 実数 s，t が $s\geqq0$，$t\geqq0$，$1\leqq s+t\leqq2$ を満たしながら動くとき，$\overrightarrow{AP}=2s\overrightarrow{AB}-t\overrightarrow{AC}$ で定められた点 P の動く部分の面積を求めよ．

（横浜国立大）

92. 平面上の点の位置ベクトル① 〈頻出度 ★★★〉

平行四辺形 ABCD において，$\overrightarrow{AB}=\vec{a}$，$\overrightarrow{AD}=\vec{b}$ とおき，$|\vec{a}|=4$，$|\vec{b}|=5$，$|\overrightarrow{AC}|=6$ であるとする．また，辺 BC を $1:4$ に内分する点を E，辺 AB を $s:(1-s)$ に内分する点を F とし（ただし，$0<s<1$），線分 AE と線分 DF の交点を P とするとき，次の問いに答えよ．

(1) $\vec{a}$ と $\vec{b}$ の内積 $\vec{a}\cdot\vec{b}$ の値を求めよ．

(2) $\overrightarrow{AP}$ を $\vec{a}$，$\vec{b}$ および s で表せ．

(3) 平行四辺形 ABCD の 2 本の対角線 AC と BD の交点を Q とする．$\overrightarrow{PQ}$ が $\vec{b}$ と平行であるとき，s の値および $|\overrightarrow{AP}|$ の値を求めよ． （岩手大）

93. 平面上の点の位置ベクトル②

〈頻出度 ★★★〉

面積 $\sqrt{5}$ の平行四辺形 ABCD について AB $=\sqrt{2}$，AD $=\sqrt{3}$ が成り立っており，∠DAB は鋭角である．このとき，$0<t<1$ を満たす実数 t に対して，辺 BC を $t:1-t$ に内分する点を P とする．

(1) 2つのベクトル $\overrightarrow{\mathrm{AB}}$ と $\overrightarrow{\mathrm{AD}}$ の内積を求めよ．

(2) 線分 AP と BD が直交するような t の値を求めよ．

(3) (2)のとき，AP と BD の交点を Q とする．長さの比 $\dfrac{\mathrm{BQ}}{\mathrm{BD}}$ を求めよ．

(学習院大 改題)

94. 平面上の点の位置ベクトル③

〈頻出度 ★★★〉

三角形 ABC において，AB $=2$，AC $=3$，BC $=4$ とする．また，三角形 ABC の内接円の中心を I，外接円の中心を P とする．

(1) 実数 s，t により，$\overrightarrow{\mathrm{AI}}=s\overrightarrow{\mathrm{AB}}+t\overrightarrow{\mathrm{AC}}$ の形で表せ．

(2) 実数 x，y により，$\overrightarrow{\mathrm{AP}}=x\overrightarrow{\mathrm{AB}}+y\overrightarrow{\mathrm{AC}}$ の形で表せ． (早稲田大 改題)

95. ベクトルの等式条件と内積

〈頻出度 ★★★〉

平面上に △ABC があり，その外接円の中心を O とする．この外接円の半径は 1 であり，かつ $2\overrightarrow{\mathrm{OA}}+3\overrightarrow{\mathrm{OB}}-3\overrightarrow{\mathrm{OC}}=\vec{0}$ を満たす．

(1) $\overrightarrow{\mathrm{OA}}\cdot\overrightarrow{\mathrm{OB}}$ を求めよ．

(2) $\overrightarrow{\mathrm{AB}}\cdot\overrightarrow{\mathrm{AC}}$ を求めよ．

(3) △ABC の面積を求めよ． (南山大 改題)

96. 空間上の点の位置ベクトル 〈頻出度 ★★★〉

平行六面体 OAFB − CEGD を考える. t を正の実数とし, 辺 OC を $1:t$ に内分する点をMとする. また三角形ABMと直線OGの交点をPとする. さらに $\overrightarrow{OA} = \vec{a}$, $\overrightarrow{OB} = \vec{b}$, $\overrightarrow{OC} = \vec{c}$ とする.

(1) $\overrightarrow{OP}$ を $\vec{a}$, $\vec{b}$, $\vec{c}$, t を用いて表せ.

(2) 四面体OABEの体積を V_1 とし, 四面体OABPの体積を V_2 とするとき, これらの比 $V_1 : V_2$ を求めよ.

(3) 三角形OABの重心をQとする. 直線FCと直線QPが平行になるとき, t の値を求めよ.

(鹿児島大)

97. 平面に下ろした垂線 〈頻出度 ★★★〉

p を負の実数とする. 座標空間に原点Oと3点 A $(-1, 2, 0)$, B $(2, -2, 1)$, P $(p, -1, 2)$ があり, 3点O, A, Bが定める平面を α とする. また, 点Pから平面 α に垂線を下ろし, α との交点をQとする.

(1) 点Qの座標を p を用いて表せ.

(2) 点Qが△OABの周または内部にあるような p の範囲を求めよ.

(北海道大)

98. 座標空間における四面体 〈頻出度 ★★★〉

座標空間に4点 A(1, 1, 0), B(3, 2, 1), C(4, −2, 6), D(3, 5, 2) がある. 以下の問いに答えよ.

(1) 3点 A, B, Cの定める平面を α とする. 点Dから平面 α に下ろした垂線と平面 α の交点をPとする. 線分DPの長さを求めよ.

(2) 四面体ABCDの体積を求めよ.

(北九州市立大 改題)

99. 球と平面の共通部分 〈頻出度 ★★★〉

座標空間において，原点Oと点A$(1, 1, 2)$を通る直線をlとする．また，点B$(3, 4, -5)$を中心とする半径7と半径6の球面をそれぞれS_1，S_2とする．このとき，次の問に答えよ．

(1) 球面S_1の方程式を求めよ．

(2) 直線lと球面S_1の2つの交点のうち原点からの距離が小さい方をP_1，大きい方をP_2とする．$\overrightarrow{OP_1} = t_1\overrightarrow{OA}$，$\overrightarrow{OP_2} = t_2\overrightarrow{OA}$と表すとき，$t_1$，$t_2$の値をそれぞれ求めよ．

(3) 点Qを直線l上の点とするとき，2点Q，Bの距離の最小値を求めよ．

(4) 球面S_2とxy平面が交わってできる円Cの半径rの値を求めよ．

(5) zx平面と接し，xy平面との交わりが(4)で定めた円Cとなる球面は2つある．この2つの球面の中心間の距離を求めよ．

〈立教大〉

100. 点光源からの光の図形による影 〈頻出度 ★★☆〉

xyz空間において，原点Oを中心とする半径1の球面$S : x^2+y^2+z^2=1$，およびS上の点A$(0, 0, 1)$を考える．S上のAと異なる点P(x_0, y_0, z_0)に対して，2点A，Pを通る直線とxy平面の交点をQとする．次の問いに答えよ．

(1) $\overrightarrow{AQ} = t\overrightarrow{AP}$（$t$は実数）とおくとき，$\overrightarrow{OQ}$を$\overrightarrow{OP}$, $\overrightarrow{OA}$およびtを用いて表せ．

(2) $\overrightarrow{OQ}$の成分表示をx_0, y_0, z_0を用いて表せ．

(3) 球面Sと平面$x = \dfrac{1}{2}$の共通部分が表す図形をCとする．点PがC上を動くとき，xy平面における点Qの軌跡を求めよ．

〈昭和大〉

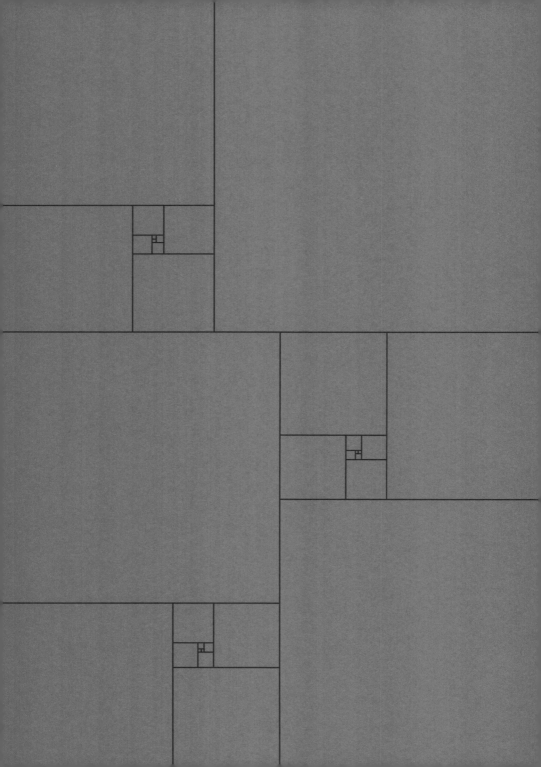